Der Testknacker:
Banken, Büros, Versicherungen

Christian Püttjer und **Uwe Schnierda** kennen die Wünsche und Hoffnungen, aber auch Sorgen und Nöte von Bewerberinnen und Bewerbern seit rund 20 Jahren. Ihre umfassenden Erfahrungen aus der Optimierung von Bewerbungsunterlagen, aus Einzelcoachings und aus Seminaren bringen sie in ihre praxisnahen Ratgeber ein, die exklusiv im Campus Verlag erscheinen. Die konkreten Tipps, die klare Sprache und die motivierende Unterstützung von Püttjer & Schnierda haben schon über einer Million Leserinnen und Lesern weitergeholfen.

PÜTTJER & SCHNIERDA

Der Testknacker: Banken, Büros, Versicherungen

Für alle kaufmännischen Berufe

Campus Verlag
Frankfurt / New York

Bibliografische Information der Deutschen Nationalbibliothek:
Die Deutsche Nationalbibliothek verzeichnet diese Publikation in der
Deutschen Nationalbibliografie. Detaillierte bibliografische Daten
sind im Internet unter http://dnb.d-nb.de abrufbar.
ISBN 978-3-593-39107-6

Copyright © 2010 Campus Verlag GmbH, Frankfurt/Main
Umschlagfoto: Becker Lacour, Frankfurt/Main
Gestaltung: hauser lacour, Frankfurt/Main
Satz: Publikations Atelier, Dreieich
Druck und Bindung: Beltz Druckpartner, Hemsbach
Gedruckt auf Papier aus zertifizierten Rohstoffen (FSC/PEFC).
Printed in Germany

Besuchen Sie uns im Internet: www.campus.de

Inhalt

Statt eines Vorworts: Was haben Nadja, Christoph und Kristina gemeinsam?

Sie ahnen es sicherlich schon: Nadja, Christoph und Kristina standen vor gar nicht langer Zeit genauso wie Sie jetzt vor der Herausforderung, einen Einstellungstest bestehen zu müssen, um einen der begehrten Ausbildungsberufe im kaufmännischen Bereich zu ergattern. Die 16-jährige Nadja, eine Realschülerin, hat es inzwischen geschafft, sie lernt bei einer Kreissparkasse den Beruf der Bankkauffrau. Der 19-jährige Abiturient Christoph musste die Hürde Einstellungstest überwinden, um seinen Traumberuf als Industriekaufmann bei einem weltweit tätigen Maschinenbauunternehmen antreten zu können. Und Kristina, 24 Jahre alt, war in ihrem Lehramtsstudium sehr unzufrieden, hat deshalb das Studium abgebrochen und gründlich recherchiert, welche Ausbildung sie interessieren könnte. Nach einem Praktikum bei einer Versicherung und einem weiteren bei einer Augenärztin stand für sie fest, dass sie Versicherungskauffrau werden wollte. Auch sie wurde zum Einstellungstest gebeten, bereitete sich intensiv darauf vor und bestand ihn.

Viele Wege führen zum Job

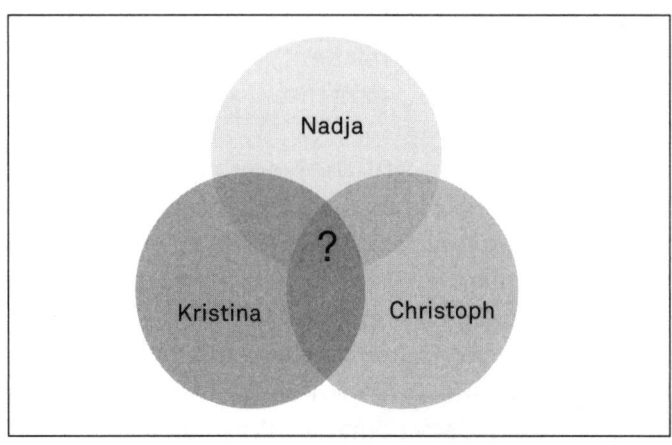

Seit rund 20 Jahren helfen wir Bewerberinnen und Bewerbern dabei, ihre beruflichen Ziele zu erreichen. In Seminaren, Workshops und Trainings sind uns Nadja, Christoph, Kristina und Tausende von weiteren Ratsuchenden persönlich begegnet und haben sich von uns erfolgreich helfen und trainieren lassen.

Wissen aus der Praxis

Als Bewerbungsberater kennen wir die Anforderungen der Firmen aus erster Hand, nämlich direkt aus intensiven Gesprächen und Diskussionen mit Ausbildungsverantwortlichen, Personalexperten, Abteilungsleitern und auch Geschäftsführern. Darüber hinaus sind wir auch mit dem theoretischen und wissenschaftlichen Hintergrund von Eignungs- und Einstellungstests bestens vertraut. Studienfächer wie psychologische Eignungsdiagnostik, Statistik oder Arbeits- und Organisationspsychologie gehören schließlich nicht zum Geheimwissen, sondern sind durchaus spannend und nützlich.

Unser geballtes und ständig aktualisiertes Wissen aus dem Bereich der Einstellungs- und Eignungstests haben wir für Sie in diesem Ratgeber aufbereitet. Lassen Sie sich von uns dabei helfen, Ihren Wunschausbildungsplatz zu bekommen. So wie wir Tausenden von Ausbildungsplatzsuchenden schon persönlich in Seminaren und über einer Million Leserinnen und Lesern mit unseren Büchern helfen konnten.

Auf dem Weg zum Wunsch-ausbildungsplatz

Vor den Bewerbungserfolg haben die Götter leider den Schweiß gesetzt. Wenn Sie aber genauer wissen, wo Sie mit Ihrer Vorarbeit ansetzen können, werden Sie Ihr Ziel leichter erreichen. Ausbildungsplatzsuchende müssen drei, manchmal sogar vier Hürden überwinden.

Hürde 1 ist die schriftliche Bewerbung, die als klassische Bewerbungsmappe per Post oder als moderne Internet-Bewerbung per E-Mail an die Firmen geschickt wird. Überzeugen die Bewerbungsunterlagen, werden die Ausbildungsplatzsuchenden zum Test eingeladen. Es folgt Hürde zwei, der klassische Einstellungs- oder Eignungstest mit Aufgaben beispielsweise aus den Bereichen Logik, Mathematik, Allgemeinbildung, oft

ergänzt um einen Konzentrationstest. Wer hier überzeugt, erreicht Hürde drei, das Vorstellungsgespräch.
Dann gilt es im persönlichen Kontakt zu überzeugen
und passende, stärkenorientierte und glaubwürdige
Antworten zu geben. Für etwa ein Viertel der Ausbildungsplatzsuchenden im kaufmännischen Bereich ist
auch noch Hürde vier zu nehmen. Hierbei handelt es
sich um Kennenlerntage, die auch Assessment-Center
genannt werden. Dort sind vorwiegend Aufgaben zu
bewältigen, bei denen es um Ihren persönlichen Auftritt geht, das heißt Sie müssen diskutieren, präsentieren, erklären und überzeugen.

Keine Angst, alle Testaufgaben sind zu bewältigen. *Testaufgaben*
Wenn Sie jetzt schon Zeit und Kraft für Ihre Vorbereitung *sind lösbar*
investieren, werden Sie am eigentlichen Testtag schneller wissen, worum es geht, und daher Ihre Antworten
schneller und vor allem überzeugender geben können.
Wir laden Sie ein, an unserem Trainingsprogramm aktiv teilzunehmen. Machen Sie es genauso wie Nadja,
Christoph und Kristina. Bereiten Sie sich so gut wie
möglich vor. Sie müssen nicht der oder die Beste sein,
sollten Ihre Chancen aber voll ausschöpfen, um letztendlich die Ausbildung zum Wunschjob zu bekommen.
Und dabei werden wir Sie mit aller Kraft unterstützen!

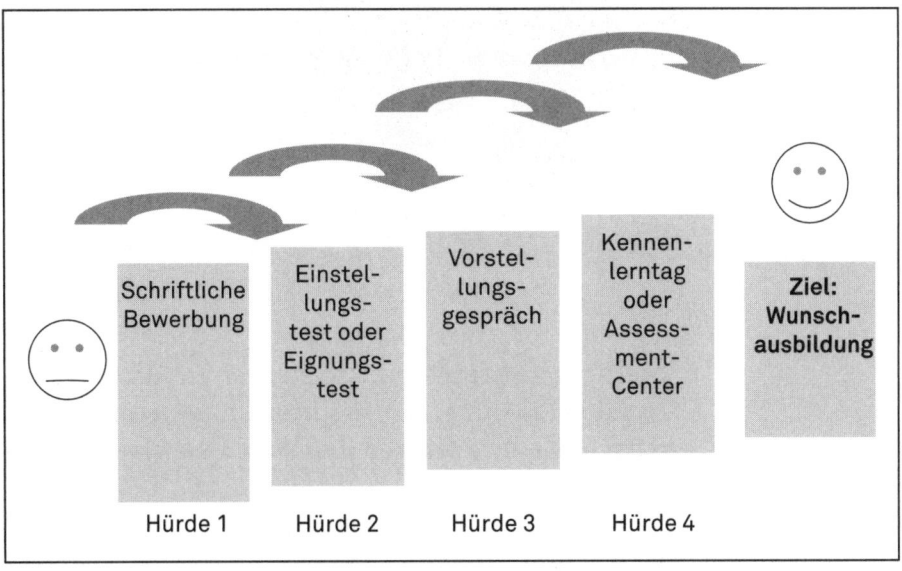

Bewerben mit der Püttjer & Schnierda-Profil-Methode®

Gesichtslose Bewerber, die austauschbar erscheinen, machen es sich und den Firmen unnötig schwer, zueinander zu finden. Machen Sie es besser: Sie werden sich im Bewerbungsverfahren mehr Aufmerksamkeit verschaffen, wenn Sie Ihr Profil aussagekräftig und glaubwürdig vermitteln können. Die Profil-Methode®, die wir dazu in unserer fast 20-jährigen Beratungspraxis entwickelt haben, hat schon vielen Bewerbern zu mehr Erfolg verholfen (www.karriereakademie.de).

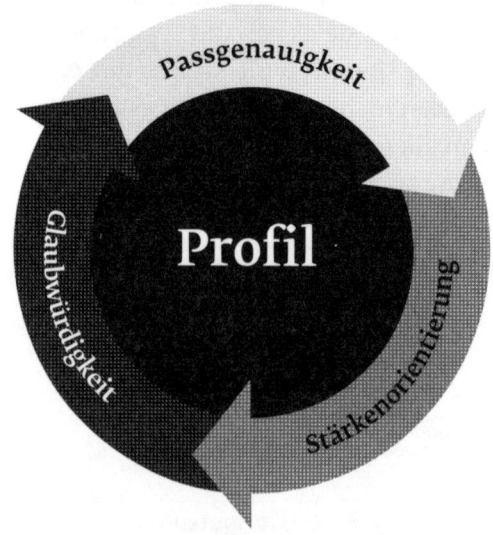

Drei Kernelemente kennzeichnen die Profil-Methode®: Punkten Sie mit einer passgenauen Bewerbung, vermitteln Sie Ihre Stärken und treten Sie glaubwürdig auf.

1. Passgenauigkeit: Je besser Sie im Bewerbungsverfahren auf die Anforderungen des Berufs eingehen, desto höher ist Ihre Erfolgsquote. Machen Sie sich den Blick der Personalverantwortlichen zu eigen. Argumentieren Sie von den Anforderungen der zu vergebenden Stelle her. So wird Ihr Auftritt passgenau.

2. Stärkenorientierung: Niemand lässt sich durch Krisen- und Problemschilderungen von etwas überzeugen – auch Unternehmen nicht! Verzichten Sie deshalb auf Abwertungen und Relativierungen und stellen Sie lieber Ihre Vorzüge in den Mittelpunkt. So werden Ihre Stärken sichtbar.

3. Glaubwürdigkeit: Verbiegen Sie sich nicht im Bewerbungsverfahren, Ihre Persönlichkeit ist gefragt! Verstecken Sie sich nicht hinter leeren Floskeln und abstrakten Formulierungen, liefern Sie stattdessen nachvollziehbare Beispiele, die Ihren Auftritt mit Leben füllen. So gewinnen Sie Glaubwürdigkeit.

Alle im Campus Verlag erschienenen Bewerbungsratgeber von Püttjer & Schnierda basieren auf der Profil-Methode®. Profitieren auch Sie von unserer Erfahrung und unserem Expertenwissen!

1. Wir machen Sie fit für den Einstellungstest!

Trainieren Sie bekannte Aufgabentypen

Dieser Ratgeber möchte Ihnen dabei helfen, Einstellungstests für kaufmännische Berufe sicher zu bewältigen. Um es gleich von Anfang an deutlich auszusprechen: Unter Ausbildungsverantwortlichen und Personalexperten ist es kein Geheimnis, dass die meisten Firmen in ihren Einstellungs- und Eignungstests auf bewährte und damit bekannte Testinhalte zurückgreifen. Es gibt natürlich auch aktuelle Trends in kaufmännischen Einstellungstests, die wir Ihnen gleich vorstellen werden. Aber dennoch lässt sich feststellen, dass viele der eingesetzten Aufgabentypen schon seit etlichen Jahren benutzt werden. Wer sich deshalb in der Vorbereitungsphase intensiv mit diesen »Test-Klassikern« aus den vier großen Testbereichen Wissenstest, Intelligenztest, Konzentrationstest und Persönlichkeitstest beschäftigt, vergrößert seine Chancen beträchtlich, den angestrebten Wunschausbildungsplatz letztendlich auch zu bekommen.

Aktuelle Trends in kaufmännischen Einstellungstests

Was hat sich verändert?

Einstellungstests in der heutigen Form werden seit Mitte der 1960er Jahre in der Personalarbeit der Wirtschaft und des öffentlichen Diensts eingesetzt, das ist immerhin eine Zeitspanne von etwa 50 Jahren. Dabei haben sich im Lauf der Jahrzehnte einige Änderungen ergeben. Die wichtigste Veränderung ist: Einstellungstests werden im Großen und Ganzen immer berufsnäher konzipiert. Natürlich gibt es Ausnahmen von diesem Trend, aber Aufgaben aus der

Anfangszeit der Einstellungstests lassen sich in der beruflichen Testpraxis glücklicherweise nur noch selten antreffen.

Die »Streichholz-Frage«, »Duschen oder Baden?«, der »Apfelbaum« und die »Höhlenübung«

Bei den ersten Einstellungstests standen viele Kandidatinnen und Kandidaten den Aufgabenstellungen sehr kritisch gegenüber, weil diese oft unrealistisch waren und wenig Bezug zur betrieblichen Praxis besaßen. So wurde in manchen Tests gefragt, wie lang ein Streichholz ist, ob der Kandidat morgens lieber duscht oder badet und ob er lieber mit den Fingern oder mit Besteck isst. In anderen Tests mussten die Kandidaten einen Apfelbaum zeichnen, der recht willkürlich bewertet wurde. Hatte der Baum beispielsweise Wurzeln, wurde dies positiv, nämlich als Ausdruck der Selbstsicherheit des Zeichners, gedeutet. Trug der Baum hingegen Früchte, wurde unterstellt, dass hier eine unreife Persönlichkeit auf schnellen Besitz aus sei, ohne selbst etwas dafür leisten zu wollen. Auch die Gruppenübung »Höhlendilemma« war höchst umstritten. Hier lautete die Aufgabenstellung folgendermaßen: Sie sind mit Ihrer Gruppe in einer Höhle eingeschlossen. Das Wasser steigt kontinuierlich, in 20 Minuten wird der Wasserpegel die Höhlendecke erreicht haben. Das Rettungsteam wird in dieser Zeit nur einen aus Ihrer Gruppe bergen können. Setzen Sie in der Diskussion durch, dass Sie die wichtigste Person sind, die es zu retten gilt. Alle anderen werden ertrinken.

Früher: wenig Praxisbezug

Glücklicherweise kamen den meisten Testverantwortlichen doch irgendwann Bedenken, ob derartige Fragen und Übungen überhaupt irgendeine Aussagekraft haben. Nicht zuletzt deshalb, weil die »Ergebnisse« solcher Tests auch kaum Erfolg im tatsächlichen Berufsalltag vorhersagen konnten.

Punkten Sie mit Ihren persönlichen Stärken

Trend 1: Individuelle Stärken werden berücksichtigt. Mittlerweile werden in vielen Einstellungstests individuelle berufliche Stärken stärker als früher berücksichtigt. Die Erkenntnis, dass nicht jede Kandidatin und jeder Kandidat alles gleich gut kann, da Menschen nun einmal ganz unterschiedliche Stärken, Begabungen und Neigungen mitbringen, hat sich auch bei Ausbildungsverantwortlichen und Personalexperten durchgesetzt.

Konkret bedeutet dies, es wird keinesfalls erwartet, dass Teilnehmer an Einstellungstests in allen Bereichen die Bestnote erzielen. Die einen sind nun einmal stärker im logischen Denken, die anderen verfügen über ein besseres räumliches Vorstellungsvermögen. Manche bringen eine gute Allgemeinbildung mit, andere beherrschen den Dreisatz perfekt. Wiederum andere sind sehr gut in Rechtschreibung, aber auch die Ideen kreativer Köpfe sind gefragt.

Soft Skills stehen im Vordergrund

Trend 2: Die Bewerberpersönlichkeit steht auf dem Prüfstand. In den letzten Jahren hat sich bei der Auswahl von Bewerberinnen und Bewerbern eine Trendwende vollzogen. Fakt ist, dass nicht mehr allein Fachwissen gefragt ist, sondern dass es auch ganz wesentlich um persönliche Fähigkeiten, die sogenannten Soft Skills, geht. Dies gilt für Berufseinsteiger wie für Berufswechsler, für Manager genauso wie für Ausbildungsplatzsuchende. Zu den Soft Skills zählen sprachliche und soziale Fähigkeiten, man will also erfahren, ob Sie mitdiskutieren, überzeugen, zuhören, argumentieren, sachlich kritisieren oder sogar begeistern können. Die gängigen Schlagworte für Soft Skills haben Sie gewiss schon einmal gehört, es ist die Rede von Teamfähigkeit, Kritikfähigkeit, Zielstrebigkeit, Hilfsbereitschaft, Verlässlichkeit, Kompromissbereitschaft oder Durchsetzungsstärke.

Während man beim Fachwissen durchaus bereit ist, über die eine oder andere Schwäche des Bewerbers hinwegzusehen, sieht es bei der Bewerberpersönlichkeit anders aus. Wer sich im beruflichen Alltag ständig mit

Kollegen streitet, bei Problemen stets die Schuld bei anderen sucht, sich bei der Arbeit nicht mit anderen abstimmt oder bei Schwierigkeiten gleich den Kopf hängen lässt, ist im Firmenalltag ein echter Störfaktor. Deshalb versuchen die Unternehmen, sich mithilfe von mündlichen Persönlichkeitstests, Einstellungsgesprächen oder Kennenlerntagen ein erstes Bild von der Persönlichkeit des Bewerbers zu verschaffen.

Trend 3: Motivierte Bewerber sind Wunschkandidaten. In jüngster Zeit betonen Ausbildungs- und Personalverantwortliche immer häufiger, dass sie auf der Suche nach Bewerberinnen und Bewerbern mit einer hohen Eigenmotivation sind. Diese Eigenschaft zählt mit zu den persönlichen Fähigkeiten der Kandidaten. Sie spielt deshalb eine so herausragende Rolle, weil sie zentral für beruflichen Erfolg ist. Eigenmotivierte Kandidaten haben mehrere Praktika absolviert, Informationen in Ratgebern und im Internet recherchiert, den direkten Kontakt zu den Firmen auf Informationsveranstaltungen und Firmenmessen gesucht und sich gründlich mit ihren Vorlieben und Stärken auseinandergesetzt. Dank dieser Vorarbeit sind eigenmotivierte Kandidaten als künftige Mitarbeiter sehr gefragt. Sie zeichnen sich dadurch aus, sich selbst Ziele stecken zu können und konsequent auf deren Erreichung hinzuarbeiten. Auch im Arbeitsalltag sind motivierte Mitarbeiter der Schlüssel zum Erfolg. Andere Kollegen lassen sich von ihrer Motivation anstecken, bei Rückschlägen wird nicht gleich aufgegeben, sondern nach Lösungen gesucht, und gemeinsam erreichte Erfolge schweißen das Team erst richtig zusammen.

Getestet wird auch Ihre Motivation

Wir erleben in unserer Beratungspraxis häufig, dass Bewerberinnen und Bewerber auch in Sachen Eigenmotivation viel zu bieten haben. Allerdings bereitet es vielen Schwierigkeiten, diesen wichtigen Faktor gegenüber Ausbildungs- sowie Personalverantwortlichen oder Geschäftsführern deutlich zu machen. Floskeln à la »Ich bin motiviert und dynamisch« helfen hier nicht weiter. Besser ist es, konkrete Beispiele zu geben und auf erste Erfolge in der Schule, in der Freizeit oder in absolvierten Praktika hinzuweisen. Wie dies im Einzelnen geht, werden wir Ihnen im Kapitel »Persönlichkeitstest: Motivation Ihrer Bewerbung« erläutern.

Sie kennen jetzt die drei aktuellen Trends im Einstellungstest: Die individuellen Stärken der Testteilnehmer werden mehr als früher berücksichtigt, die Anforderungen an die Bewerberpersönlichkeit sind gestiegen, und dem Merkmal Eigenmotivation kommt ein herausragender Stellenwert zu. Im weiteren Verlauf dieses Buchs werden wir Sie noch häufiger darauf hinweisen, welche Auswirkungen diese Trends auf die jeweiligen Inhalte von Einstellungstests haben. Und dieses Wissen wird Ihnen dabei helfen, sich noch gezielter vorbereiten zu können.

So bereiten wir Sie vor

Mancher Aufgaben werden regelmäßig eingesetzt

Obwohl es nicht *den* Einstellungs- oder Eignungstest gibt, der für die Besetzung aller Ausbildungsplätze gleichermaßen gut geeignet ist, sind in den Tests bestimmte Inhalte immer wieder enthalten. Es gibt Testelemente und Aufgabentypen, die schon seit Jahrzehnten regelmäßig eingesetzt werden. Testteilnehmer, die sich bereits im Vorfeld einen ersten Überblick verschaffen und sich mit bestimmten Aufgabentypen auseinandersetzen, sind damit klar im Vorteil.

Wissen, Intelligenz, Konzentration, Persönlichkeit

Einstellungstests lassen sich in die vier großen Blöcke Wissenstests, Intelligenztests, Konzentrationstests und Persönlichkeitstests unterteilen. In der folgenden Übersicht haben wir für Sie aufgeführt, welche Testinhalte die jeweiligen Blöcke umfassen.

Inhalte von Einstellungstests

ÜBERSICHT

Wissenstests	– Allgemeinwissen – Rechtschreibung – Praktische Mathematik – Fremdsprachen (meist Englisch) – Berufswissen
Intelligenztests	– Logisches Denken – Räumliches Vorstellungsvermögen – Sprachliche Intelligenz – Kreative Intelligenz
Konzentrations-tests	– Aufmerksamkeit – Merkfähigkeit
Persönlich-keitstests	– Motivation – Selbsteinschätzung – Kommunikation (beispielsweise Teamfähigkeit, Überzeugungskraft, Einfühlungsvermögen, Problemlösungsfähigkeit, Begeisterungsfähigkeit)

Wissenstests: In diesem Block wird Wissen aus den Bereichen Allgemeinbildung, Rechtschreibung und praktische Mathematik abgeprüft. Gelegentlich werden auch die Englischkenntnisse der Bewerber getestet, beispielsweise von Firmen, die ihre Kunden europa- oder weltweit beliefern und betreuen, also ihre Geschäftsbeziehungen auf Englisch pflegen. Neuerdings wird auch häufiger konkretes Berufswissen abgefragt, beispielsweise was typische Aufgaben im angestrebten Wunschberuf sind.

Punkten Sie mit Ihren Kenntnissen

Intelligenztests: In Einstellungstests werden zwar einzelne Aufgaben aus Intelligenztests eingestreut, komplette Intelligenztests werden aber eher selten eingesetzt, daher ist eine Aussage über den Intelligenzquotienten der Kandidaten in der Regel nicht möglich. Auf die Testteilnehmer warten im Einstellungstest aber dennoch regelmäßig Aufgaben, die überprüfen sollen, wie es um das logische Denken, das räumliche Vorstellungsvermögen, die sprachliche oder die kreative Intelligenz bestellt ist.

Was können Sie sich merken?

Konzentrationstests: Die Firmen haben aus verständlichen Gründen ein großes Interesse daran, Auszubildende zu finden, die in der Lage sind, auch über einen längeren Zeitraum aufmerksam, konzentriert und möglichst fehlerfrei zu arbeiten. Daher enthalten Einstellungstests häufig Elemente aus Konzentrationstests. Man möchte feststellen, wie sorgfältig die Kandidaten unter belastendem Zeitdruck Aufgaben lösen. In eine ähnliche Richtung gehen Testaufgaben zur Überprüfung der Merkfähigkeit, also der Gedächtnisleistung.

Persönlichkeitstests: In Persönlichkeitstests geht es um die Persönlichkeit der Bewerber. Hier wird gerne die Motivation, die ihrer Entscheidung für eine bestimmte Ausbildung zugrunde liegt, auf den Prüfstand gestellt. In Vorstellungsgesprächen, die manchmal vor den Einstellungstests stattfinden, manchmal danach, manchmal aber auch direkt in diese integriert werden, werden Sie mit »Persönlichkeitsfragen« konfrontiert. Man möchte im Gespräch erfahren, welche Aufgaben und Fachgebiete Sie interessieren, wie Sie in der Schule mit Lehrern und Mitschülern oder in Praktika mit Kollegen und Chefs umgegangen sind. Und nicht zuletzt ist auch ein wichtiger Punkt, wie Sie in stressigen Situationen oder auf Kritik reagieren.

Praktische Übungen beim Kennenlerntag

Immer häufiger werden neuerdings für Ausbildungsplatzsuchende Kennenlerntage oder Praxistage, die auch Assessment-Center genannt werden, durchgeführt. Die Kandidaten müssen beim Kennenlerntag oder im Assessment-Center mit praktischen Übungen rechnen, bei denen es um den persönlichen Auftritt und den Umgang mit anderen geht. Zu diesem Zweck werden unter anderem Gruppendiskussionen und Gruppenarbeiten veranstaltet. Die Firmen wollen auf diese Weise feststellen, wie ausgeprägt vorher festgelegte Persönlichkeitsmerkmale – beispielsweise Teamfähigkeit, Überzeugungskraft, Einfühlungsvermögen, Problemlösungsfähigkeit oder Begeisterungsfähigkeit – bei den künftigen Auszubildenden sind.

Ihr Trainingsprogramm

Sie sind nun vertraut mit der Unterscheidung von Wissenstests, Intelligenztests, Konzentrationstests und Persönlichkeitstests sowie den dazugehörigen Teilbereichen.

Starten Sie Ihr persönliches Trainingsprogramm

Jetzt geht es um die praktische Nutzung Ihrer neuen Erkenntnisse.

In einem strukturierten Trainingsprogramm – wie im Folgenden dargestellt – werden wir Sie im weiteren Verlauf mit klassischen und neuen Aufgaben aus allen vier Testbereichen vertraut machen.

→ Intelligenztest: Logik, ab Seite 32
→ Persönlichkeitstest: Motivation Ihrer Bewerbung, ab Seite 103
→ Wissenstest: Rechtschreibung, ab Seite 113
→ Wissenstest: Englisch, ab Seite 122
→ Intelligenztest: kreative Intelligenz, ab Seite 126
→ Wissenstest: Mathematik und Rechnen, ab Seite 140
→ Konzentrationstest: Aufmerksamkeit, ab Seite 191
→ Konzentrationstest: Merkfähigkeit, ab Seite 203
→ Persönlichkeitstest: Vorstellungsgespräch, ab Seite 219
→ Persönlichkeitstest: Kennenlerntag, ab Seite 235
→ Wissenstest: Berufswissen, ab Seite 248
→ Wissenstest: Allgemeinbildung, ab Seite 256

Bevor es aber mit Ihren Trainingseinheiten losgeht, werden wir im nächsten Kapitel »Aus der Firmenpraxis: Erfahrungsberichte von Testkandidaten« die Hauptpersonen, nämlich Testteilnehmer, selber zu Wort kommen lassen. Im darauf folgenden Kapitel »So gehen Sie motiviert zum Testtag« werden wir Ihnen Mut machen und mit einigen Vorurteilen über Einstellungs- und Eignungstests aufräumen. Und dann beginnt auch schon Ihr eigentliches Testtraining!

Aus der Firmenpraxis: Erfahrungsberichte von Testkandidaten

Test ist nicht gleich Test. Wie wir Ihnen bereits erläutert haben, gibt es ganz unterschiedliche Schwerpunkte, die in Tests überprüft werden. Dies hängt einerseits von den Berufsfeldern ab, in denen die Bewerber eingesetzt werden sollen. Andererseits gibt es aber auch bestimmte Vorlieben von Personal- und Ausbildungsverantwortlichen.

Profitieren Sie von den Erfahrungen anderer

Im Mittelpunkt mancher Einstellungstests stehen Allgemeinbildung oder logisches Denken, in anderen hingegen Rechtschreib- oder Mathematikkenntnisse. Einige Firmen veranstalten Gruppenauswahlverfahren, bei denen das persönliche Auftreten der Kandidaten im Mittelpunkt steht. Andere möchten vor allem erfahren, wie es um die Motivation der Bewerber steht. Und natürlich gibt es auch Unternehmen, die im Rundumschlag Allgemeinbildung, Logik, Konzentrationsfähigkeit, sprachliche Intelligenz, Mathematikkenntnisse und auch noch Persönlichkeitsmerkmale wie Team- und Problemlösungsfähigkeit sowie Eigenmotivation überprüfen. Durch unsere mittlerweile rund 20-jährige Erfahrung bei der Durchführung von Bewerbungstrainings und -seminaren haben wir einen sehr umfangreichen und intensiven Einblick in die Testpraxis der Firmen und Behörden bekommen, an dem wir Sie gerne teilhaben lassen möchten. Auf der Basis der

Rückmeldungen unserer Seminarteilnehmer, aber auch durch unsere direkten Kontakte zu Geschäftsführern, Personalberatern und Ausbildungsverantwortlichen konnten wir ein umfangreiches und immer wieder aktualisiertes Archiv aufbauen, das Berichte und Protokolle zu Einstellungstests enthält.

Damit Sie sich besser vorstellen können, wie ein Testtag konkret ablaufen kann, stellen wir Ihnen nun die persönlichen Erlebnisse von Kandidaten und Bewerbern vor, die an Einstellungstests mit Bezug auf kaufmännische Berufsfelder teilgenommen haben: *5 verschiedene Testtage*

1. **Testtag bei einer Bank**
2. **Testtag bei einer Versicherung**
3. **Testtag bei einer Möbelkette**
4. **Testtag bei einem Steuerberater**
5. **Testtag bei einem Autohaus**

Testtag bei einer Bank

»Nachdem ich mit meiner Bewerbungsmappe überzeugen konnte, wurde ich zum Einstellungstest bei einer der drei größten deutschen Banken eingeladen. In der Einladung wurde mir mitgeteilt, dass ich etwa vier Stunden für den Test einplanen sollte. Leider war der Testbeginn erst um 13 Uhr, und zu diesem Zeitpunkt ist meine Leistungskurve nicht gerade top, aber dies ließ sich leider nicht ändern. *Dauer: ca. 4 Stunden*

Zusammen mit etwa 25 anderen Bewerberinnen und Bewerbern wurde ich in den Testraum geführt. Dort musste ich mir anhand eines Namensschilds auf dem Tisch meinen Platz suchen. Die Testunterlagen lagen bereit. Der Testleiter erklärte für jeden Aufgabenblock, was zu tun sei. Dann konnte man noch Fragen stellen, und dann ging es los.

Die Zeit wurde vom Testleiter gestoppt. Wer nach Ablauf der verfügbaren Zeit noch versuchte weiterzuschreiben, wurde ermahnt. Ein Kandidat erhielt drei Ermahnungen, damit war der Test für ihn sofort zu

Ende, und er wurde nach Hause geschickt. Der Test selbst bestand aus den klassischen Zahlenreihen, die fortgesetzt werden mussten. Weiter habe ich Konzentrations- und praktische Mathematikaufgaben wie Prozentrechnen und Dreisatz bewältigen müssen. Es wurden auch Fragen zur Allgemeinbildung aus den Bereichen Wirtschaft und Politik gestellt. Ich bestand den Test, allerdings stellte sich dann heraus, dass es sich dabei lediglich um den schriftlichen Teil handelte. Denn mit der schriftlichen Mitteilung über das Bestehen bekam ich auch gleich eine Einladung zum Gruppenauswahlverfahren. An diesem zweiten Testtag waren wir 13 Teilnehmer. Wir mussten Kundengespräche führen und Gruppenaufgaben wie die Planung einer Werbekampagne für ein neues Konto für Jugendliche lösen. Ganz am Ende dieses Testtags gab es noch eine intensive Fragerunde. Ich wurde von einer Personalleiterin und einem Filialleiter ganz schön in die Mangel genommen.

Fazit

Mein Fazit: Ich habe den Ausbildungsplatz angeboten bekommen, habe mich dann aber doch für eine andere Bank entschieden, die von meinem Wohnort besser zu erreichen ist. Da ich mich gründlich vorbereitet hatte, kam ich an den beiden Testtagen zwar ins Schwitzen, fühlte mich aber die meiste Zeit über sicher.«

Testtag bei einer Versicherung

50 Bewerber, 12 Ausbildungsplätze

»Ich wurde zum Einstellungstest bei einer großen Versicherung eingeladen. Die Stimmung war sehr angespannt, es waren auch über 50 Leute da, obwohl es nur zwölf Ausbildungsplätze gab, die zu besetzen waren. Wir wurden in einen Konferenzraum geführt. Dort gab es dann die übliche Einweisung zum Test: kein Abgucken möglich, da A- und B-Version; bei vermeintlich unlösbaren Aufgaben einfach mit den nächsten Aufgaben weitermachen und nicht wundern, dass die Zeit nicht reichen würde.

Es ging los mit einem Test zur Allgemeinbildung, es gab Fragen aus den Bereichen Wirtschaft, Politik, Erdkunde und Europäische Union. Dann folgten Logikaufgaben, Zahlenreihen waren zu vervollständigen und Tabellen auszuwerten. Ein sehr umfangreicher Test bezog sich auf unsere Ausdauer. Wir mussten unglaublich viele Rechenaufgaben lösen (immer abwechselnd plus und minus). Die Aufgaben waren aber nicht wirklich schwer, es ging wohl darum, wer insgesamt am wenigsten Fehler machte. Ganz am Ende sollten wir dann noch auf einer DIN-A4-Seite begründen, warum wir uns für den Ausbildungsberuf interessieren. Hier konnte ich sicherlich viele Pluspunkte sammeln, da ich das schon zu Hause geübt und aufgeschrieben hatte.

Mein Fazit: Ich habe den Einstellungstest bestanden. *Fazit* Wer sich mit einschlägigen Büchern zu Hause vorbereitet, erlebt an Testtagen keine bösen Überraschungen.«

Testtag bei einer Möbelkette

»Da ich die Bewerbung bei der Möbelkette erst recht kurzfristig auf den Weg gebracht hatte, war ich ganz überrascht, schon nach fünf Tagen eine Einladung zum Testtag zu erhalten. In dem Schreiben wurde darauf hingewiesen, dass ich in Freizeitkleidung erscheinen sollte und dass mich nicht die typischen Ankreuztests, sondern ein lockerer Bewerbertag erwarten würde, bei dem sich die Bewerber und die Firma in persönlichen Gesprächen näher kennen lernen sollten. So war es denn auch. Zusammen mit mir waren etwa 35 Bewerber eingeladen.

Die Möbelkette war sehr bemüht, sich als junges, *Lockere* lockeres Unternehmen zu präsentieren. Keiner der *Atmosphäre* Vorgesetzten trug einen Schlips. Es war nicht nur die Chefetage anwesend, sondern auch viele Auszubildende des zweiten und dritten Ausbildungsjahres. Zunächst wurde uns das Unternehmen mit einem Firmenvideo präsentiert. Dann hatten wir die Möglichkeit, Fragen zu stellen. Ich hatte schon den Eindruck, dass aufmerksam registriert wurde, wer sich an dieser Fragerunde beteiligte.

Danach gab es praktische Gruppenübungen in Teams von jeweils sieben Kandidaten. Unsere Gruppe sollte für den Eingangsbereich Sommermöbel dekorieren. Wir mussten uns innerhalb von 30 Minuten einigen, welche Möbel wir auswählen wollten. Dabei wurden uns fiktive Einkaufspreise genannt, aus denen wir Endpreise gestalten sollten. So konnten wir beispielsweise Sonderangebote selbst bestimmen. Danach hatten wir eine Mittagspause zusammen mit den Auszubildenden, also ohne die Chefetage. Ich habe die Möglichkeit genutzt, mich an einen Tisch mit einem Auszubildenden im Verkauf zu setzen und ihn nach seinen Erfahrungen zu befragen.

Eine weitere Gruppenübung schloss sich an die Mittagspause an. Diesmal war es eine Diskussionsübung. Nun musste ich mit sechs anderen Kandidaten zusammen das Thema ›Welche Wünsche hat die Möbelkette an künftige Auszubildende?‹ diskutieren. Das ging ganz gut, einige Teilnehmer stritten miteinander, da habe ich etwas vermittelt, was wohl bei den Beobachtern gut ankam.

Abschließend wurden wir noch durchs Lager geführt. Ich hatte hier den Eindruck, dass man auch den Kandidaten, die letztendlich nicht genommen wurden, zeigen wollte, was für ein modernes Unternehmen die Möbelkette ist. Das Ganze kam mir teilweise wie eine Werbeveranstaltung vor.

Fazit

Mein Fazit: Insgesamt eigentlich ein ganz interessanter und lockerer Bewerbungstag.«

Testtag bei einem Steuerberater

Test statt Vorstellungsgespräch

»Ich war ganz überrascht, als sich das Vorstellungsgespräch bei dem Steuerberater, bei dem ich mich beworben hatte, zu einem Test entwickelte. Außer dem Steuerberater und seinem Kollegen waren noch einige Angestellte anwesend. Alle stellten sich kurz vor, dann waren wir, also die sechs eingeladenen Bewerberinnen um die zwei Ausbildungsplätze, an der Reihe. Zum Glück hatte ich meine Vorstellung geübt und konnte flüssig reden, musste also nicht so peinlich herumstottern wie einige andere Kandidatinnen.

Dann gab es Rechenaufgaben, und zwar mündlich gestellt. Das heißt, der Steuerberater diktierte die Aufgaben, und wir mussten unsere Ergebnisse auf ein Blatt Papier schreiben. Das Ganze dauerte etwa 20 Minuten. Nach einer kurzen Pause mit Kaffee und Mineralwasser folgte ein Diktat als Rechtschreibtest. Während einer weiteren Pause wurden die beiden Tests wohl ausgewertet. Drei Kandidatinnen wurden dann gleich nach Hause geschickt. Ich gehörte zu den übrigen dreien, denen nun noch in einer gemeinsamen Fragerunde intensiver auf den Zahn gefühlt wurde. Die Fragen zielten auf die Gründe für unseren Ausbildungswunsch, auf Hobbys und Interessen, es wurde auch nach den Lieblingsfächern in der Schule gefragt und nach anderen Ausbildungen, die uns interessieren könnten.

Fazit

Mein Fazit: Ich habe zwar einen Ausbildungsplatz angeboten bekommen, allerdings war ich überrascht, welchen Aufwand der Steuerberater mit uns getrieben hat.«

Testtag bei einem Autohaus

Test am Wochenende

»Ich hatte mich für eine kaufmännische Ausbildung in einem großen Autohaus beworben. Meine Bewerbungsmappe konnte wohl überzeugen, denn nach zwei Wochen erhielt ich eine Einladung zum Einstellungstest. Der Test fand am Sonnabend statt und startete um 9 Uhr. Es waren etwa 15 Kandidaten und vier Mitarbeiter des Autohauses da. Einer stellte sich als Geschäftsführer vor. Er begrüßte uns und erklärte, wie viel Wert das Autohaus auf einen angemessenen Umgang mit Kunden und eine überzeugende Außendarstellung legt.

Dann ging es los, jeder stellte sich in der Runde eine Minute lang vor. Ich hatte das vorher geübt, deshalb konnte ich bei meiner Vorstellung Blickkontakt zum Geschäftsführer und den anderen Mitarbeitern halten. Damit konnte ich auf jeden Fall besser überzeugen als die Kandidaten, die beim Reden die ganze Zeit über zu

Boden guckten und auch viel zu leise sprachen. Daraufhin wurden wir in mehrere Teams aufgeteilt, und meine Gruppe erhielt die Aufgabe, einen Tag der offenen Tür für das Autohaus zu planen; dafür hatten wir 45 Minuten Zeit. Mir fiel eine Menge ein, beispielsweise eine Hüpfburg für die Kinder der Kunden aufzubauen, einen Getränkestand anzumieten und natürlich die Kunden zu Probefahrten mit den neuen Modellen einzuladen. Andere bekamen in der Diskussion die Zähne kaum auseinander, ich glaube nicht, dass sie so Punkte sammeln konnten. Hinterher stellte sich übrigens heraus, dass die anderen Gruppen genau die gleiche Aufgabe hatten.

Nach dieser Gruppenaufgabe wartete noch ein schriftlicher Test auf uns. Viele Rechenaufgaben stammten aus dem Bereich Prozentrechnung, beispielsweise mussten wir 19 Prozent Mehrwertsteuer zum Nettopreis der Einkaufsware hinzurechnen oder vom Endpreis abziehen. Und auch die typischen Dreisatzaufgaben (ein Auto verbraucht 6 Liter Benzin auf 150 Kilometer, wie viel Benzin verbraucht es auf 350 Kilometer?) waren reichlich vertreten.

Auf in die zweite Runde

Ich habe im Test 78 von 100 Punkten erreicht, was ausreichend war, um in die zweite Runde zu kommen, die eine Woche später stattfand. Im persönlichen Gespräch mit dem Geschäftsführer und dem Verkaufsleiter wurden mir viele Fragen gestellt, beispielsweise dazu, wie ich mich über den Ausbildungsbetrieb und den Ausbildungsberuf informiert hätte, wo meine Stärken lägen, welche Schulfächer mich interessierten und was ich in meiner Freizeit machen würde.

Fazit

Mein Fazit: Wer sich vorbereitet, schafft – wie ich – so einen Test auch!«

So gehen Sie motiviert zum Testtag

Wenn es um das Thema Einstellungstest geht, liegen die Nerven blank und die Emotionen kochen hoch. Dies ist verständlich, denn niemand setzt sich gerne freiwillig stressigen Prüfungssituationen aus, zu denen Tests nun einmal zählen. Daher sollte – unserer Ansicht nach – eine gezielte Vorbereitung auf Einstellungstests Sie nicht nur mit typischen Testaufgaben und -übungen vertraut machen. Wir finden es genauso wichtig, dass Sie Ihre innere Einstellung einmal sorgfältig prüfen und gemeinsam mit uns überlegen, ob Sie womöglich durch gängige Vorurteile und Klischees über Einstellungstests blockiert werden – was doch schade wäre! Wir erleben immer wieder Bewerberinnen und Bewerber, die viel zu bieten haben, interessante Persönlichkeiten sind und eigentlich viel mehr erreichen können, als sie für möglich halten. Vorausgesetzt, sie glauben erst einmal an sich selbst. Das ist nicht immer leicht. Es ist im Gegenteil sogar oft so, dass man sich in Bewerbungssituationen jeder Art viel zu selbstkritisch verhält und sich durch Panikmache, Schwarzmalerei oder Pessimismus in schlechte Stimmung versetzt.

Lösen Sie sich von störenden Selbstblockaden, damit Sie motiviert an Ihren Einstellungstest herangehen können. Setzen Sie sich jetzt mit den sieben populären Test-Irrtümern auseinander, um Ihren Einstellungstest gleichermaßen selbstbewusst und umfassend vorbereitet in Angriff zu nehmen.

Tests sind weniger schlimm, als Sie glauben

Irrtum Nr. 1: Es gibt den einzig richtigen Einstellungstest. Falsch! Wer sich etwas intensiver mit diesem Thema beschäftigt, wird schnell feststellen, dass es den einzig richtigen Einstellungstest, der für alle Berufsfelder, für alle Bewerberinnen und Bewerber sowie für alle Firmen und Behörden gleichermaßen geeignet ist, nicht gibt. Einstellungstests sind immer Kombinationen verschiedener Einzeltests. Und wie diese Testkombination im konkreten Fall zusammengesetzt ist, hängt von den speziellen Vorlieben der Verantwortlichen in den Firmen und Behörden ab.

Irrtum Nr. 2: Auf Einstellungstests kann man sich nicht vorbereiten. Falsch! Natürlich kann ein Testratgeber nicht im Verhältnis eins zu eins auf Einstellungstests vorbereiten. Die Erfahrung bestätigt aber immer wieder, dass es durchaus sinnvoll ist, sich mit den typischen Aufgaben im Vorfeld vertraut zu machen. Wer bereits eine erste Vorstellung davon hat, wie Testaufgaben konstruiert sind, tappt im Ernstfall weniger im Dunkeln und geht zielgerichtet an die Lösung der Aufgaben heran. Somit steht er am eigentlichen Testtag weniger unter Stress, weiß schneller, worum es geht, und hat sich so einen echten Vorsprung erarbeitet.

Andere Intelligenzen werden immer wichtiger

Irrtum Nr. 3: Einstellungstests messen den Intelligenzquotienten (IQ) der Kandidaten. Falsch! Das Ergebnis aus einem Einstellungstest sagt in der Regel wenig bis gar nichts über den IQ der Kandidaten aus. Testpsychologen kritisieren schon seit Jahrzehnten, dass ein großer Teil der Firmen unwissenschaftliche Tests einsetzt. Das Abschneiden in diesen »Pseudotests« hat nichts mit einer stärker oder schwächer ausgeprägten Intelligenz zu tun. Darüber hinaus hat sich die Wissenschaft längst vom eindimensionalen Intelligenzbegriff, der durch einen bestimmten IQ ausgedrückt wird, verabschiedet. Je nach Standpunkt spricht man auch von der Bedeutung der emotionalen Intelligenz, der Erfolgsintelligenz oder der praktischen Intelligenz. Auch Teilintelligenzen, wie kreative Intelligenz, musische Intelligenz oder Bewegungsintelligenz, werden heutzutage stärker als früher berücksichtigt. Über beruflichen Erfolg entscheidet letztendlich also wesentlich mehr als bloß der IQ!

Ein Ergebnis im oberen Drittel genügt!

Irrtum Nr. 4: Wer im Einstellungstest am besten abschneidet, wird eingestellt. Falsch! Eingestellt wird derjenige, der im gesamten Einstellungsverfahren deutlich machen kann, dass er eigene Stärken und Schwächen realistisch einzuschätzen vermag, sich mit den Anforderungen des Berufsfelds gedanklich und praktisch auseinandergesetzt hat und auch zwischenmenschlich überzeugen kann. Als Faustregel gilt: Man sollte im Einstellungstest ein Ergebnis erzielen, das im oberen Drittel liegt, man muss aber keinesfalls der oder die Beste sein.

Irrtum Nr. 5: Einstellungstests haben nichts mit den späteren beruflichen Aufgaben zu tun. Falsch! Viele Firmen haben längst gemerkt, dass das Bestehen eines bloßen Ankreuztests wenig darüber aussagt, ob ein Kandidat später auch die beruflichen Aufgaben bewältigen wird. Deshalb gibt es immer mehr Kennenlerntage oder Assessment-Center mit praktischen Einzelaufgaben und Gruppenübungen. Dabei geht es nicht vorrangig um das logische Denken, die Konzentrationsfähigkeit oder das Allgemeinwissen der Kandidaten, sondern um ihre Teamfähigkeit und Überzeugungskraft, ihr Einfühlungsvermögen, ihre Problemlösungs- oder Begeisterungsfähigkeit.

Aufgaben mit Praxisbezug

Irrtum Nr. 6: Personalverantwortliche sind Sadisten, die Bewerber mit Einstellungstests genüsslich quälen wollen. Falsch! In erster Linie sind Einstellungstests üblich geworden, weil Ausbildungs- und Personalverantwortliche wenig Vertrauen in Zeugnisnoten haben. An einigen Schulen, Fachhochschulen und Universitäten sind die Anforderungen einfach höher als an anderen. Manche Lehrer und Dozenten drücken am Ende der Schul- oder Hochschulzeit ein Auge zu und geben zu gute Noten, andere wiederum sind zu streng und entscheiden sich prinzipiell eher für die schlechtere Note. Die Aufgaben im Einstellungstest sind hingegen für alle Kandidaten gleich, alle müssen die gleiche Hürde überspringen.

Irrtum Nr. 7: Wer im Einstellungstest durchfällt, wird niemals einen Arbeitsplatz bekommen. Falsch! Viele Wege führen zum Arbeitsplatz. In kleineren Betrieben werden weniger Ankreuztests durchgeführt als in großen Firmen. Dort stehen eher praktische Übungen und Arbeitsproben im Vordergrund. Wer also trotz intensiver Vorbereitung immer noch große Probleme in Einstellungstests hat, sollte auf die Firmen setzen, die mehr Wert auf Praxis legen. Dort überzeugen dann passende Praktika und ein positiver sowie engagierter persönlicher Auftritt im Vorstellungsgespräch.

Durchgefallen? Sie haben trotzdem eine Chance

2. Intelligenztest: Logik

Worum geht es?

Auch wenn die Wissenschaft noch lange nicht abschließend geklärt hat, was Intelligenz eigentlich genau ist und wie sie sich messen lässt, hindert dies Firmen und Organisationen nicht daran, Aufgaben aus Intelligenztests zu verwenden. Damit fangen schon die ersten Probleme an. Denn wenn man überhaupt Aussagen zum Intelligenzquotienten treffen will, dann muss auch ein vollständiger Intelligenztest durchgeführt werden. Dafür reicht aber üblicherweise die Zeit nicht. Die Aufgaben, auf die Sie womöglich treffen werden, lassen eine Aussage über Ihre »Intelligenz« nicht zu. Meist haben sich Personalverantwortliche im Lauf der Jahre für eine bestimmte Methode entschieden und wählen entsprechende Aufgaben dann ganz subjektiv nach ihren persönlichen Vorlieben aus.

Was erwartet Sie?

Welche Logikaufgaben erwarten Sie?

Wenn es um das logische Denken geht, sind abstrakte Schlussfolgerungen zu ziehen. Damit Sie eine erste Vorstellung davon bekommen, mit welchen Logikaufgaben Sie rechnen müssen, zeigen wir Ihnen im Folgenden einige Beispielaufgaben. Wir unterscheiden dabei zwischen

→ sprachgebundenen Logikaufgaben,
→ grafikgebundenen Logikaufgaben und
→ zahlengebundenen Logikaufgaben.

Sprachgebundene Logikaufgaben

Logikaufgaben dieser Art zählen zur Sprachlogik, die einen hohen Stellenwert in Eignungs- und Einstellungstests hat. Deshalb werden Ihnen beispielsweise Textaufgaben, Aussagesätze, Wortpaare oder auch Wortgruppen vorgelegt, die Sie durch schlussfolgerndes Denken einer Lösung zuführen sollen.

Besonders wichtig: Sprachgebundene Logikaufgaben

Beispiel:
Welches Handy ist das teuerste?
Christines Handy ist teurer als Christians Handy.
Christinas Handy ist billiger als Christians Handy.
Christels Handy ist so teuer wie Christines Handy.

Bitte entscheiden Sie sich für eine der fünf vorgegebenen Antworten:

a) Christines Handy
b) Christians Handy
c) Christinas Handy
d) keine eindeutige Aussage möglich
e) Christels Handy

In der Beispielaufgabe lautet die Lösung »d)«, es ist also keine eindeutige Aussage möglich.

Begründung: Da Christinas Handy billiger als Christians Handy ist, kann sie nicht das teuerste Handy besitzen. Aber auch Christian hat nicht das teuerste Handy, denn Christines Handy ist noch teurer. Damit hätte Christine eigentlich Anrecht auf den Titel »Ich habe das teuerste Handy«. Allerdings ist Christels Handy genauso teuer wie das von Christine. Somit ist letztendlich eine eindeutige Aussage darüber, wer das teuerste Handy hat, nicht möglich.

Noch eine Anmerkung zum »Namenswirrwarr« in dieser Beispielaufgabe: Es ist durchaus beabsichtigt, dass die vier Namen – Christine, Christian, Christina, Christel – sehr ähnlich klingen und Sie deshalb etwas verwirren. Unsere Übungsaufgaben orientieren sich

Ähnliche Namen sind beabsichtigt

an der gängigen Testpraxis und dürfen deshalb auch nicht zu leicht zu lösen sein.

Ihre sprachlichen Fähigkeiten sind im Einstellungstest an verschiedenen Stellen gefragt. Zum einen natürlich ganz allgemein im Bereich Rechtschreibung und Ausdrucksfähigkeit, zum anderen im Bereich der sprachlichen Intelligenz. Hier geht es weniger um Ihre Rechtschreibfähigkeiten, sondern vielmehr um Ihr Sprachgefühl und um Ihr Gespür für logische Beziehungen zwischen Wörtern. Fällt es Ihnen leicht, abstrakte Schlussfolgerungen zu ziehen? Erkennen Sie Gemeinsamkeiten zwischen Wörtern? Können Sie wild durcheinandergewürfelte Buchstaben wieder sinnvoll zusammensetzen?

Bezug zur Praxis   In den Bereich der sprachgebundenen Aufgaben fallen auch Konzentrationstests. Diese werden eingesetzt, um zu erfahren, wie es um Ihre Aufmerksamkeit und Ihr Durchhaltevermögen, aber auch Ihre Merkfähigkeit steht. Hier ist ein deutlicher Bezug zum Arbeitsalltag zu erkennen, denn auch im Berufsleben werden Sie sich ständig neues Faktenwissen aneignen müssen.

Grafikgebundene Logikaufgaben

Im Bereich Logik warten aber nicht nur sprachliche Übungsaufgaben auf Sie. Es gibt auch noch grafikgebundene Logikaufgaben.

Gefragt:
räumliches Vor-
stellungsvermögen   Manchen Menschen fällt es sehr schwer, sich dreidimensionale Figuren vorzustellen und diese dann auch noch vor dem inneren Auge zu drehen. Allerdings wissen in der Regel auch die Testverantwortlichen, dass die Anforderungen für die verschiedenen Berufe ganz unterschiedlich sind. Entsprechend werden sie berücksichtigen, wenn sich jemand etwa für eine Stelle als Speditionskaufmann bewirbt.

Gerade diejenigen, die sich mit dem räumlichen Vorstellungsvermögen etwas schwerer tun, sollten die folgenden Übungen gezielt durcharbeiten, denn bestimmte Aufgaben tauchen in sehr vielen Eignungstests immer wieder auf. Wenn Sie sich also rechtzeitig vorbereitet haben, verlieren Sie im Ernstfall weniger Zeit damit zu überlegen, welchen Lösungsweg Sie einschlagen müssen.

Bei grafikgebundenen Logikaufgaben geht es darum, abstrakte Symbole, Grafiken oder Zeichnungen richtig auszuwählen, auszusortieren oder fortzusetzen, wie Sie in unserer Beispielaufgabe sehen.

Beispiel:
Welches Symbol setzt die vorgegebene Reihe sinnvoll fort?

← : ↓ = → : ?

Entscheiden Sie sich für eine der fünf Lösungsmöglichkeiten!

a) →
b) ↗
c) ↑
d) ↘
e) keine der vorgegebenen Lösungsmöglichkeiten

Lösungsweg: Der erste Pfeil in der vorgegebenen Symbolreihe zeigt nach links, der dritte Pfeil nach rechts. Die Beziehung zwischen den beiden Pfeilen ist damit ein Richtungswechsel um 180 Grad, genau zur entgegengesetzten Seite. Diese Beziehung sollte nun auch für den zweiten und den vierten Pfeil gelten. Der zweite Pfeil zeigt nach unten, die entgegengesetzte Richtung geht nach oben. Damit ist der nach oben zeigende Pfeil die richtige Lösung, die Antwort lautet also »c«.

Lösungsweg

Zahlengebundene Logikaufgaben

Nun kommen wir zum letzten der drei großen Themenbereiche: der zahlengebundenen Logik.

Hierzu zählen – unter anderem – Aufgaben, bei denen es darauf ankommt, Zahlenreihen fortzusetzen.

Beispiel:
Wie lauten die Zahlen am Ende der folgenden zwei Zahlenreihen, die momentan mit den Platzhaltern »x« und »y« besetzt sind?

Zahlenreihe 1:	Zahlenreihe 2:
5, 6, 8, 11, 15, x, y	4, 3, 5, 2, 6, x, y

Die erste Zahlenreihe ist nach dem Prinzip »plus 1, plus 2, plus 3, plus 4« aufgebaut. Logischerweise folgen dann »plus 5« und »plus 6«: 15 plus 5 macht 20 und 20 plus 6 macht 26. Die richtige Lösung lautet also x = 20 und y = 26.

Etwas komplizierter ist die zweite Zahlenreihe 2. Hier gilt das Prinzip »minus 1, plus 2, minus 3, plus 4«. Daraus ergibt sich die Fortsetzung »minus 5« und »plus 6«. Für x ist also 1 einzusetzen, denn 6 minus 5 ergibt 1; Platzhalter y steht für das Ergebnis aus 1 plus 6, also 7.

Wie können Sie Punkte sammeln?

Üben, üben, üben

Die Erfahrung bestätigt auch für diesen Bereich wieder einmal, dass eine gezielte Vorbereitung auf den Einstellungstest tatsächlich auch Früchte trägt. Testkritiker werfen Logikaufgaben nicht zu Unrecht vor, dass diejenigen Kandidaten, die stärker unter Teststress und Testangst leiden, hier keinen Zugang auf ihre sonst doch recht passabel funktionierenden analytischen Gehirnbereiche haben. Stress lähmt nun einmal und blockiert. Im Endergebnis kann es also passieren, dass nur der Umgang mit Stress und nicht die Fähigkeit zum Lösen abstrakter Aufgaben bewertet wird. Sie sind damit klar im Vorteil, wenn Sie jetzt unsere Übungsaufgaben in Angriff nehmen.

Wie immer im Einstellungstest ist die Zeit knapp und die Menge der Aufgaben groß. Beißen Sie sich also nicht an einzelnen Aufgaben fest, sondern erledigen Sie zuerst diejenigen, die Sie sicher lösen können, um möglichst viele Punkte zu sammeln.

Im weiteren Verlauf unseres Trainingsprogramms wartet eine Menge unterschiedlicher Logikaufgaben auf Sie, die ihre Wurzeln in der Sprachlogik, der Symbollogik und der Zahlenlogik haben. Im Idealfall lösen Sie alle Logikaufgaben; es bleibt Ihnen überlassen, ob Sie sie konsequent in der von uns vorgestellten Reihenfolge bearbeiten oder ob Sie nach dem Zufallsprinzip vorgehen. Sie können aber auch bewusst denjenigen Logikbereich vertieft behandeln, der Ihnen – noch – die meisten Schwierigkeiten bereitet.

Keine festgelegte Reihenfolge

In jedem Fall wird sich auch bei Ihnen schon nach kurzer Zeit ein erster positiver Trainingseffekt einstellen. Und dieser Motivationsschub wird Ihnen dann am eigentlichen Testtag bei der Bewältigung Ihres Eignungs- oder Einstellungstests helfen!

Gleich oder gegensätzlich?

In dieser Übung werden Ihnen jeweils vier Wörter vorgegeben. Sie müssen herausfinden, ob zwei von ihnen die gleiche Bedeutung haben oder ob zwei von ihnen Gegensätze ausdrücken.

Beispiel 1:

1. Frohsinn
2. Ironie
3. Schweigen
4. Heiterkeit

☐ 1 und 2
☐ 1 und 3
☐ 1 und 4
☐ 2 und 3
☐ 2 und 4
☐ 3 und 4

Lösung: Hier muss das Feld »1 und 4« angekreuzt werden, denn »Frohsinn« und »Heiterkeit« haben die gleiche Bedeutung.

Beispiel 2:

1. bunt	☐ 1 und 2
2. groß	☐ 1 und 3
3. klein	☐ 1 und 4
4. abstrakt	☐ 2 und 3
	☐ 2 und 4
	☐ 3 und 4

Lösung: Hier muss das Feld »2 und 3« angekreuzt werden, denn »groß« und »klein« sind Gegensätze.

Nun warten 18 Wortgruppen auf Sie, in denen sich jeweils zwei gleichbedeutende oder zwei gegensätzliche Wörter befinden. Kreuzen Sie die richtige Lösung an. Sie haben dafür 5 Minuten Zeit.

5 MINUTEN

1.	1. Freude	☐ 1 und 2
	2. Hass	☐ 1 und 3
	3. Stimmung	☐ 1 und 4
	4. Liebe	☐ 2 und 3
		☒ 2 und 4
		☐ 3 und 4

2.	1. prinzipiell	☐ 1 und 2
	2. effektiv	☐ 1 und 3
	3. subaltern	☒ 1 und 4
	4. grundsätzlich	☐ 2 und 3
		☐ 2 und 4
		☐ 3 und 4

3.	1. euphorisch	☐ 1 und 2
	2. perfekt	☐ 1 und 3
	3. vollkommen	☐ 1 und 4
	4. praktikabel	☒ 2 und 3
		☐ 2 und 4
		☐ 3 und 4

4.   1. selbstbewusst   ☒ 1 und 2
      2. unsicher   ☐ 1 und 3
      3. abwartend   ☐ 1 und 4
      4. fröhlich   ☐ 2 und 3
                           ☐ 2 und 4
                           ☐ 3 und 4

5.   1. selten   ☐ 1 und 2
      2. immer   ☐ 1 und 3
      3. nah   ☒ 1 und 4
      4. oft   ☐ 2 und 3
                           ☐ 2 und 4
                           ☐ 3 und 4

6.   1. glitzernd   ☐ 1 und 2
      2. poliert   ☐ 1 und 3
      3. hell   ☒ 1 und 4
      4. glänzend   ☐ 2 und 3
                           ☐ 2 und 4
                           ☐ 3 und 4

7.   1. intelligent   ☐ 1 und 2
      2. indiskutabel   ☐ 1 und 3
      3. interessiert   ☐ 1 und 4
      4. gelangweilt   ☐ 2 und 3
                           ☐ 2 und 4
                           ☒ 3 und 4

8.   1. Loch   ☐ 1 und 2
      2. Hinterhalt   ☐ 1 und 3
      3. Falle   ☐ 1 und 4
      4. Tür   ☒ 2 und 3
                           ☐ 2 und 4
                           ☐ 3 und 4

9.   1. Konflikt   ☐ 1 und 2
      2. Sitte   ☐ 1 und 3
      3. Stillstand   ☐ 1 und 4
      4. Anstand   ☐ 2 und 3
                           ☒ 2 und 4
                           ☐ 3 und 4

NOCH 2,5 MINUTEN

10.	1. obsolet 2. objektiv 3. passiv 4. modern	☐ 1 und 2 ☐ 1 und 3 ☐ 1 und 4 ☒ 2 und 3 ☐ 2 und 4 ☐ 3 und 4
11.	1. Argwohn 2. Humor 3. Misstrauen 4. Konjunktion	☐ 1 und 2 ☒ 1 und 3 ☐ 1 und 4 ☐ 2 und 3 ☐ 2 und 4 ☐ 3 und 4
12.	1. abstrakt 2. peripher 3. zentral 4. fossil	☐ 1 und 2 ☐ 1 und 3 ☐ 1 und 4 ☒ 2 und 3 ☐ 2 und 4 ☐ 3 und 4
13.	1. zierlich 2. zartgliedrig 3. zerbrechlich 4. zerfasert	☐ 1 und 2 ☒ 1 und 3 ☐ 1 und 4 ☐ 2 und 3 ☐ 2 und 4 ☐ 3 und 4
14.	1. persönlich 2. sicher 3. tatsächlich 4. wirklich	☐ 1 und 2 ☐ 1 und 3 ☐ 1 und 4 ☐ 2 und 3 ☐ 2 und 4 ☒ 3 und 4
15.	1. oft 2. bald 3. heute 4. demnächst	☐ 1 und 2 ☐ 1 und 3 ☐ 1 und 4 ☐ 2 und 3 ☒ 2 und 4 ☐ 3 und 4

16. 1. konventionell   ☐ 1 und 2
     2. innovativ   ☒ 1 und 3   ✗
     3. latent   ☐ 1 und 4
     4. erdacht   ☐ 2 und 3
                          ☐ 2 und 4
                          ☐ 3 und 4

17. 1. Vergehen   ☐ 1 und 2
     2. Strafe   ☐ 1 und 3
     3. Richter   ☒ 1 und 4
     4. Delikt   ☐ 2 und 3
                          ☐ 2 und 4
                          ☐ 3 und 4

18. 1. empathisch   ☐ 1 und 2
     2. hingerissen   ☐ 1 und 3   ✗
     3. drastisch   ☒ 1 und 4
     4. uninspiriert   ☐ 2 und 3
                          ☐ 2 und 4
                          ☐ 3 und 4

Tatsache oder Meinung?

Nachfolgend finden Sie 15 Aussagen. Entscheiden Sie bei jeder einzelnen Aussage, ob es sich um eine Tatsache oder eine Meinung handelt. Kreuzen Sie die jeweils richtige Lösung deutlich an.

Beispiel:
»Die Erde dreht sich um die Sonne.«
☐   Tatsache   ☐   Meinung

Lösung: Es ist eine Tatsache, dass sich die Erde um die Sonne dreht, also »Tatsache« ankreuzen.

Sie haben 90 Sekunden Bearbeitungszeit.

90 SEKUNDEN

1. Man hört öfter, dass Frauen nicht einparken können.

   ☐ Tatsache   ☒ Meinung

2. Es gibt Männer, die an die Liebe glauben.

   ☒ Tatsache   ☐ Meinung

3. Abends essen macht dick.

   ☒ Tatsache   ☐ Meinung

4. Viele halten Joggen für den gesündesten Ausdauersport.

   ☐ Tatsache   ☒ Meinung

5. Geld macht das Leben angenehmer.

   ☒ Tatsache   ☐ Meinung

6. Die Erde ist der einzige Planet, auf dem es Leben gibt.

   ☐ Tatsache   ☒ Meinung

7. Manche Menschen glauben, dass ihr Leben vorherbestimmt ist.

   ☐ Tatsache   ☒ Meinung

8. Honig ist gesünder als Zucker.

   ☐ Tatsache   ☒ Meinung

9. Elefanten sind glücklicher als Löwen.

   ☐ Tatsache   ☒ Meinung

10. Es ist wahrscheinlicher, beim Roulette zu gewinnen als beim Lotto.

    ☒ Tatsache   ☐ Meinung

11. Menschen mit einem hohen Intelligenzquotienten kommen besser durchs Leben.

    ☒ Tatsache   ☐ Meinung

12. Männer parken besser ein als Frauen.
     ☐ Tatsache   ☒ Meinung

....

13. Die kürzeste Verbindung zwischen zwei Punkten
     ist eine Gerade.
     ☒ Tatsache   ☐ Meinung

....

14. Ordnung ist das halbe Leben.
     ☒ Tatsache   ☐ Meinung

Welcher Wochentag?

Knobelaufgaben, bei denen Sie einen bestimmten Wo-
chentag herausfinden sollen, tauchen häufig in Einstellungstests auf.

Beispiel:
Heute ist Donnerstag. Welcher Tag ist einen Tag vor
gestern?

Lösung: Wenn heute Donnerstag ist, war gestern Mittwoch. Dann war der Tag vor gestern der Dienstag.

Beginnen Sie jetzt mit den folgenden zehn Aufgaben.
Sie haben 3 Minuten Zeit!

1. Morgen ist Sonntag. Welcher Tag ist einen Tag
    vor gestern? _____ DO. _____

    3 MINUTEN

2. Heute ist Mittwoch. Welcher Tag war zwei Tage
    vor morgen? _____ Dienstag _____

3. Gestern war Montag. Welcher Tag ist einen Tag
    vor gestern? _____ Sonntag _____

4. Heute ist Sonnabend. Welcher Tag war drei Tage
    vor übermorgen? _____ Freitag _____

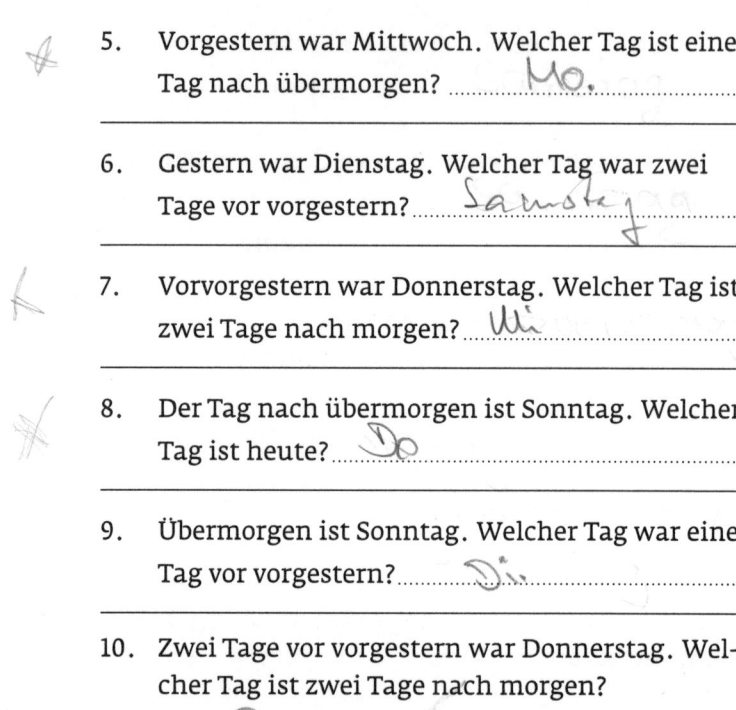

5. Vorgestern war Mittwoch. Welcher Tag ist einen Tag nach übermorgen? _____ Mo.

6. Gestern war Dienstag. Welcher Tag war zwei Tage vor vorgestern? _____ Samstag

7. Vorvorgestern war Donnerstag. Welcher Tag ist zwei Tage nach morgen? _____ Mi

8. Der Tag nach übermorgen ist Sonntag. Welcher Tag ist heute? _____ Do

9. Übermorgen ist Sonntag. Welcher Tag war einen Tag vor vorgestern? _____ Di

10. Zwei Tage vor vorgestern war Donnerstag. Welcher Tag ist zwei Tage nach morgen?
_____ Do.

Gemeinsamkeiten

Eines der vier genannten Wörter gehört sinngemäß nicht zu den anderen, welches? Umkreisen Sie das unpassende Wort!

Beispiel:
a) Rose   c) Nelke
b) Hose   d) Tulpe

Achtung, die Zeit läuft, Sie haben 2 Minuten Zeit für diese Aufgaben!

2 MINUTEN

1. a) Tablette   c) Erkältung
    b) Kopfschmerz   d) Sehnenentzündung

2. a) Lastwagen   c) Auto
    b) Bus   d) Flugzeug

3. a) kaufen   c) kassieren
    ✗ b) kochen   d) bezahlen

4. a) Buche   ✗ c) Fichte
    b) Birke   d) Eiche

5. a) Schuppen   ✗ c) Tür
    b) Haus   d) Stall

6. ✗ a) flüstern   c) plaudern
    b) reden   d) sprechen

7. ✗ a) Raum   c) Länge
    b) Breite   d) Tiefe

8. a) gießen   c) wässern
    ✗ b) fließen   d) beregnen

9. a) putzen   ✗ c) schneiden   *Noch 1 Minute!*
    b) waschen   d) saugen

10. a) erklären   c) dartun
    ✗ b) kritisieren   d) beleuchten

11. a) Inbrunst   c) Entzücken
    ✗ b) Vorfreude   d) Begeisterung

12. a) Prüfung   c) Wissen
    b) Frage   ✗ d) Pause

13. ✗ a) jetzt   c) künftig
    b) bald   d) demnächst

14. a) Zeitvertreib   ✗ c) Vergnügen
    b) Zerstreuung   d) Abwechslung

15. ✗ a) laufen   c) stehen
    b) sitzen   d) liegen

16. a) bereitwillig   c) dringend
    b) notwendig   d) wichtig

17. a) ängstlich   c) traurig
    b) vorsichtig   d) zögernd

Schlussfolgerungen

Ordnen Sie die Informationen

Hier gilt es, mehrere Informationen so zu kombinieren, dass die Ausgangsfrage von Ihnen beantwortet werden kann. Hilfreich ist es zur Aufgabenlösung, die gegebenen Informationen zu ordnen, beispielsweise indem Sie die Anfangsbuchstaben der Namen über- beziehungsweise untereinanderschreiben.

Beispiel:
Wer ist am jüngsten?
Information 1: Anja ist älter als Carmen.
Information 2: Brigitte ist jünger als Anja.
Information 3: Carmen ist älter als Brigitte.

Information 1: Da Anja älter als Carmen ist, schreiben Sie den Anfangsbuchstaben A über den Anfangsbuchstaben C.

A
C

Information 2: Da Brigitte jünger ist als Anja, schreiben Sie das A über das B.

A
B

Information 3: Und da Carmen älter ist als Brigitte, schreiben Sie das C über das B.

C
B

Nun müssen die drei Buchstabenkombinationen geordnet werden. Ganz nach oben gehört A, ganz nach unten B und in die Mitte C. Diese Buchstabenkombination erfüllt alle drei Informationen:

A
C
B

Man kann jetzt ablesen, dass Brigitte die jüngste ist, nämlich jünger als Anja und auch jünger als Carmen.

Bitte beachten Sie, dass es in den nun folgenden zehn Aufgaben allerdings nicht immer ein eindeutiges Ergebnis gibt. Schreiben Sie also den Namen auf, wenn es eine Lösung gibt. Fehlen allerdings Informationen, um zu einer eindeutigen Lösung zu kommen, schreiben Sie bitte »nicht lösbar« in die Antwortzeile. Los geht's, Sie haben ab jetzt 10 Minuten Zeit.

10 MINUTEN

1. Wer ist am lautesten?
   Konstantin ist lauter als Nora.
   Nora ist leiser als Marie.
   Marie ist leiser als Konstantin.

   Antwort: _Konstantin_

2. Wer tanzt am schlechtesten?
   Christopher tanzt so gut wie Luisa.
   Björn tanzt schlechter als Bente.
   Bente tanzt besser als Luisa.
   Christopher tanzt schlechter als Björn.

   Antwort: _nicht lösbar_

3. Wer ist am schnellsten?
   Carlotta ist langsamer als Sven.
   Sven ist schneller als Maike.
   Carlotta ist langsamer als Anke.
   Anke ist schneller als Sven.

   Antwort: _Anke_

4. Wer ist am stärksten?
   Steve ist schwächer als Christoph.
   Harald ist stärker als Steve.
   Bert ist stärker als Christoph.
   Harald ist stärker als Bert.

   Antwort: _Harald_

5. Wer ist am reichsten?
   Volkan ist reicher als Bekir.
   Murat ist reicher als Sinan.
   Murat ist ärmer als Bekir.
   Sinan ist ärmer als Bekir.

   Antwort: _Volkan_

6. Wer ist am glücklichsten?
   Robert ist glücklicher als Mika.
   Mika ist unglücklicher als Sarah.
   Robert ist unglücklicher als Sarah.

   Antwort: _Sarah_

7. Wer ist am langsamsten?
   Celina ist schneller als Adriane.
   Betty ist langsamer als Kirsten.
   Adriane ist langsamer als Celina.
   Celina ist genauso schnell wie
   Betty.

   Antwort: _Adriane_

9. Wer hört am schlechtesten?
   Leon hört besser als Maurizio.
   Norbert hört schlechter als
   Oskar.
   Maurizio hört schlechter als
   Norbert.

   Antwort: _Maurizio_

8. Wer singt am besten?
   Carmen singt schlechter als
   Brigitte.
   Dorothea singt besser als Anja.
   Fabienne singt besser als Emilia.
   Gundula singt schlechter als
   Brigitte.
   Dorothea singt genauso gut wie
   Brigitte.

   Antwort: _nicht lösbar_

10. Wer springt am höchsten?
    Peter springt höher als Lukas.
    Magnus springt weniger hoch
    als Rudolf.
    Rüdiger springt höher als
    Ronald.
    Achim springt weniger hoch als
    Rudolf.

    Antwort: _nicht lösbar_

Begriffspaare

Welche Wörter stehen in der richtigen Beziehung zu-einander? Kreuzen Sie in der folgenden Übung das rich-tige Wort an.

Beispiel:
Vater – Mutter
Bruder – ???
a) Tante   ✗ Schwester
b) Onkel   d) Halbbruder

Sie haben 3 Minuten Zeit für die folgenden 16 Aufgaben:

1.   Haare – Kopf
      Dach – ???
      a) Heizung   c) Schornstein
      b) Keller   ✗ d) Haus

3 MINUTEN

2.   Vogel – fliegen
      Hund – ???
      a) schlafen   ✗ c) laufen
      b) fressen   d) sitzen

3.   Garten – Zaun
      Schloss – ???
      a) Turm   ✗ c) Mauer
      b) Kamin   d) Platz

4.   Schule – Graffiti
      Kaufhaus – ???
      a) Diebstahl   ✗ c) Werbung   ✗
      b) Detektiv   d) Kamera

5.   Arzt – Medizin
      Psychologe – ???
      a) Angststörung   c) Bulimie
    ✗ b) Therapie   d) Couch

6. Liebe – Hass
    Boden – ???
    a) Wand   c) Parkett
    b) Teppich   ⨯ d) Decke

7. Countdown – Start
    Virus – ???
  ⨯ a) Infekt   c) Bakterie
    b) Krankenschwester d) Fieberthermometer

8. Emotion – Sehnsucht
    Kommunikation – ???
    a) Idee   c) Handytarif
  ⨯ b) Streit   d) Ventilation

9. Ritual – Schmerz
    Begegnung – ???
    a) Vorfreude   c) Tränen
    b) Unsicherheit   ⨯ d) Emotion

10. Orchidee – Rose
    Chemie – ???
  ⨯ a) Physik   c) Lehrer
    b) Schule   d) Schüler

Noch 1 Minute!   11. Füller – Bleistift
    London – ???
  ⨯ a) Themse   c) Paris
    b) Buckingham Palast d) Palast

12. Präambel – Vertrag
    Vorspeise – ???
    a) Suppe   c) Dessert
    b) Wein   d) Hauptgericht

13. Dackel – Welpen
    Pflanze – ???
    a) Blätter   c) Wurzeln
  ⨯ b) Samen   d) Blüten

14. wissen – vermuten
     messen – ???
     a) prüfen   c) kombinieren
     b) vorhersagen   ✗ d) schätzen

15. Ziffer – Buchstabe
     Zahl – ???
     a) Satz   c) ABC
  ✗ b) Wort   d) Sinn

16. Quadrat – Kugel
     Kreis – ???
     a) Halbkreis   c) Würfel
  ✓ b) Quader   d) Quadratmeter

Ablaufdiagramme

Ablaufdiagramme sind schematische Darstellungen von Lösungsschritten, die die systematische Bewältigung einer Aufgabe abbilden. Sehen Sie sich auf den folgenden Seiten die beiden von uns ausgewählten Ablaufdiagramme genau an und beantworten Sie im Anschluss die dazu gestellten Fragen. Wir geben Ihnen verschiedene Antwortalternativen vor, entscheiden Sie sich für die richtige und umkreisen Sie Ihre Lösung deutlich. Sie haben insgesamt 3 Minuten Zeit.

3 MINUTEN

KFZ-Schadensabwicklung

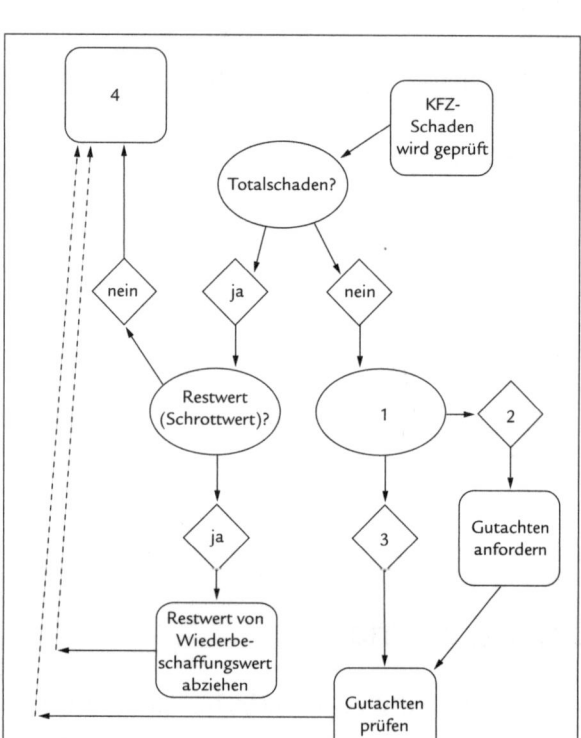

1. Welcher Text gehört in Feld 1?
   a) Protokoll der Zeugenaussagen vorhanden?
   b) Gutachten über Höhe der Reparaturkosten vorhanden?
   c) Reparatur in Auftrag geben?
   d) Gutachten über Straßenzustand vorhanden?

2. Welcher Text gehört in Feld 2?
   a) ja
   b) Vorgesetzten anrufen
   c) nein
   d) Feierabend

3. Welcher Text gehört in Feld 3?
   a) ja
   b) Versicherung kündigen
   c) nein
   d) niemals

4. Welcher Text gehört in Feld 4?
   a) Versicherungsvertrag zuschicken
   b) Gutachten erneut prüfen
   c) Kundeninformationen bereithalten
   d) Schadenssumme an Kunden überweisen

Monitor prüfen

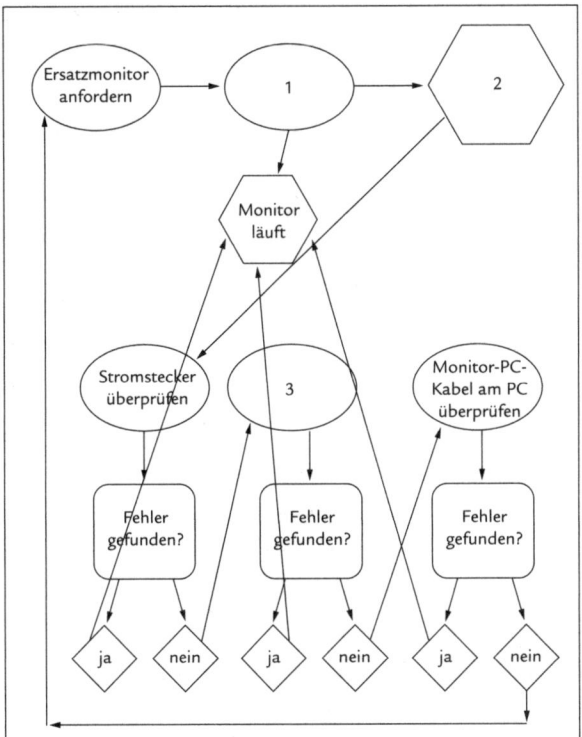

1. Welcher Text gehört in Feld 1?
   a) Monitor entsorgen
   b) Zweiten Ersatzmonitor anfordern
   c) Monitor einschalten
   d) Rechnung bezahlen

2. Welcher Text gehört in Feld 2?
   a) Monitor hat kein Bild
   b) Monitor funktioniert
   c) Ersatzmonitor anfordern
   d) neuen PC kaufen

3. Welcher Text gehört in Feld 3?
   a) Arbeitspause
   b) Monitor-PC-Kabel am Monitor überprüfen
   c) Dokumente ausdrucken
   d) Monitor-PC-Kabel am PC überprüfen

Der Buchstabenteufel

12 MINUTEN

Die folgenden Wörter hat der Buchstabenteufel kräftig durcheinandergewirbelt. Finden Sie zu jeder Frage die richtige Lösung heraus und schreiben Sie das gesuchte Wort richtig auf! Sie haben dafür 12 Minuten Zeit.

1. Welches Insekt kann stechen?
   a) FERKÄAIM
   b) FERKÄRIENMA
   c) FERKÄSTIM
   × d) SINROHES
   Hornisse

2. Welche Stadt liegt in Europa?
   a) HAWOSINTNG
   b) DADGAB
   ×c) NOLNOD
   d) TESALTE
   London

3. Welche Stadt liegt in Deutschland?
   ×a) TÖGNITNEG
   b) ADRIMD
   c) USCHARAW
   d) NEPOKGAHNE
   Göttingen

4. Welcher Vorname ist männlich?
   a) CHRISNETIAE
   ×b) SAMOTH
   c) ULINEAJ
   d) ALIEMI
   Thomas

5. Welcher Vorname ist weiblich?
   a) BERTOR
   ×b) ADRNEA
   c) SADRNEA
   d) KICM
   Andrea

6. Was ist ein Getränk?
   a) ZLSA
   b) ERFFEFP
   ×c) HILMC
   d) CERZUK
   Milch

7. Was ist ein Gemüse?
   a) NASAAN
   ×b) OKRATFELF
   c) PFELA
   d) MEAULFP
   Kartoffel

8. Was ist eine Sportart?
   ×a) NALLDBHA
   b) NERINKT
   c) NESES
   d) FENLASCH
   Handball

Gehört das verdrehte Wort der folgenden Übungen zur Kategorie a), b) oder c)?

9. PADEYOLIM
   a) Essen
   b) Trinken
   ×c) Sport

10. LATPUPERW
    a) Fluss
    ×b) Stadt
    c) Name

11. GERPANMACH
   ✗ a) Alkohol
      b) Hobby
      c) Land

12. SABSNOKTRA
      a) Tier
      b) Insel
   ✗ c) Instrument

Richtig fortsetzen

In dieser Aufgabe werden Ihnen Figurenreihen gezeigt, die aus drei Abbildungen bestehen, die vierte Figur müssen Sie ergänzen. Wählen Sie nun aus den vier Fortsetzungsmöglichkeiten die richtige aus. Dabei gilt es, die logischen Beziehungen zwischen den drei Abbildungen in der oberen Reihe zu erkennen.

Beispiel:

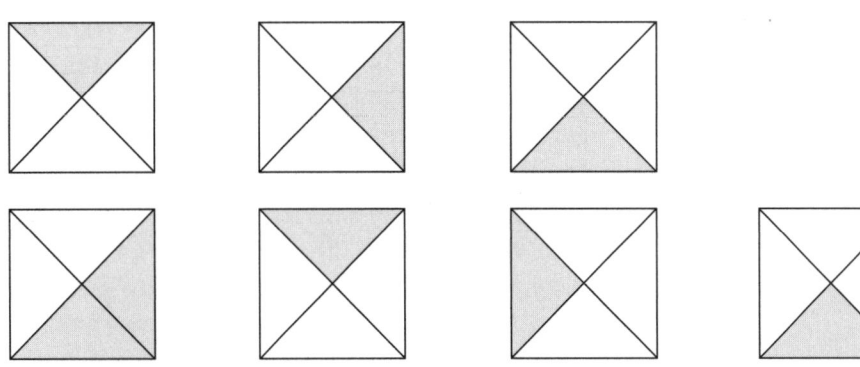

a   b   c   d

In der oberen Reihe wandert das Dreieck im Urzeigersinn. Die Reihe kann somit durch Abbildung c vervollständigt werden.

Ab jetzt haben Sie für die folgenden zwölf Aufgaben 3 Minuten Zeit. Tragen Sie den richtigen Lösungsbuchstaben ein!

3 MINUTEN

1.

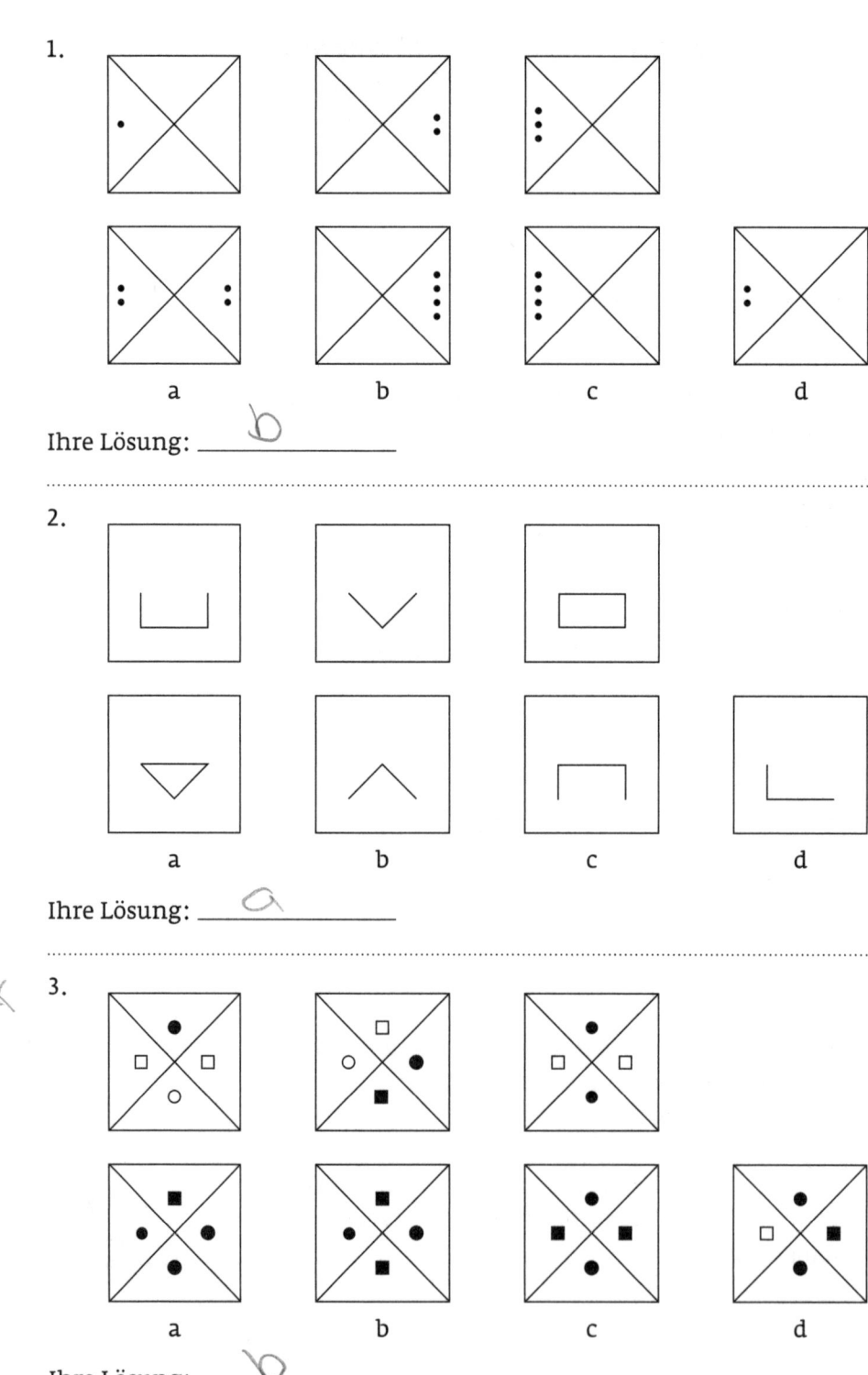

Ihre Lösung: _____

2.

Ihre Lösung: _____

3.

Ihre Lösung: _____

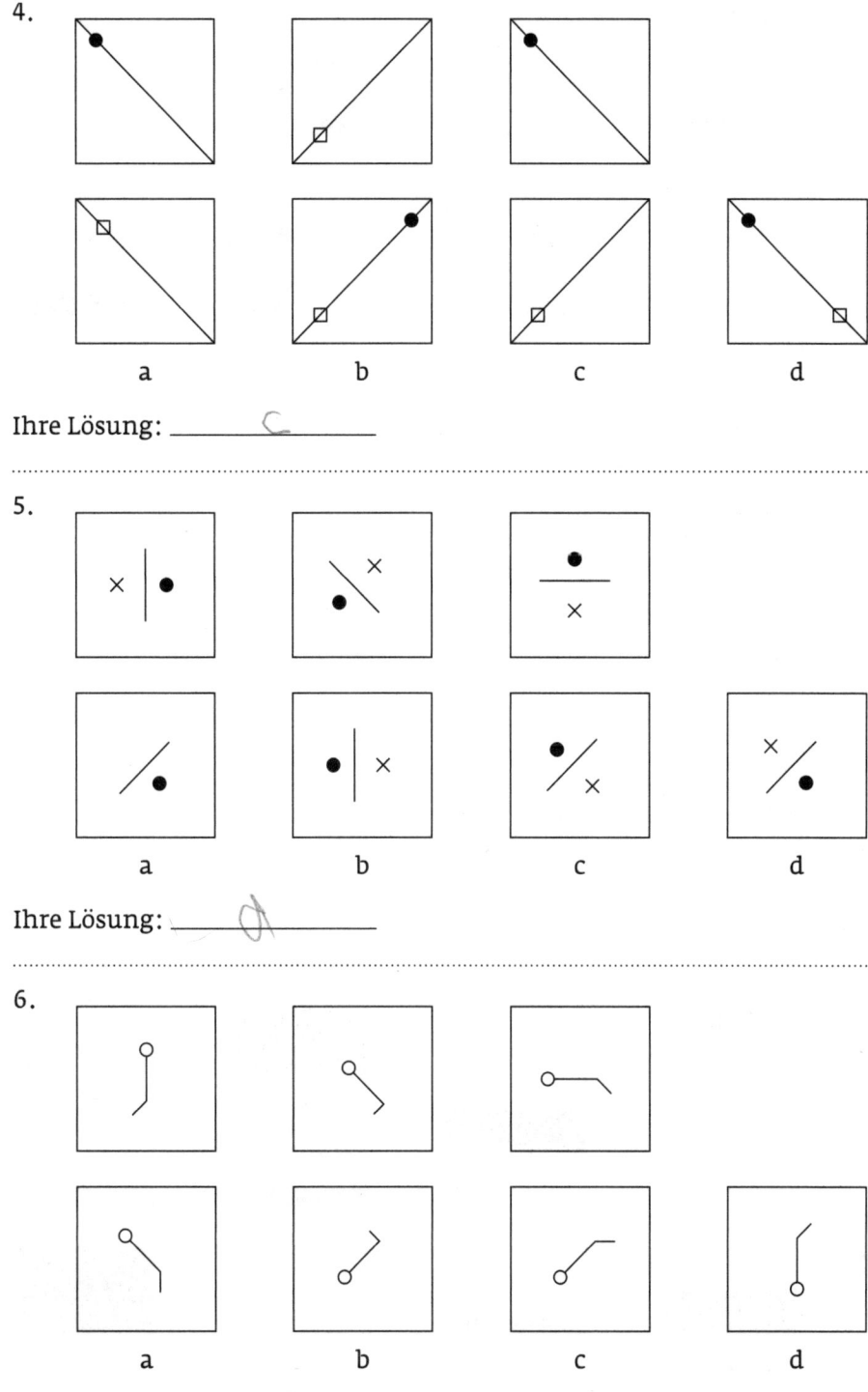

4.

a   b   c   d

Ihre Lösung: _____ c _____

5.

a   b   c   d

Ihre Lösung: _____ d _____

6.

a   b   c   d

Ihre Lösung: _____ c _____

7.

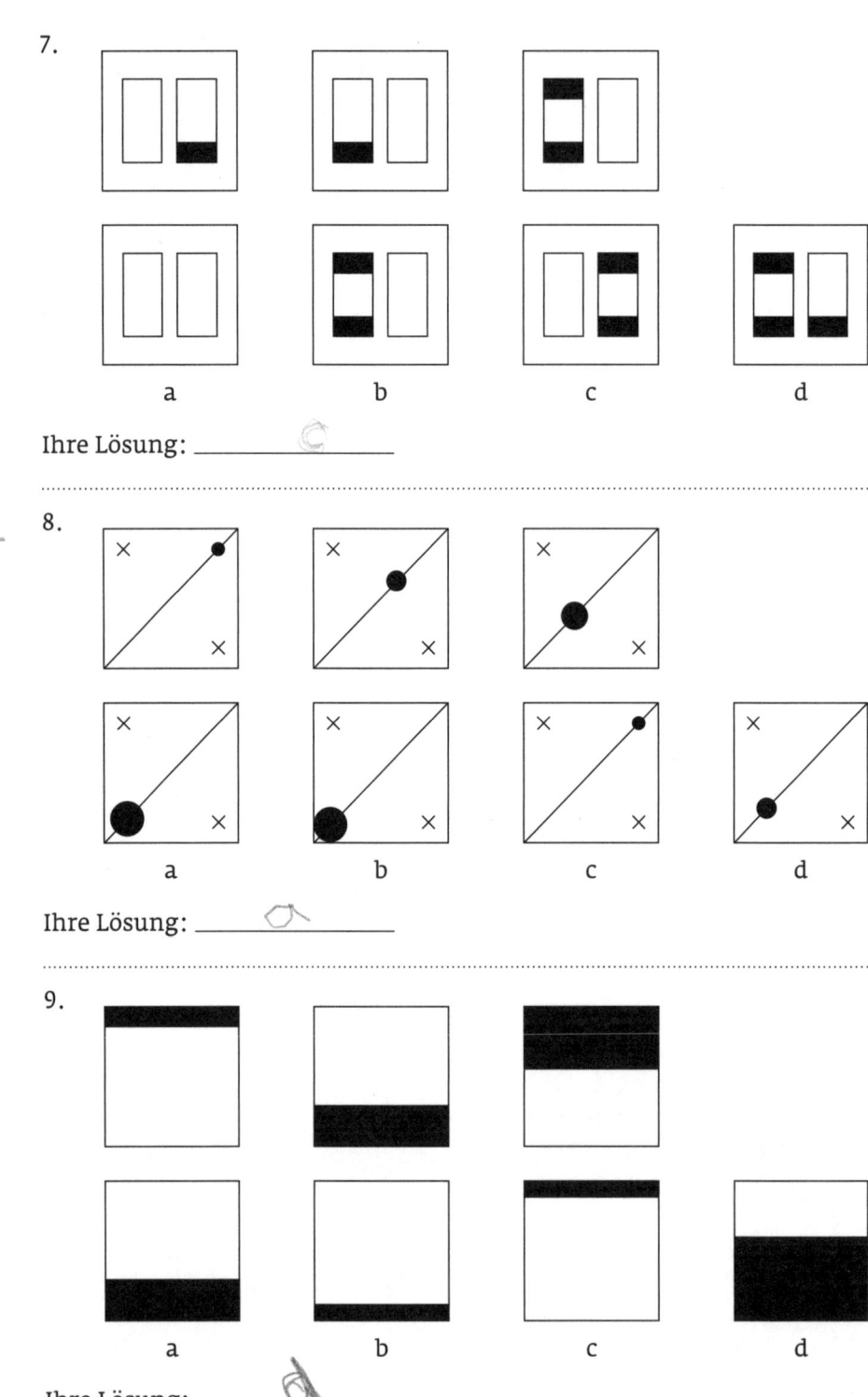

a   b   c   d

Ihre Lösung: _____

8.

a   b   c   d

Ihre Lösung: _____

9.

a   b   c   d

Ihre Lösung: _____

10.

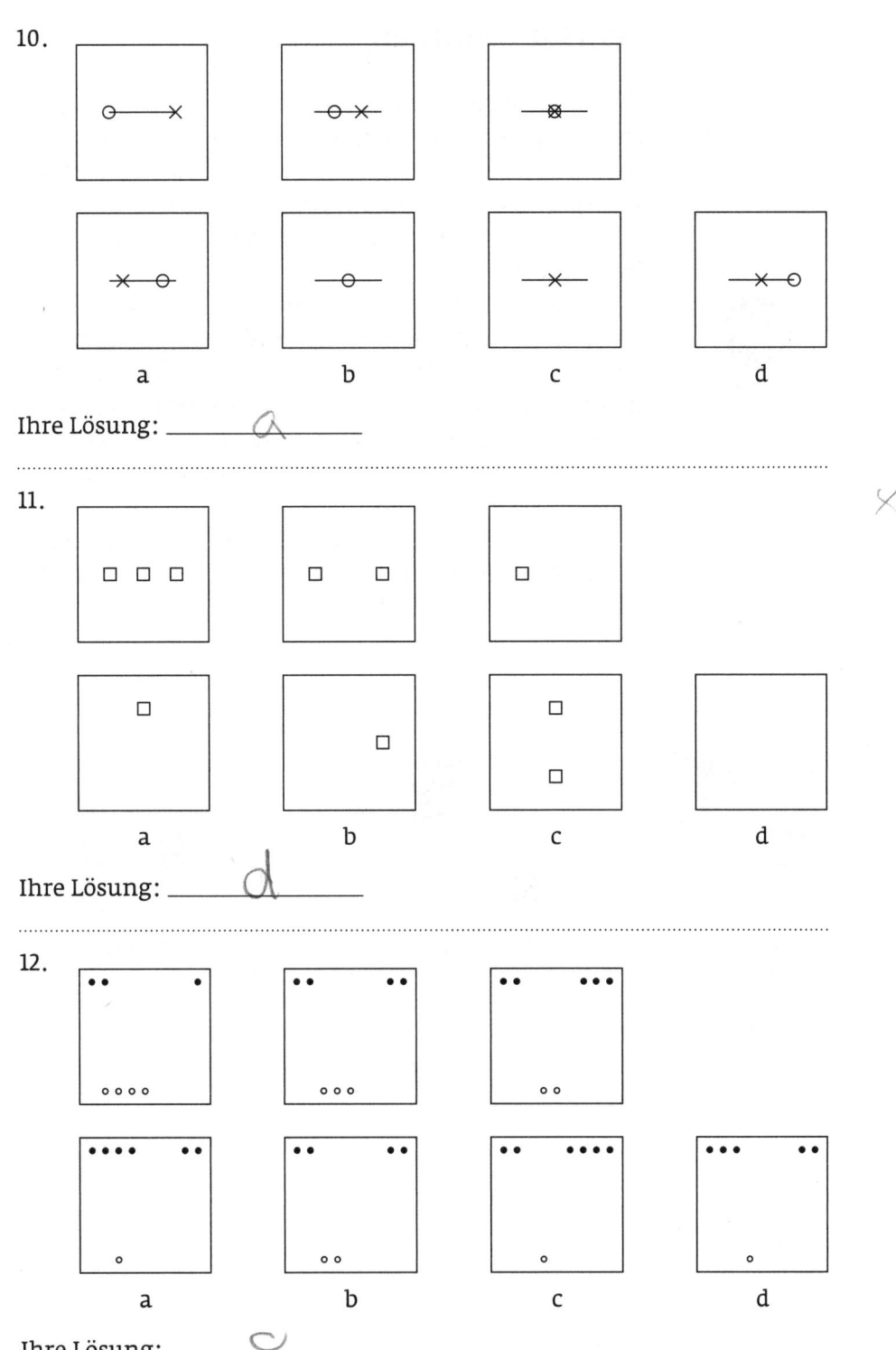

Ihre Lösung: _____ a _____

11.

Ihre Lösung: _____ d _____

12.

Ihre Lösung: _____ c _____

Würfel zuordnen

Ihnen werden jeweils drei verschiedene Würfel gezeigt. Ihre Aufgabe besteht nun darin, weitere Würfel mit diesen Vorlagen zu vergleichen. Entscheiden Sie jetzt für jeden der präsentierten Würfel, ob es sich bei ihm um die Vorlage 1, 2 oder 3 handelt oder ob keine der drei infrage kommt.

5 MINUTEN

Es gilt folgende Regel, die Sie unbedingt beachten müssen: Mindestens zwei Flächen des ursprünglichen Würfels müssen auch in der (teilweise mehrfach) gedrehten oder gekippten Version sichtbar sein. Mit anderen Worten, es darf nur eine neue Fläche dazukommen! Ist diese Regel nicht erfüllt, lautet die richtige Antwort »keine Würfelvorlage«.

Beginnen Sie, wenn Sie die Beispielaufgaben verstanden haben. Für die Lösung stehen Ihnen 5 Minuten zu.

Beispiele:

Würfelvorlage 1   Würfelvorlage 2   Würfelvorlage 3

Beispiel 1:

a) Würfelvorlage 1
b) Würfelvorlage 2
c) Würfelvorlage 3
d) keine Würfelvorlage

Richtige Antwort: a. Hier wurde die Würfelvorlage 1 einmal nach oben gedreht.

Beispiel 2:

a) Würfelvorlage 1
b) Würfelvorlage 2
c) Würfelvorlage 3
d) keine Würfelvorlage

Richtige Antwort: d. Hier wurde gegen die Regel verstoßen, dass zu den sichtbaren Flächen der ursprünglichen Würfelvorlage nur eine neue Fläche hinzukommen darf.

Beispiel 3:

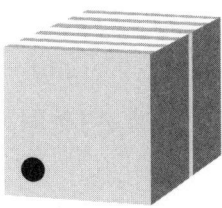

a) Würfelvorlage 1
b) Würfelvorlage 2
c) Würfelvorlage 3
d) keine Würfelvorlage

Richtige Antwort: c. Hier wurde die Würfelvorlage 3 einmal nach links gedreht.

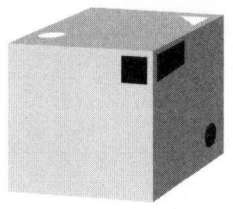

Würfelvorlage 1

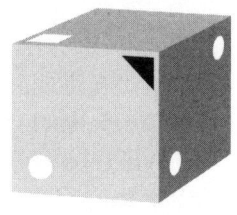

Würfelvorlage 2

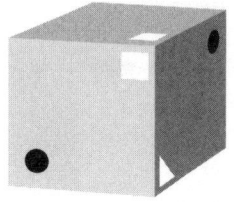

Würfelvorlage 3

1.

a) Würfelvorlage 1
b) Würfelvorlage 2
c) Würfelvorlage 3
d) keine Würfelvorlage

4.

a) Würfelvorlage 1
b) Würfelvorlage 2
c) Würfelvorlage 3
d) keine Würfelvorlage

2.

a) Würfelvorlage 1
b) Würfelvorlage 2
c) Würfelvorlage 3
d) keine Würfelvorlage

5.

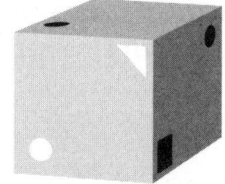

a) Würfelvorlage 1
b) Würfelvorlage 2
c) Würfelvorlage 3
d) keine Würfelvorlage

3.

a) Würfelvorlage 1
b) Würfelvorlage 2
c) Würfelvorlage 3
d) keine Würfelvorlage

6.

a) Würfelvorlage 1
b) Würfelvorlage 2
c) Würfelvorlage 3
d) keine Würfelvorlage

3

3333333

Würfelvorlage 1

Würfelvorlage 2

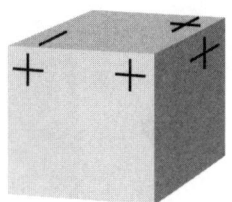

Würfelvorlage 3

7.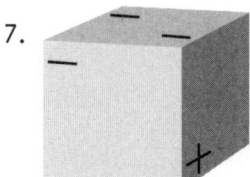

a) Würfelvorlage 1
b) Würfelvorlage 2
c) Würfelvorlage 3
d) keine Würfelvorlage

10.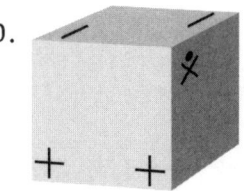

Sie haben noch 3 Minuten.

a) Würfelvorlage 1
b) Würfelvorlage 2
c) Würfelvorlage 3
d) keine Würfelvorlage

8.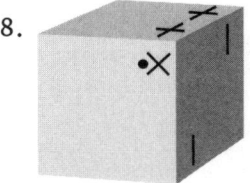

a) Würfelvorlage 1
b) Würfelvorlage 2
c) Würfelvorlage 3
d) keine Würfelvorlage

11.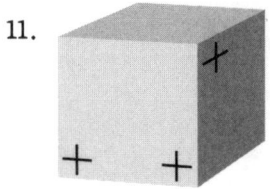

a) Würfelvorlage 1
b) Würfelvorlage 2
c) Würfelvorlage 3
d) keine Würfelvorlage

9.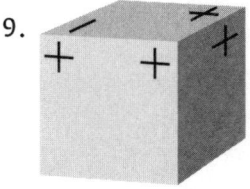

a) Würfelvorlage 1
b) Würfelvorlage 2
c) Würfelvorlage 3
d) keine Würfelvorlage

12.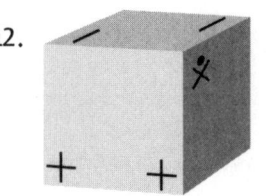

a) Würfelvorlage 1
b) Würfelvorlage 2
c) Würfelvorlage 3
d) keine Würfelvorlage

Würfelvorlage 1

Würfelvorlage 2

Würfelvorlage 3

13.

a) Würfelvorlage 1
b) Würfelvorlage 2
c) Würfelvorlage 3
d) keine Würfelvorlage

16.

a) Würfelvorlage 1
b) Würfelvorlage 2
c) Würfelvorlage 3
d) keine Würfelvorlage

14.

a) Würfelvorlage 1
b) Würfelvorlage 2
c) Würfelvorlage 3
d) keine Würfelvorlage

17.

a) Würfelvorlage 1
b) Würfelvorlage 2
c) Würfelvorlage 3
d) keine Würfelvorlage

15.

a) Würfelvorlage 1
b) Würfelvorlage 2
c) Würfelvorlage 3
d) keine Würfelvorlage

18.

a) Würfelvorlage 1
b) Würfelvorlage 2
c) Würfelvorlage 3
d) keine Würfelvorlage

Würfelvorlage 1   Würfelvorlage 2   Würfelvorlage 3

19.

a) Würfelvorlage 1
b) Würfelvorlage 2
c) Würfelvorlage 3
d) keine Würfelvorlage

22.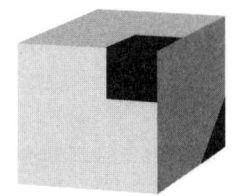

a) Würfelvorlage 1
b) Würfelvorlage 2
c) Würfelvorlage 3
d) keine Würfelvorlage

20.

a) Würfelvorlage 1
b) Würfelvorlage 2
c) Würfelvorlage 3
d) keine Würfelvorlage

23.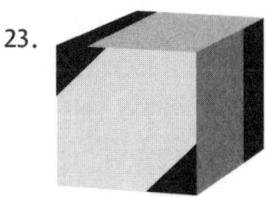

a) Würfelvorlage 1
b) Würfelvorlage 2
c) Würfelvorlage 3
d) keine Würfelvorlage

21.

a) Würfelvorlage 1
b) Würfelvorlage 2
c) Würfelvorlage 3
d) keine Würfelvorlage

24.

a) Würfelvorlage 1
b) Würfelvorlage 2
c) Würfelvorlage 3
d) keine Würfelvorlage

Gedreht oder gespiegelt?

Und noch ein Klassiker im Einstellungstest: Sie bekommen jeweils eine Reihe von Figuren vorgelegt, die auf den ersten Blick gleich aussehen. Allerdings sind einige dieser Figuren gedreht, andere hingegen gespiegelt. Sortieren Sie die gespiegelten Figuren aus, indem Sie sie durchstreichen.

Beispiel:

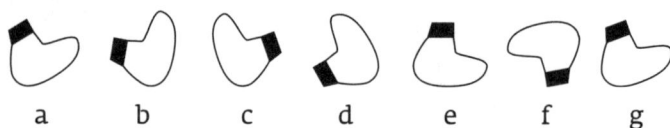

a   b   c   d   e   f   g

7 MINUTEN

Die Ausgangsfigur unter den Buchstaben a, b, d, e, f und g ist lediglich gedreht worden. Die gespiegelte Version finden Sie unter dem Buchstaben c.

Sie haben 7 Minuten Zeit für die folgenden 40 Aufgaben. Achtung: Streichen Sie alle gespiegelten Figuren durch. Pro Reihe kann es auch mehr als eine gespiegelte Figur geben, muss es aber nicht!

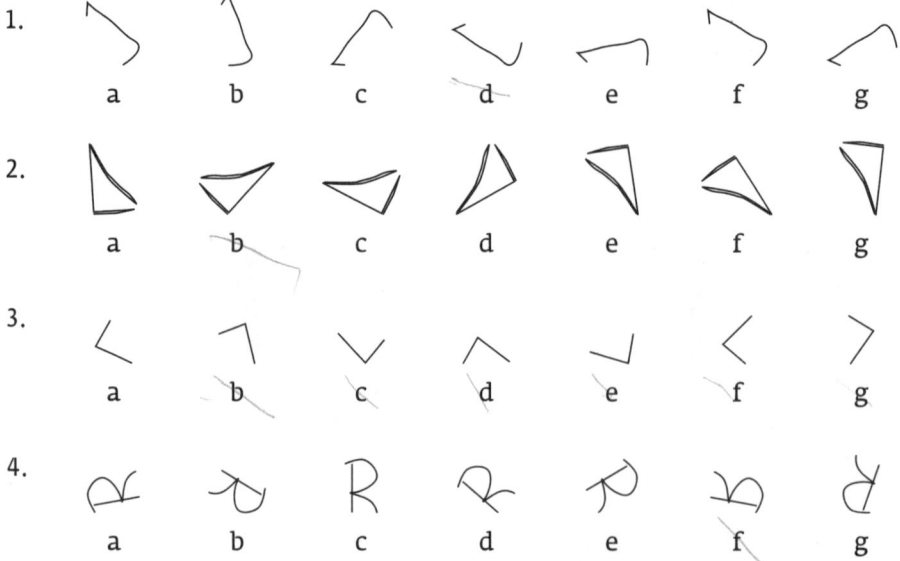

5.

a   b   c   d   e   f   g

6.

a   b   c   d   e   f   g

7.

a   b   c   d   e   f   g

8.

a   b   c   d   e   f   g

9.

a   b   c   d   e   f   g

10.

a   b   c   d   e   f   g

11.

a   b   c   d   e   f   g

12.

a   b   c   d   e   f   g

13.

a   b   c   d   e   f   g

14.

a   b   c   d   e   f   g

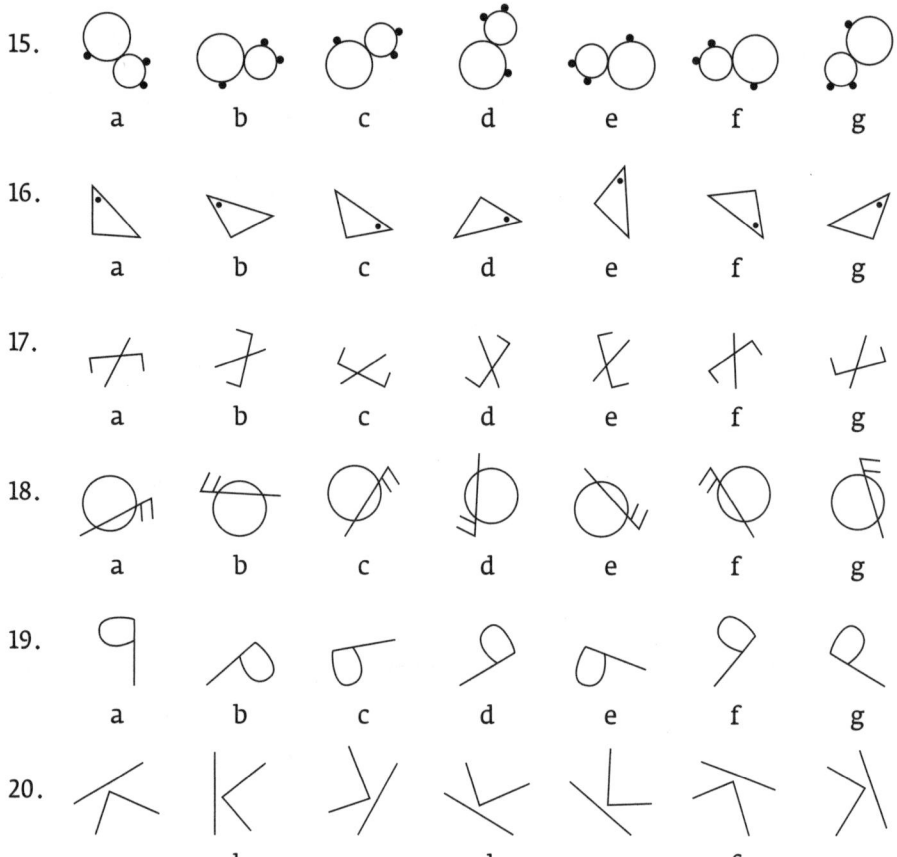

15.
a   b   c   d   e   f   g

16.
a   b   c   d   e   f   g

17.
a   b   c   d   e   f   g

18.
a   b   c   d   e   f   g

19.
a   b   c   d   e   f   g

20.
a   b   c   d   e   f   g

Symbolanalogien

Jeweils drei Symbole sind in dieser Übung vorgegeben, das vierte soll von Ihnen so ausgewählt werden, dass eine logische Beziehung erkennbar wird. Ihre Aufgabe ist also, bestimmte Gesetzmäßigkeiten zu erkennen und diese gedanklich fortzusetzen.

Beispiel 1:

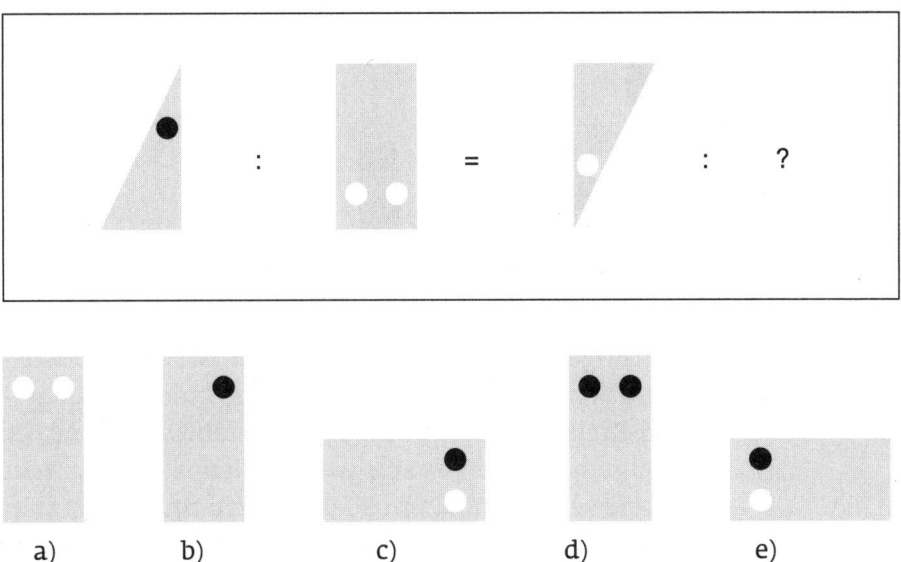

a)   b)   c)   d)   e)

Richtige Antwort: d. Hier ist die Beziehung zwischen dem ersten und dem dritten Symbol so, dass das erste Symbol auf den Kopf gestellt wurde. Der schwarze Kreis wurde zu einem weißen Kreis. Daher muss auch das zweite Symbol auf den Kopf gestellt werden. Damit kommen die Symbole a, b und d in die engere Auswahl. Allerdings entfällt a, da sich die Kreise auf dem Rechteck nicht verändert haben. Auch b entfällt, da hier nur ein Kreis vorhanden ist. Richtig ist also d, hier steht das Symbol auf dem Kopf, und auch die Kreise haben sich verändert, sie sind jetzt schwarz.

Beispiel 2:

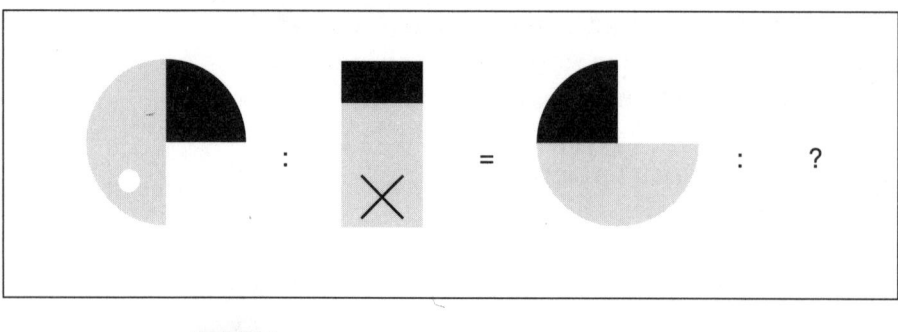

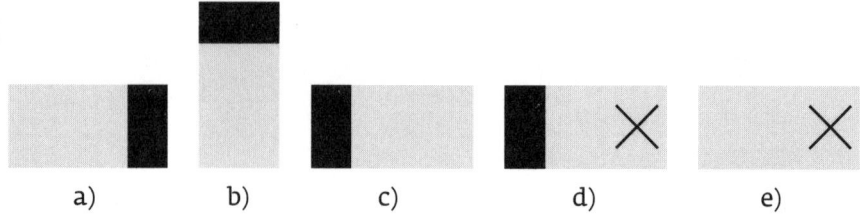

a)   b)   c)   d)   e)

Richtige Antwort: c. Ein Vergleich zwischen dem ersten und dem dritten Symbol ergibt, dass hier der Dreiviertel-Kreis um 90 Grad nach links gedreht wurde und der aufgemalte kleine Kreis weggefallen ist. Dreht man das zweite Symbol um 90 Grad nach links, kommen die Auswahlmöglichkeiten c und d infrage. Allerdings ist bei d das aufgemalte Kreuz noch vorhanden, richtig ist also Antwort c.

3 MINUTEN

Sie haben 3 Minuten Zeit für die folgenden acht Aufgaben.

1.

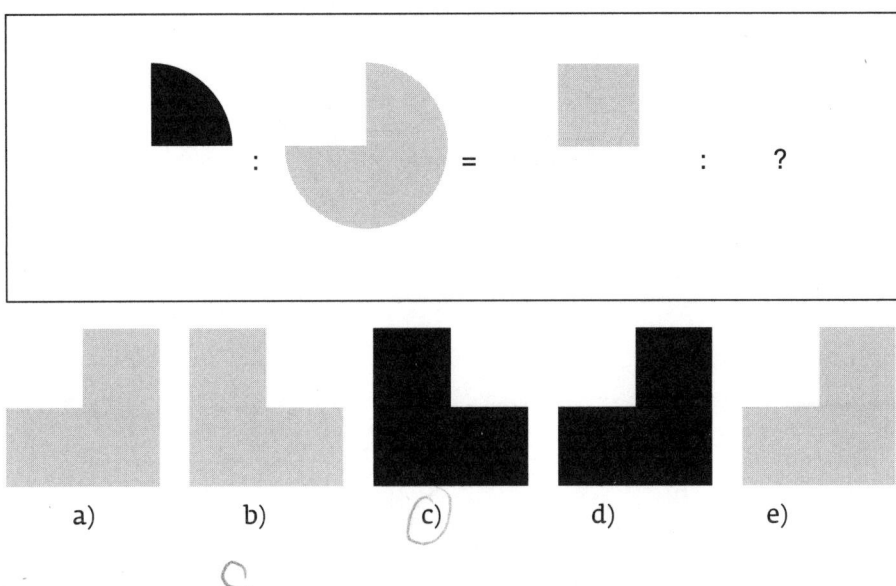

a)   b)   c)   d)   e)

2.

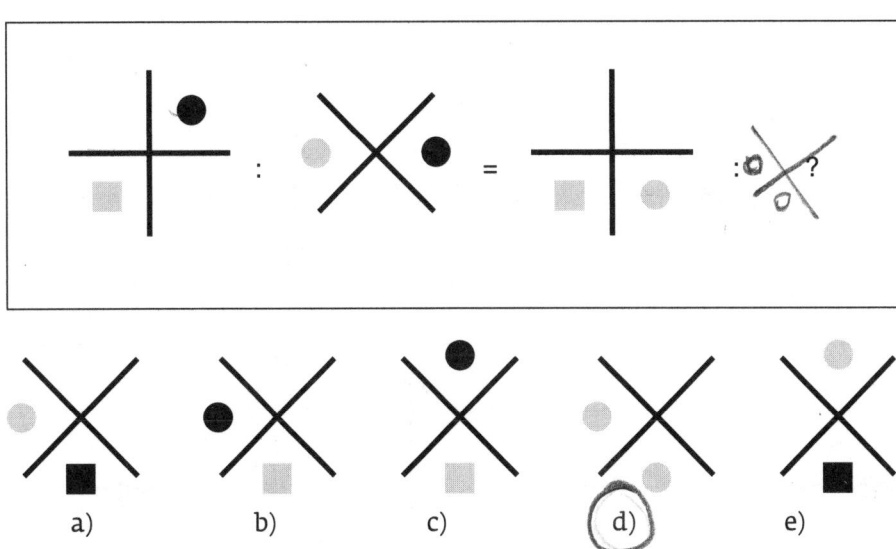

a)   b)   c)   d)   e)

3.

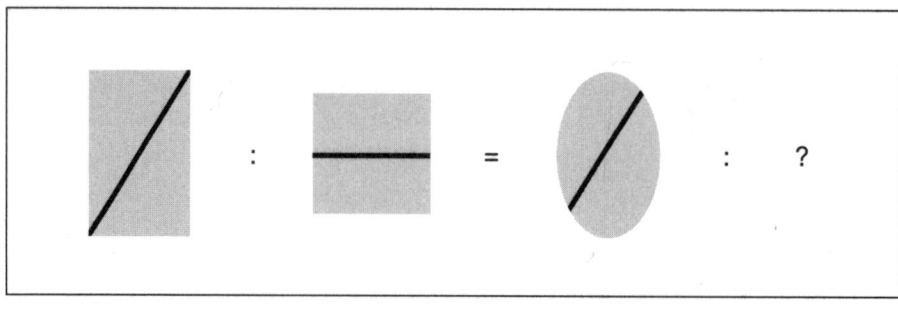

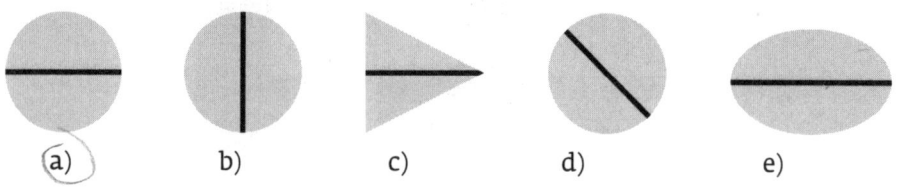

4.

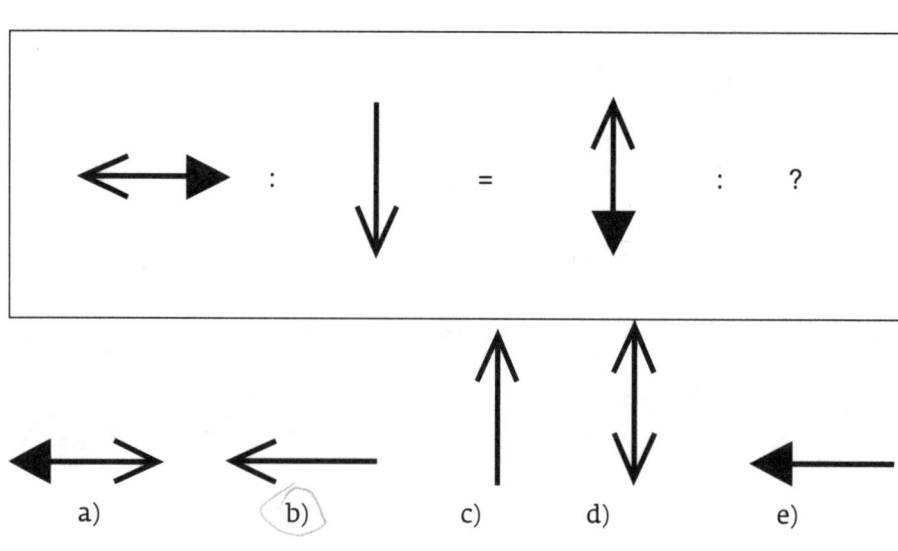

5.

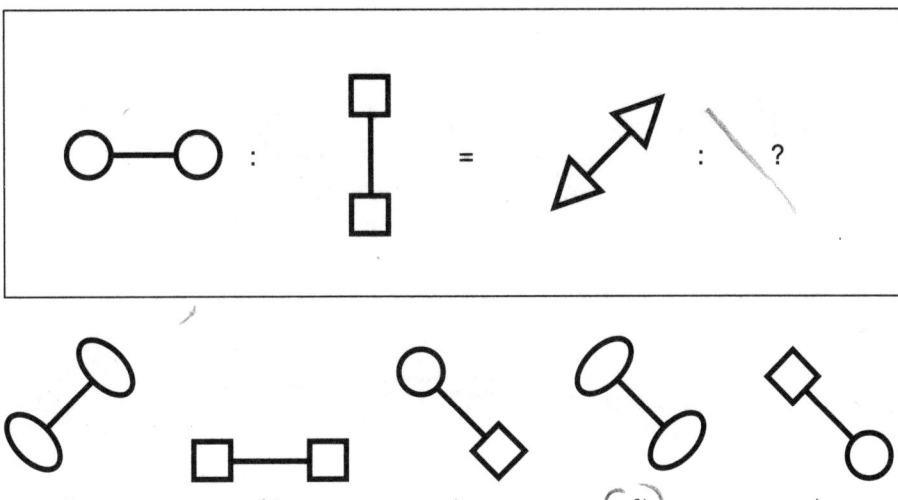

6.

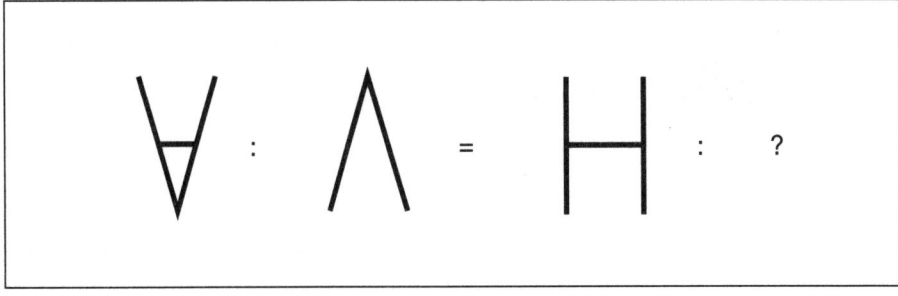

7.

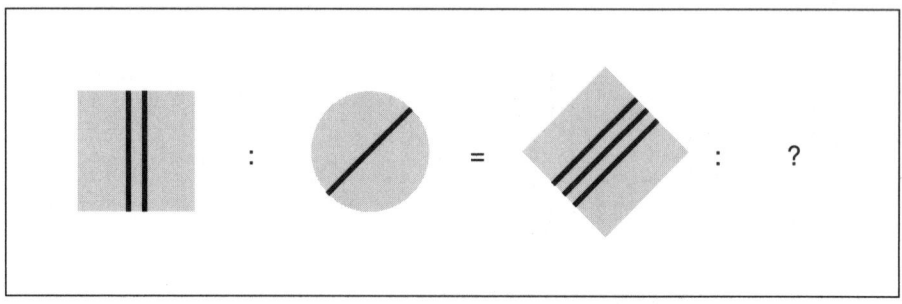

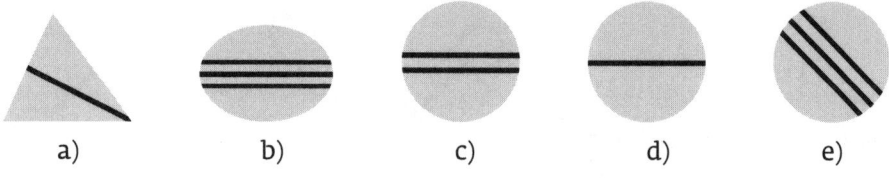

a)   b)   c)   d)   e)

8.

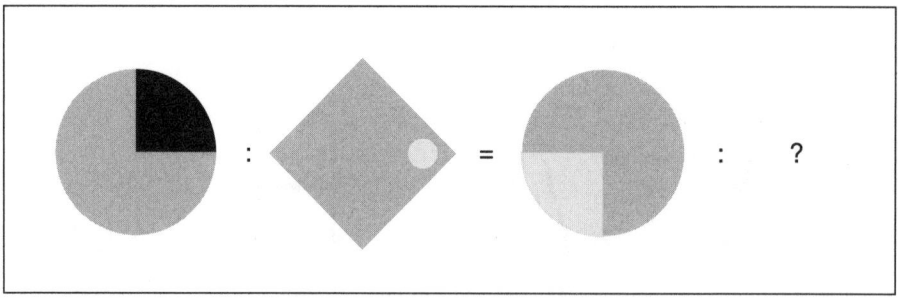

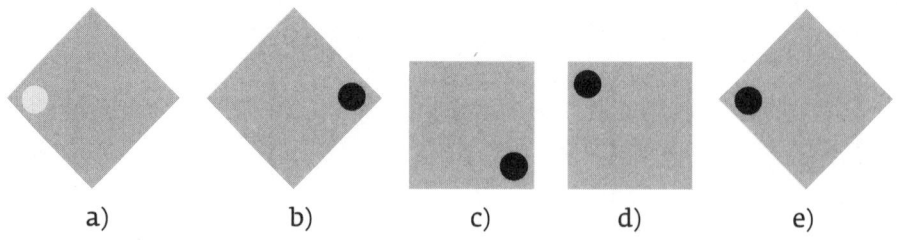

a)   b)   c)   d)   e)

Der rotierende Würfel

Vor sich sehen Sie einen typischen Spielwürfel. Drehen Sie diesen Würfel in den einzelnen Aufgaben vor Ihrem inneren Auge mehrmals und beantworten Sie, welcher Punktwert vorne – also frontal – zu sehen ist. Momentan ist vorne der Punktwert 6 zu sehen.

Beispiel:

Welcher Punktwert ist vorne zu sehen, nachdem der Würfel dreimal gekippt wurde?

Kippschritte:
1. nach rechts
2. nach oben
3. nach oben

Lösungsweg: Auf dem Würfel sieht man rechts den Punktwert 4. Gegenüber diesem Punktwert liegt der momentan unsichtbare Punktwert 3, denn beim Würfel gilt die Regel, dass gegenüberliegende Seiten immer die Summe 7 ergeben. Beachten Sie also: 4 und 3 sind 7, 6 und 1 sind 7, 2 und 5 sind 7.

1. Schritt: Wird der Würfel nach rechts gedreht, erscheint die 3 vorne.
2. Schritt: Wird der Würfel nach oben gedreht, erscheint die 2 vorne.
3. Schritt: Wird der Würfel noch einmal nach oben gedreht, erscheint der Punktwert 4 vorne.

Antwort: Zu sehen ist der Punktwert 4.

Jetzt warten acht Aufgaben dieses Typs auf Sie, für deren Lösung Sie 8 Minuten Zeit haben!

1. Welcher Punktwert ist vorne zu sehen, nachdem der Würfel dreimal gekippt wurde?

   Kippschritte:
   1. nach oben
   2. nach links
   3. nach rechts

   Antwort: Zu sehen ist der Punktwert ___2___

2. Welcher Punktwert ist vorne zu sehen, nachdem der Würfel dreimal gekippt wurde?

   Kippschritte:
   1. nach unten
   2. nach links
   3. nach oben

   Antwort: Zu sehen ist der Punktwert ___1___

3. Welcher Punktwert ist vorne zu sehen, nachdem der Würfel dreimal gekippt wurde?

   Kippschritte:
   1. nach links
   2. nach oben
   3. nach oben

   Antwort: Zu sehen ist der Punktwert ___2___

4. Welcher Punktwert ist vorne zu sehen, nachdem der Würfel dreimal gekippt wurde?

   Kippschritte:
   1. nach rechts
   2. nach oben
   3. nach oben

   Antwort: Zu sehen ist der Punktwert ___2___

5. Welcher Punktwert ist vorne zu sehen, nachdem der Würfel dreimal gekippt wurde?

Die Hälfte der Zeit ist um!

Kippschritte:
1. nach links
2. nach unten
3. nach rechts

Antwort: Zu sehen ist der Punktwert _____6_____

6. Welcher Punktwert ist vorne zu sehen, nachdem der Würfel dreimal gekippt wurde?

Kippschritte:
1. nach rechts
2. nach oben
3. nach links

Antwort: Zu sehen ist der Punktwert _____3_____

7. Welcher Punktwert ist vorne zu sehen, nachdem der Würfel dreimal gekippt wurde?

Kippschritte:
1. nach unten
2. nach unten
3. nach unten

X

Antwort: Zu sehen ist der Punktwert _____4_____

8. Welcher Punktwert ist vorne zu sehen, nachdem der Würfel dreimal gekippt wurde?

Kippschritte:
1. nach oben
2. nach rechts
3. nach rechts

Antwort: Zu sehen ist der Punktwert _____5_____

Symbolrechnen

Sie sehen Rechenaufgaben, bei denen die Zahlen durch Symbole ersetzt wurden. Ihre Aufgabe ist es, den Zahlenwert herauszufinden, der hinter einem bestimmten Symbol steht.

Es gilt folgende Regel: Symbole stehen für die Ziffern 0, 1, 2, 3, 4, 5, 6, 7, 8, 9, allerdings ist ihre Auswahl eingeschränkt. Entscheiden Sie, welche der angegebenen Ziffern richtig ist.

Anmerkung: Auch wenn in den verschiedenen Aufgaben gleiche Symbole verwendet werden, stehen in der Regel andere Zahlen dahinter. Sie müssen also jede Aufgabe für sich betrachten und aufs Neue lösen.

Beispiel 1:
O□ + O□ + O□ = ✳□

□ = 4, 6, 3, 2, 1, 0

Antwort: Die richtige Lösung lautet »0«, denn nur die diese Endziffer kann dreimal hintereinander addiert werden und wieder »0« ergeben. Beispielsweise ist 10 plus 10 plus 10 gleich 30.

Beispiel 2:
✳ + ✳ + ✳ + ✳ = ▣

✳ = 8, 0, 5, 3, 2, 7

Antwort: Die richtige Lösung lautet »2«, da das Ergebnis einstellig ist. Auch »0« geht nicht, da dann das Ergebnis auf der rechten Seite ebenfalls ein □ sein müsste.

4 MINUTEN

Nun warten zehn Aufgaben auf Sie, für die Sie 4 Minuten Zeit haben.

1. ■■■ + ■■■ + ■■■ = ○○○

   ■ = 4, 0, 7, 2, 9, 5

2. ⋀✳ ÷ ✳ = ✳

   ✳ = 0, 1, 2, 3, 4, 5

3. ◼ ÷ ◼ = ◼

   ◼ = 8, 6, 5, 4, 2, 1

4. ○ + ○ + ○ = □⋀

   ○ = 3, 5, 6, 1, 2, 0

5. ⋀ ÷ ✳ = ⋀

   ✳ = 7, 9, 3, 1, 2, 4

6. ◼ + ◼ + ◼ = ◼◼

   ◼ = 9, 8, 7, 5, 4, 3

7. ○✳ × ○✳ = ○✳✳

   ○ = 1, 2, 3, 4, 6, 7

8. ⋀ – ✳ – ✳ – ✳ = ✳

   ⋀ = 2, 3, 4, 5, 6, 7

9. □◼ × ◼ = ◼◼

   ◼ = 9, 6, 4, 2, 1, 0

10. ○□○ × ○ = ⋀○⋀○

    ○ = 8, 7, 5, 3, 2, 1

Formenpuzzle prüfen

In der folgenden Übung sollen Sie kontrollieren, welche Felder eines Puzzles falsch gelegt wurden und nicht der Vorlage entsprechen. Sie sehen:

1. Eine Grundvorlage, die aus fünf Feldern besteht, welche die Buchstaben A, B, C, D und E tragen.

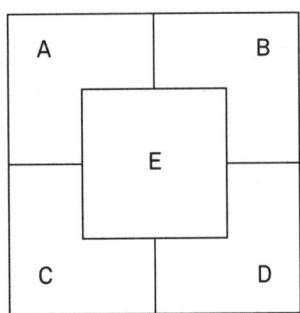

2. Sechs Puzzlequadrate, die von 1 bis 6 durchnummeriert sind.

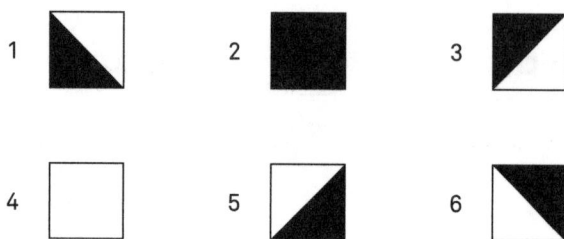

Überprüfen Sie nun die verschiedenen Formenpuzzle. Diese bestehen immer aus 16 Puzzlequadraten. Durch unterschiedliche Kombinationen der Puzzlequadrate sind ganz verschiedene Muster entstanden.

Rechts neben jedem Formenpuzzle sehen Sie eine Puzzlevorlage, in der sich allerdings ein oder mehrere Fehler verstecken. Um den oder die Fehler zu entdecken, müssen Sie die Zahlen in der Puzzlevorlage mit den oben aufgeführten Puzzlequadraten vergleichen. Suchen Sie nach »falschen« Zahlen, also Zahlen, die ein Quadrat bezeichnen, das sich nicht in das vorgegebene Muster einfügt.

Nachdem Sie eine »falsche« Zahl gefunden haben, müssen (!) Sie noch einmal auf die Grundvorlage schauen, die Sie am Anfang der Übung abgebildet sehen. Kreuzen Sie an, in welchem Feld – nämlich A, B, C, D oder E – das »falsche« Puzzlequadrat liegt.

Achtung, es können mehrere Fehler auftreten, sodass Sie auch mehrere Felder ankreuzen müssen!

Beispiel:

In welchen Feldern liegen hier falsche Puzzlequadrate?

☐ A   ☐ B   ☒ C   ☐ D   ☐ E

Lösung: In dem Beispiel befindet sich der Fehler in Feld C. Ganz links ist die Zahl 5 angegeben, und mit der Ziffer 5 wird ein diagonal geteiltes, halb weißes und halb schwarzes Puzzlequadrat bezeichnet. In der Vorlage ist das linke untere Feld allerdings ganz weiß, es müsste sich dort also korrekterweise Puzzlequadrat 4 befinden. Daher liegt der Fehler im linken unteren Feld C.

Für die folgenden sechs Aufgaben haben Sie 2 Minuten Zeit.

2 MINUTEN

1. In welchen Feldern liegen hier falsche Puzzlequadrate?

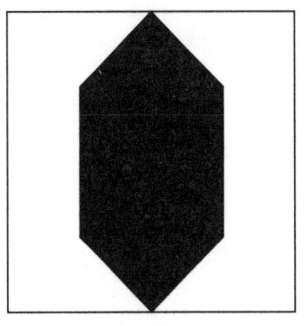

☐ A   ☐ B   ☐ C   ☐ D   ☐ E

2. In welchen Feldern liegen hier falsche Puzzle-
   quadrate?

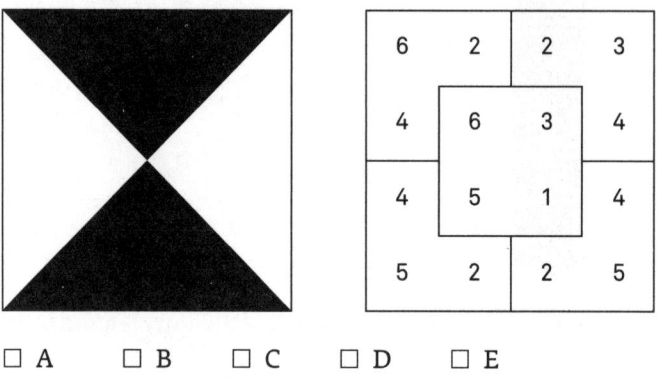

☐ A   ☐ B   ☐ C   ☐ D   ☐ E

3. In welchen Feldern liegen hier falsche Puzzle-
   quadrate?

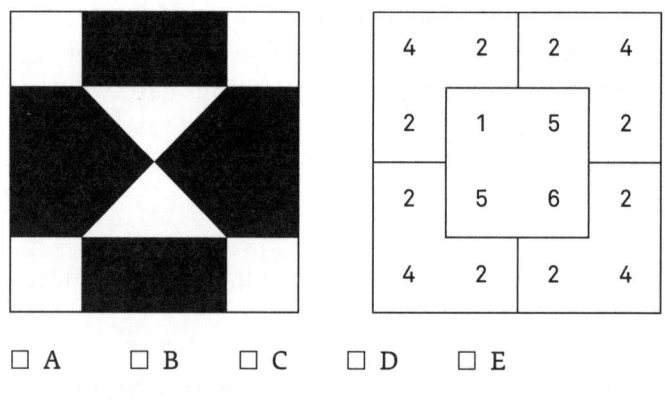

☐ A   ☐ B   ☐ C   ☐ D   ☐ E

4. In welchen Feldern liegen hier falsche Puzzle-
   quadrate?

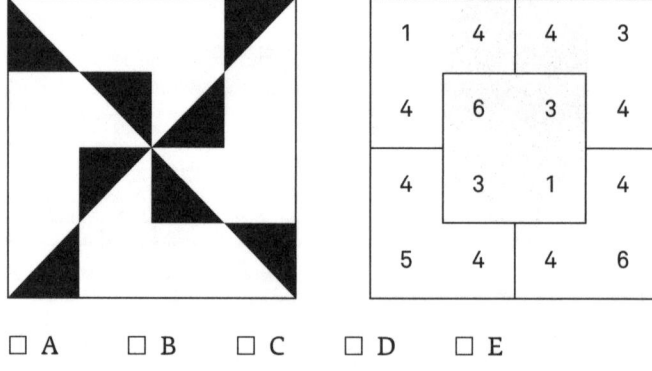

☐ A   ☐ B   ☐ C   ☐ D   ☐ E

5. In welchen Feldern liegen hier falsche Puzzle-quadrate?

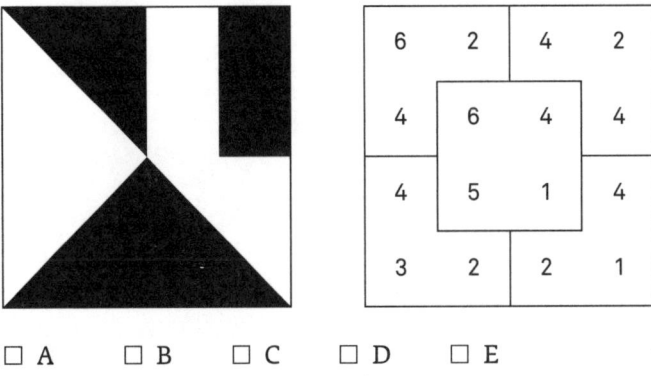

☐ A   ☐ B   ☐ C   ☐ D   ☐ E

6. In welchen Feldern liegen hier falsche Puzzle-quadrate?

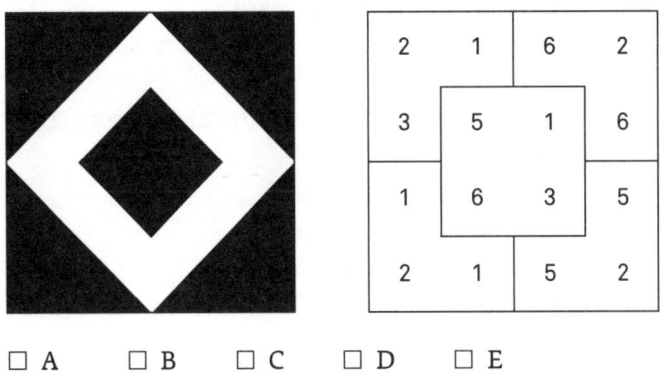

☐ A   ☐ B   ☐ C   ☐ D   ☐ E

Antriebskonstruktionen

Ein weiterer Klassiker aus Einstellungs- und Eignungs-tests sind die sogenannten Antriebskonstruktionen, die aus Zahnrädern und mit Riemen verbundenen Scheiben bestehen. Ihre Aufgabe ist es, die Drehrich-tungen oder die Drehgeschwindigkeiten – je nach Fra-gestellung – zu bestimmen. Aber bedenken Sie: Die abgebildeten Antriebe können auch Fehlkonstruktio-nen sein. Sie haben für die folgenden vier Aufgaben 2 Minuten Zeit.

2 MINUTEN

1. Welche Zahnräder drehen sich im Uhrzeigersinn?

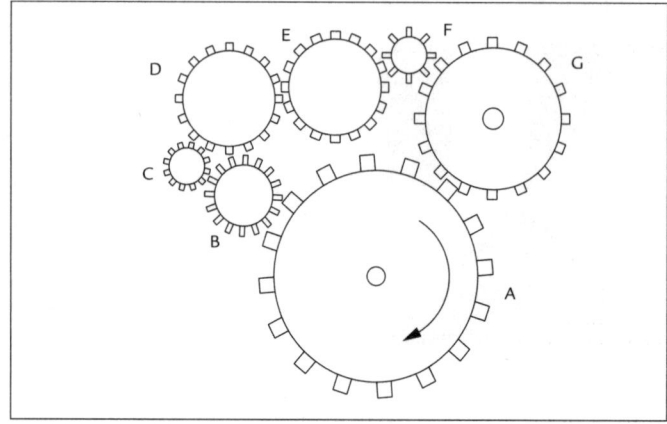

a) A, E, G
b) A, C, F
c) keines, Konstruktion blockiert
d) jedes zweite Zahnrad, beginnend mit A

2. Welche der Riemenscheiben dreht sich am langsamsten?

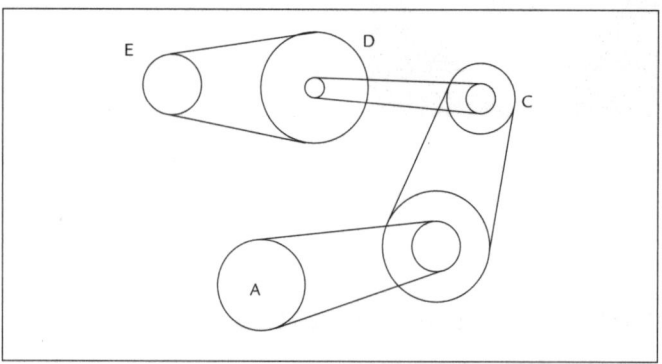

a) E
b) C
c) D
d) A

3. Welche Aussage ist richtig?

Achtung, die Hälfte der Zeit ist um!

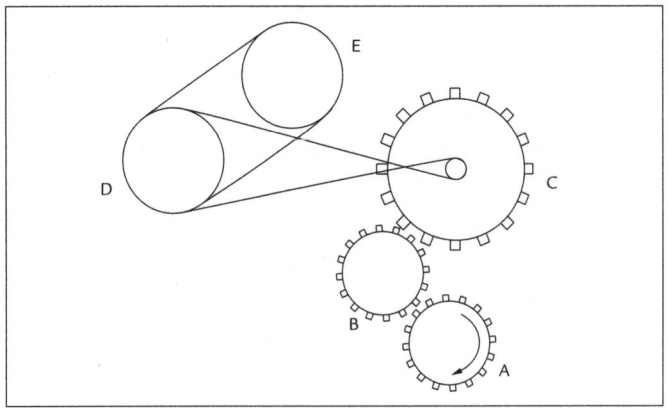

a) A dreht sich schneller als C.
b) C dreht sich langsamer als D.
c) D dreht sich schneller als A.
d) E dreht sich schneller als B.

....

4. Sie sehen zwei Antriebsscheiben, die miteinander durch ein umlaufendes Antriebsband verbunden sind. Auf den Antriebsscheiben sind zwei Seilwinden angebracht. Was passiert, wenn die Konstruktion in Gang gesetzt wird, sich also die rechte Antriebsscheibe im Uhrzeigersinn dreht?

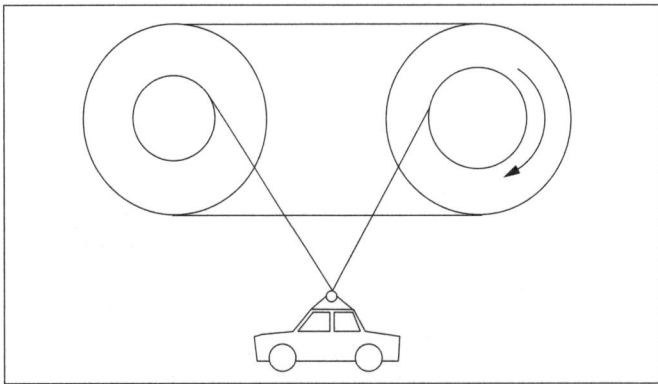

a) Das Auto bewegt sich nach unten.
b) Das Auto bewegt sich nach oben.
c) Das Antriebsband reißt.
d) Die Konstruktion funktioniert nicht.

Diagramme interpretieren

Ein typischer Bestandteil vieler kaufmännischer Berufe ist die Auswertung von Diagrammen – daher tauchen Aufgaben dieser Art in den entsprechenden Einstellungstests häufiger auf. Wir haben für Sie Daten der fiktiven Allfinanz-Bank aus den Jahren 2020 bis 2025 vorbereitet. Bitte lesen Sie die vorgegebenen Informationen genau durch und entscheiden Sie dann, ob die darin gemachten Aussagen zutreffen oder nicht zutreffen. Für diese Aufgabe haben Sie 2 Minuten Zeit.

Die Allfinanz-Bank

2 MINUTEN

Sie sehen die geschäftliche Entwicklung der Allfinanz-Bank in den sechs Bereichen Bausparverträge, Hausfinanzierungen, Lebensversicherungen, Girokonten Privatkunden, Girokonten Firmenkunden, Wertpapierdepots bezogen auf die Geschäftsjahre 2020, 2021, 2022, 2023, 2024 und 2025.

Hinweis: Alle Angaben in den Abbildungen sind in Prozent und beziehen sich auf die Veränderung zum Vorjahr.

Bausparverträge

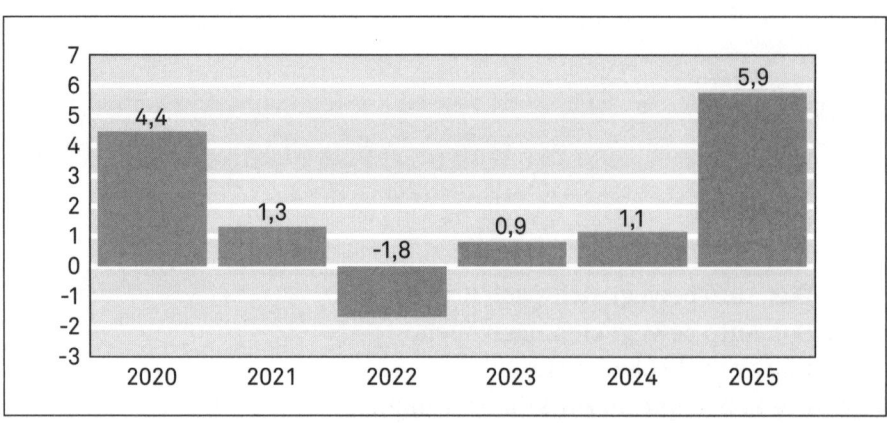

Hausfinanzierungen

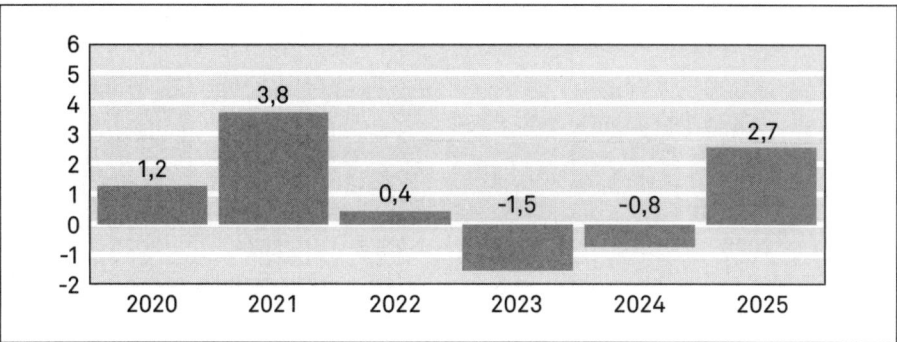

Lebensversicherungen

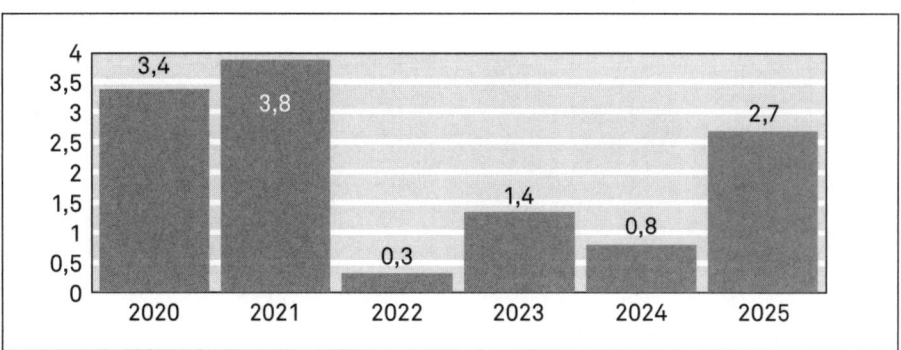

Girokonten Privatkunden

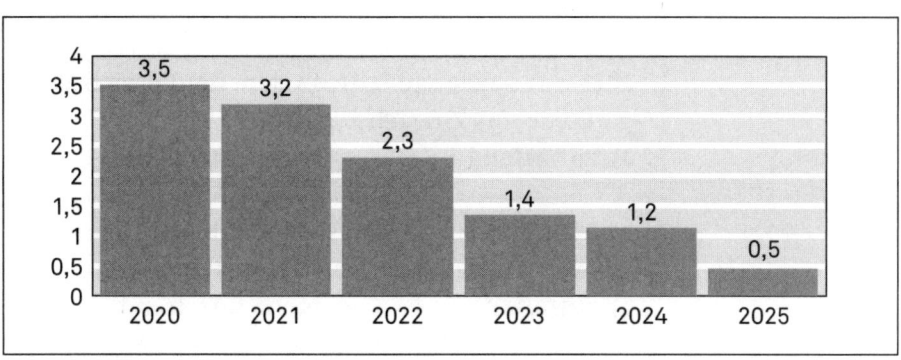

Girokonten Firmenkunden

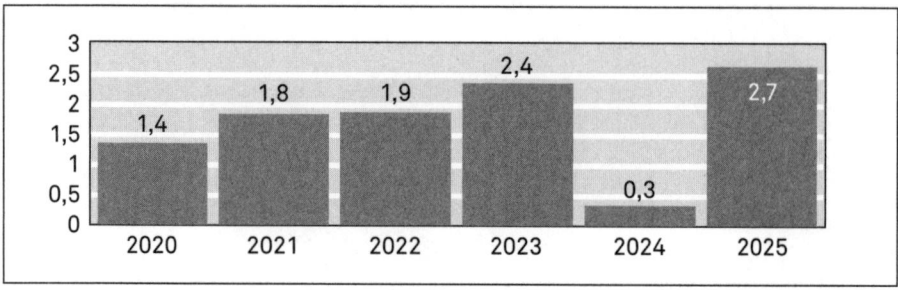

Wertpapierdepots

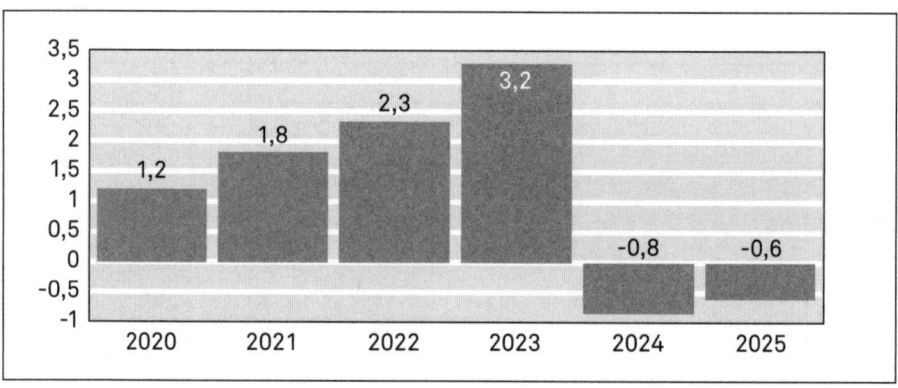

Bewerten Sie die folgenden Aussagen anhand der abgebildeten Daten. Bitte kreisen Sie die richtigen Antworten ein!

1. 2022 war das letzte Jahr, in dem der Bereich Wertpapierdepots Zuwächse hatte.
   a) zutreffend   b) nicht zutreffend

2. Im Jahr 2025 sind die Abschlusszahlen bei den Bausparverträgen höher als die der Hausfinanzierungen.
   a) zutreffend   b) nicht zutreffend

3. Die jährlichen Zuwächse bei den Girokonten von Privatkunden sind von 2020 bis 2022 höher als die bei den Girokonten von Firmenkunden.
   a) zutreffend   b) nicht zutreffend

4. Bei den Lebensversicherungsabschlüssen gab es von 2022 auf 2023 eine Steigerung um 1,1 Prozent.
   a) zutreffend   b) nicht zutreffend

5. Die Talsohle bei den neu abgeschlossenen Bausparverträgen ist durchschritten.
   a) zutreffend   b) nicht zutreffend

6. Der Trend bei der Einrichtung von Girokonten für Privatkunden ist rückläufig.
   a) zutreffend   b) nicht zutreffend

7. Im Jahr 2021 gab es einen Wertzuwachs der Wertpapierdepots in Höhe von 1,8 Millionen.
   a) zutreffend   b) nicht zutreffend

8. Im Jahr 2024 gab es bei den Girokonten für Firmenkunden ein unterdurchschnittliches Wachstum.
   a) zutreffend   b) nicht zutreffend

9. Die Eröffnung von Girokonten für Firmenkunden hat von 2023 auf 2024 um 2,1 Prozent abgenommen.
   a) zutreffend   b) nicht zutreffend

Welcher Dominostein ist der richtige?

Bei dieser Übung gilt als Voraussetzung, dass es zwischen den einzelnen Punktwerten der Dominosteine Beziehungen gibt, die Sie erkennen sollen. Es kann sich dabei um gleichmäßige Additionen handeln, aber auch um regelmäßig wiederkehrende Kombinationen. Ihre Aufgabe besteht darin, aus den mit A bis E bezeichneten Dominosteinen den richtigen auszuwählen.

Ein Klassiker im Einstellungstest

Beispiel:

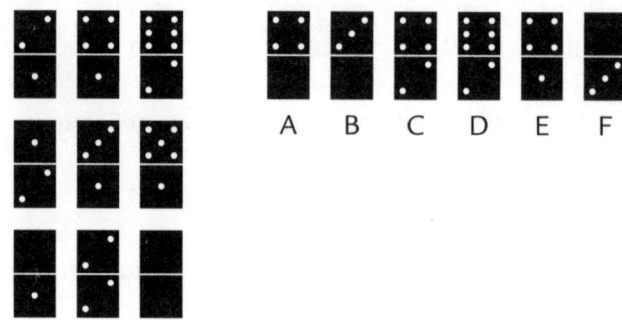

Im Beispiel gilt für die Punktwerte der oberen Felder in allen drei Reihen die Addition »plus 2«:
1. Reihe: 2 + 2 = 4, 4 + 2 = 6
2. Reihe: 1 + 2 = 3, 3 + 2 = 5
3. Reihe: 0 + 2 = 2, 2 + 2 = 4
Lösung leeres oberes Feld also: 4

Für die Punktwerte der unteren Felder in allen drei Reihen gilt für das Beispiel aber eine ganz andere Regel: Der Punktwert 2 taucht immer einmal auf und der Punktwert 1 immer zweimal.
1. Reihe: 1, 1, 2
2. Reihe: 2, 1, 1
3. Reihe: 1, 2, 1
Lösung leeres unteres Feld also: 1

Damit ist für die richtige Lösung dieser Aufgabe der Dominostein E anzukreuzen, der oben den Punktwert 4 und unten 1 trägt.

6 MINUTEN

Beginnen Sie jetzt mit den acht Aufgaben, Sie haben dafür 6 Minuten Zeit.

1.

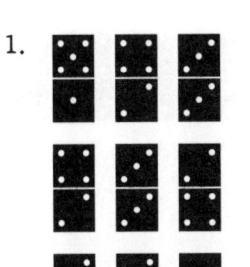

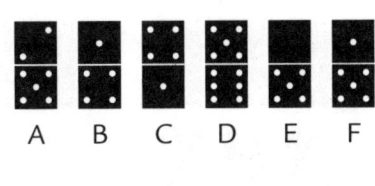

2.

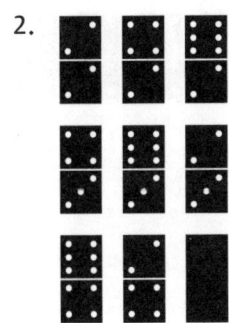

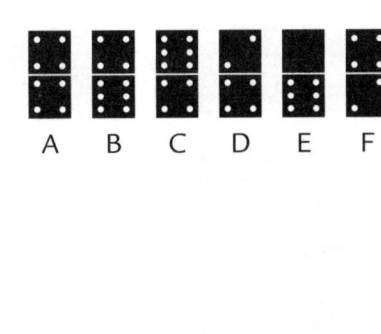

3.

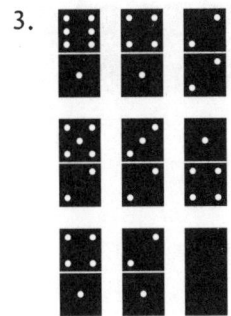

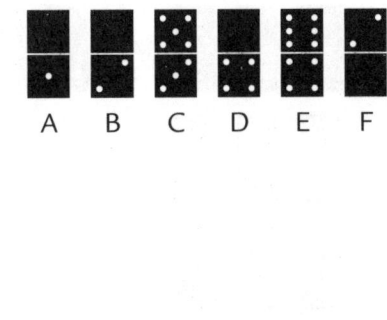

4.

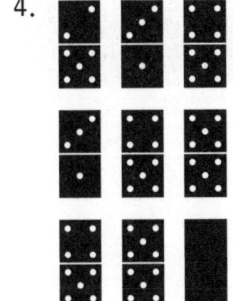

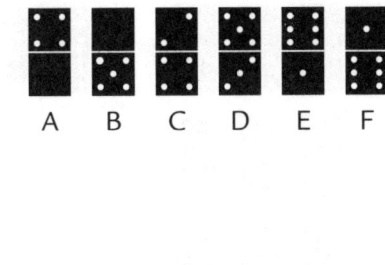

Noch 3 Minuten!

5.

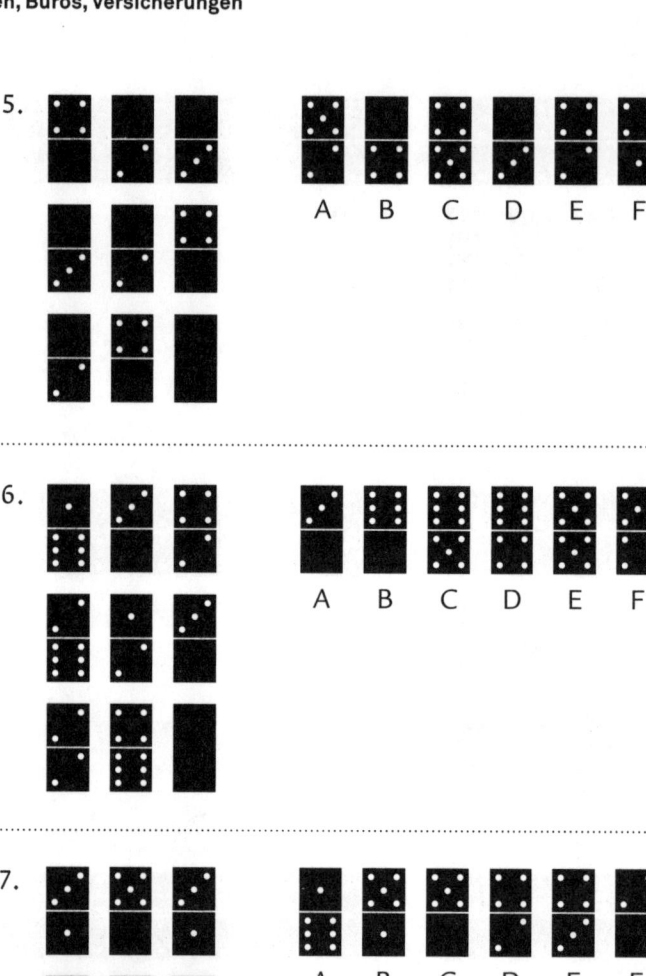

6.

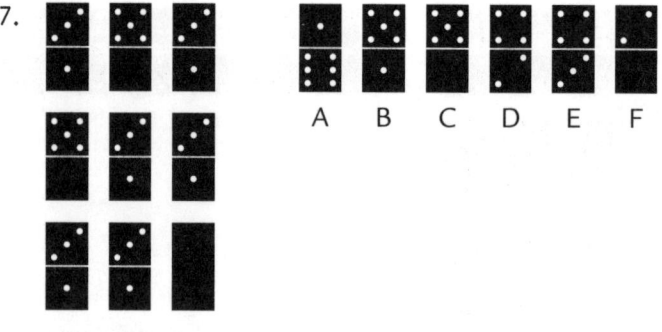

7.

8.

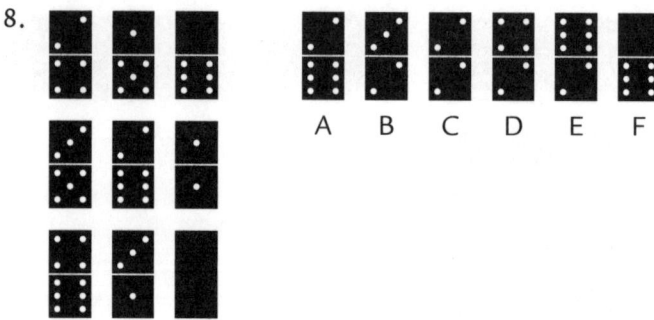

Zahlenreihen

Die Vervollständigung von Zahlenreihen ist ein echter Klassiker im Einstellungstest. Vergegenwärtigen Sie sich zur Vorbereitung, dass es vier Grundrechenarten gibt, nämlich: Addieren (plus), Subtrahieren (minus), Dividieren (geteilt) und Multiplizieren (mal). Die Zahlen in den aufgeführten Reihen stehen in entsprechenden Beziehungen, die Sie erkennen müssen. Haben Sie die Beziehung erkannt, können Sie die Reihe fortsetzen.

Beispiel 1:
0, 3, 6, 9, 12, X, Y
Hier gilt die Regel »plus 3«: X ist also 15 und Y ist 18.

Beispiel 2:
2, 8, 32, 128, X, Y
Hier gilt die Regel »mal 4«: X ist also 512 und Y ist 2 048.

Sie haben jetzt 5 Minuten Zeit für die folgenden zehn Aufgaben!

5 MINUTEN

1.	2, 3, 5, 8, 12, 17, 23, 30, X, Y	X = _____	Y = _____
2.	3, 2, 4, 3, 5, 4, 6, 5, X, Y	X = _____	Y = _____
3.	19, 22, 20, 19, 22, 20, 19, 22, 20, X, Y	X = _____	Y = _____
4.	65, 72, 63, 70, 61, 68, 59, 66, 57, X, Y	X = _____	Y = _____
5.	2, 6, 4, 5, 9, 7, 8, 12, 10, X, Y	X = _____	Y = _____
6.	27, 54, 55, 110, 111, 222, 223, X, Y	X = _____	Y = _____
7.	1536, 768, 384, 192, 96, 48, 24, 12, X, Y	X = _____	Y = _____
8.	32, 28, 34, 29, 36, 30, 38, 31, 40, X, Y	X = _____	Y = _____

9.   16, 32, 30, 60, 58, 116, 114, 228, 226, X, Y   X = _____   Y = _____

....

10.   4, 12, 9, 27, X, Y   X = _____   Y = _____

Zahlenkreise

Bei der Übung Zahlenkreise, die jetzt auf Sie wartet, handelt es sich um eine Variation der Aufgabe Zahlenreihen. Sie sollen erkennen, welche Beziehungen zwischen den aufgeführten Zahlen bestehen, und auf diese Weise die fehlende Zahl ergänzen.

Beispiel 1:

Beispiel 2:

?	1	
256		4
64	16	

?	4	
6		2
3	5	

? = 1024

? = 4

Im ersten Beispiel wird jede Zahl mit 4 multipliziert. Als gesuchte Zahl ist also 1 024 einzutragen (256 × 4 = 1 024).

Im zweiten Beispiel lauten die Beziehungen: – 2 + 3 – 2 + 3 – 2. Von der Zahl 6 sind also 2 abzuziehen, die gesuchte Zahl heißt damit 4 (6 – 2 = 4).

8 MINUTEN

Bitte tragen Sie nun die fehlende Zahl in die Zahlenkreise ein. Sie haben für diese Aufgabe 8 Minuten Zeit.

1.

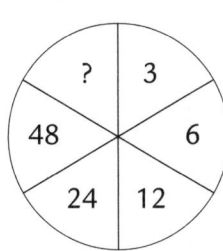

? = _____

5.

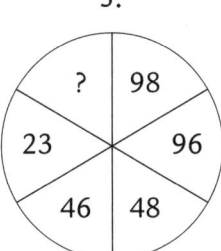

? = _____

2.

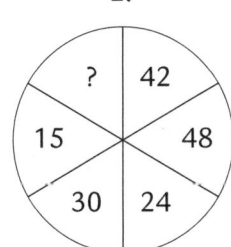

? = _____

6.

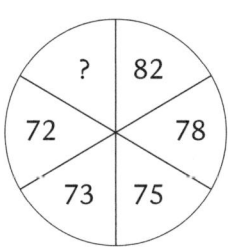

? = _____

3.

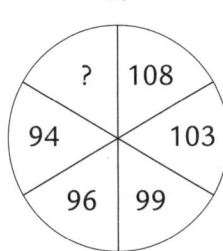

? = _____

7.

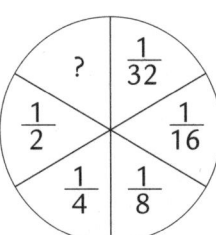

? = _____

4.

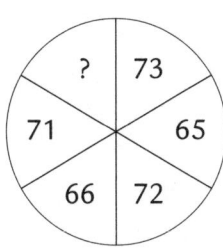

? = _____

8.

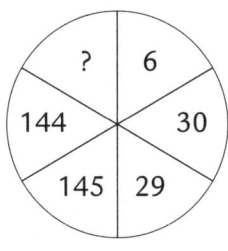

? = _____

9.

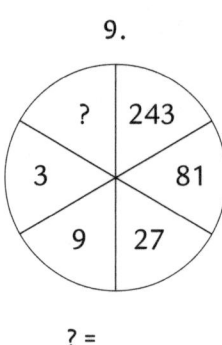

? = _____

13.

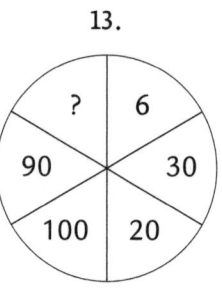

? = _____

*Die Hälfte der Zeit
ist um – Sie haben
noch 4 Minuten!*

10.

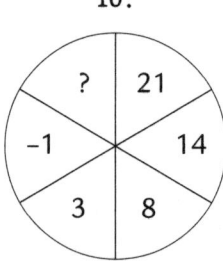

? = _____

14.

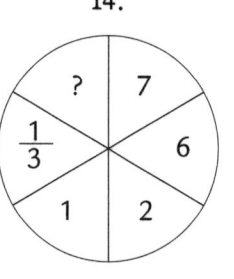

? = _____

11.

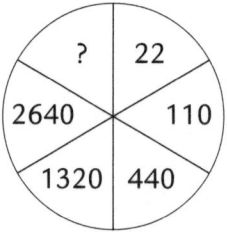

? = _____

15.

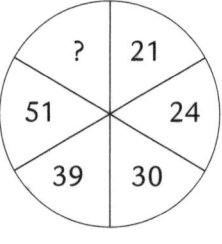

? = _____

12.

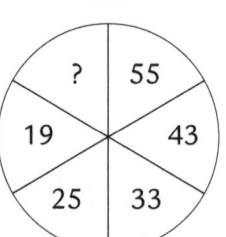

? = _____

16.

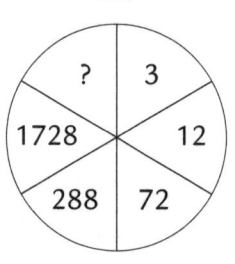

? = _____

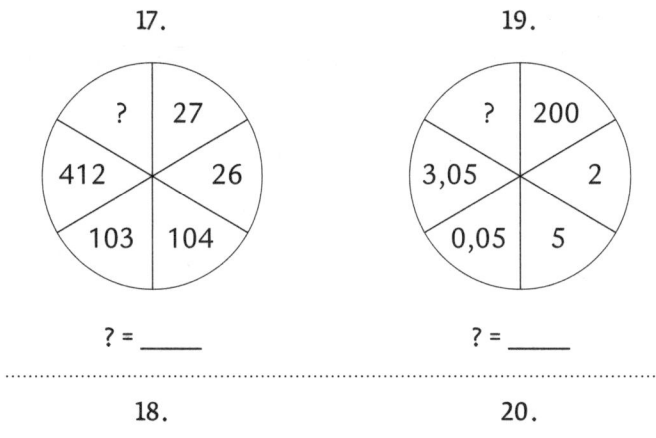

17.

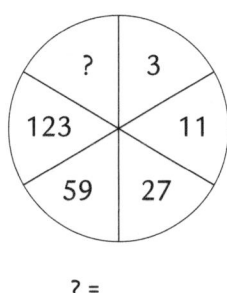

18.

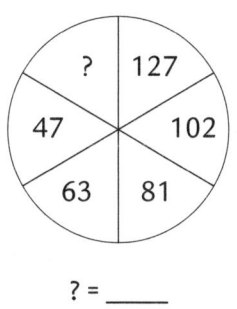

19.

20.

? = ____

Geschafft! Die Lösungen zu dieser Aufgabe finden Sie auf Seite 311.

Zahlenmatrix

Die »Zahlenmatrix«-Übung taucht in Einstellungstests ebenso häufig auf wie die Übung »Zahlenreihen«. In beiden Übungen sind Gemeinsamkeiten zwischen Zahlenkolonnen zu entdecken. Beispielsweise müssen in jeder Reihe zu den gegebenen Zahlen immer die gleichen, unbekannten Zahlen addiert oder subtrahiert werden (siehe Beispiel 1). Um den Schwierigkeitsgrad zu steigern, wird aber auch nach bestimmten Multiplikationen oder Additionen gesucht (Beispiel 2).

Beispiel 1:

11	8	4
10	7	3
9	6	X

Richtige Lösung: X = 2
Weg zur Lösung: – 3 – 4 (jede Zeile von links nach rechts gelesen)
Also: 11 (– 3 =) 8 (– 4 =) 4
        10 (– 3 =) 7 (– 4 =) 3
         9 (– 3 =) 6 (– 4 =) 2

Beispiel 2:

11	22	25
10	20	23
9	18	X

Richtige Lösung: X = 21
Weg zur Lösung: × 2 + 3 (jede Zeile von links nach rechts gelesen)
Also: 11 (× 2 =) 22 (+ 3 =) 25
        10 (× 2 =) 20 (+ 3 =) 23
         9 (× 2 =) 18 (+ 3 =) 21

8 MINUTEN

Lösen Sie die folgenden sechs Aufgaben in 8 Minuten.

1.   7   13   18
     8   X   19
     9   15   20   Richtige Lösung: X = _____

....

2. 111   87   68
    53   X   10
    67   43   24   Richtige Lösung: X = _____

....

3. 14   28   56
     X   20   40
     9   18   36   Richtige Lösung: X = _____

....

4. 11   –11   –8
     X   0   3
     7   –15   –12   Richtige Lösung: X = _____

5.	1	1/3	X	
	18	6	2	
	66	22	71/3	Richtige Lösung: X = _____

6.	242	22	2,2	
	99	9	0,9	
	143	13	X	Richtige Lösung: X = _____

Buchstabenreihen

Buchstabenreihen sind eine Variation der Zahlenreihen.

Beispiel:
Welcher Buchstabe folgt in der Reihe A, C, E, G?
Hier gilt die Regel »immer der übernächste Buchstabe«, also ist die Lösung »I«.

Für die folgenden sieben Aufgaben beträgt Ihr Zeitlimit 3 Minuten!

3 MINUTEN

1. A, B, D, G, _____

2. H, G, I, H, J, _____

3. S, U, Q, S, O, _____

4. W, S, P, N, _____

5. K, M, K, N, K, _____

6. A, F, E, J, I, _____

7. Z, T, Y, U, X, _____

Zum Ergebnis

Bei diesem Aufgabentyp ist das Ergebnis vorgegeben. Sie müssen nun die richtigen Zahlen eintragen, damit es auch stimmt!

Beispiele:

_____ – _____ – _____ = 48
Lösung: 50 – 1 – 1 = 48

_____ × _____ – _____ = 48
Lösung: 7 × 7 – 1 = 48

6 MINUTEN

Nun warten zahlreiche Aufgaben auf Sie, bei denen Sie die fehlenden Zahlen eintragen sollen, so wie in den Beispielen gezeigt. Beachten Sie: Auch für diese Aufgaben gilt Punktrechnung vor Strichrechnung! Sie haben 6 Minuten Zeit für die Lösung der Aufgaben in den vier Blöcken.

Block 1: Subtrahieren!

___ – ___ – ___ = 38   ___ – ___ – ___ = 24   ___ – ___ – ___ = 28

___ – ___ – ___ = 13   ___ – ___ – ___ = 81   ___ – ___ – ___ = 96

___ – ___ – ___ = 93   ___ – ___ – ___ = 42   ___ – ___ – ___ = 75

___ – ___ – ___ = 56   ___ – ___ – ___ = 87   ___ – ___ – ___ = 22

___ – ___ – ___ = 49   ___ – ___ – ___ = 69   ___ – ___ – ___ = 55

Block 2: Addieren und subtrahieren!

___ + ___ – ___ = 38   ___ – ___ + ___ = 25   ___ + ___ – ___ = 22

___ – ___ + ___ = 15   ___ + ___ – ___ = 76   ___ – ___ + ___ = 43

____ − ____ + ____ = 81   ____ + ____ − ____ = 42   ____ + ____ − ____ = 55

____ + ____ − ____ = 27   ____ + ____ − ____ = 19   ____ + ____ − ____ = 72

____ − ____ + ____ = 48   ____ − ____ + ____ = 88   ____ − ____ + ____ = 29

Block 3: Subtrahieren und dividieren!

____ − ____ : ____ = 6   ____ − ____ : ____ = 8   ____ − ____ : ____ = 4

____ − ____ : ____ = 5   ____ − ____ : ____ = 3   ____ − ____ : ____ = 2

____ − ____ : ____ = 1   ____ − ____ : ____ = 7   ____ − ____ : ____ = 9

____ − ____ : ____ = 10   ____ − ____ : ____ = 15   ____ − ____ : ____ = 11

____ − ____ : ____ = 14   ____ − ____ : ____ = 13   ____ − ____ : ____ = 22

Block 4: Multiplizieren und subtrahieren!

____ × ____ − ____ = 4   ____ × ____ − ____ = 3   ____ × ____ − ____ = 7

____ × ____ − ____ = 9   ____ × ____ − ____ = 2   ____ × ____ − ____ = 8

____ × ____ − ____ = 12   ____ × ____ − ____ = 16   ____ × ____ − ____ = 27

____ × ____ − ____ = 59   ____ × ____ − ____ = 72   ____ × ____ − ____ = 81

____ × ____ − ____ = 48   ____ × ____ − ____ = 92   ____ × ____ − ____ = 99

Anmerkung: Auf die Angabe von Lösungen haben wir bei diesem Aufgabentyp verzichtet, da es eine Vielzahl von Lösungsmöglichkeiten gibt. Bitte überprüfen Sie Ihre Eintragungen selbst mithilfe eines Taschenrechners.

Falsche Zahlenreihen

90 SEKUNDEN

Bitte streichen Sie die Zahl durch, die nicht in die Zahlenreihe gehört. Sie haben dafür 90 Sekunden Zeit.

1. 4, 5, 7, 10, 14, 19, 25, 32, 40, 42, 49

2. 2, 6, 12, 18, 20, 30, 42, 56, 72, 90, 110

3. 15, 18, 20, 23, 25, 28, 30, 32, 33, 35, 38

4. 25, 20, 23, 18, 23, 21, 16, 19, 14, 17, 12, 15

5. 30, 33, 99, 33, 36, 108, 36, 39, 116, 117, 39, 42, 126, 42

Auf der beiliegenden CD-ROM finden Sie einige der hier vorgestellten Übungen und weitere interaktive Aufgaben aus dem Bereich Logik.

3. Persönlichkeitstest: Motivation Ihrer Bewerbung

Worum geht es?

Wenn Ausbildungsplatzsuchende zum Testtag eingeladen werden, kommt es immer häufiger vor, dass die Motivation der Bewerber gründlich hinterfragt wird. Denn leider kommen Ausbildungsabbrüche relativ oft vor: Nach Angaben der Firmen beenden etwa 20 Prozent der Berufseinsteiger die Ausbildung ohne Abschluss beziehungsweise kündigen in der Probezeit. Die Firmen möchten aber auf jeden Fall vermeiden, dass sie an Ausbildungsplatzsuchende geraten, die sich nur mangels besserer Angebote oder aus einer Laune heraus bei ihnen bewerben. Kurz gesagt: Mit Tests zur Motivation will man herausfinden, wie ernst Sie es mit Ihrer Bewerbung meinen.

Wie ernst ist es Ihnen mit der Bewerbung?

Was erwartet Sie?

Die Motivation der Testteilnehmer wird mithilfe von Aufsätzen, Kurzvorträgen vor der Gruppe und vor Firmenvertretern oder gezielten Fragen im persönlichen Gespräch überprüft. Eine typische Aufgabenstellung für Aufsätze ist: »Begründen Sie schriftlich auf einer DIN-A4-Seite, warum Sie sich für eine Ausbildung zur Versicherungskauffrau entschieden haben!« Beim Kurzvortrag könnte die Aufgabe lauten: »Sie möchten bei uns eine Ausbildung zum Bankkaufmann beginnen. Bitte erläutern Sie zwei Minuten lang vor der Gruppe Ihre Motivation!« Und typische Fragen im Interview sind: »Seit wann wissen Sie, dass Sie sich für dieses Berufsfeld interessieren?« oder »Wenn wir Ihre Freunde zu Ihrem Ausbildungswunsch zur Industriekaufmann

Diese Fragen können auf Sie zukommen

befragen würden, wären diese der Meinung, dass diese
Ausbildung zu Ihnen passt?«

Wie können Sie Punkte sammeln?

*Trainieren Sie
zuhause*

Sämtliche Übungen zur Motivation der Bewerbung
lassen sich hervorragend zu Hause vorbereiten. Überzeugen Sie mit guten Argumenten, indem Sie auf Ihre
Erfahrungen aus Praktika oder Ihrem Berufsleben oder
Nebenjobs verweisen. Erklären Sie, wo Sie sich über
die Ausbildung oder den Tätigkeitsbereich informiert
haben und seit wann Sie diesen Berufswunsch hegen.
Ganz wichtig: Lassen Sie durchblicken, dass Sie wissen,
was auf Sie zukommt. Dies gelingt Ihnen, indem Sie
drei bis vier Tätigkeiten, die auf Sie zukommen werden,
nennen und schildern, bei welchen Gelegenheiten Sie
diese in der Vergangenheit bereits kennen gelernt haben.

Aufsatz zur Motivation

In dieser Übungseinheit werden Sie lernen, wie Sie
Ihre Motivation in schriftlicher Form überzeugend
darstellen und mit Ihrem Aufsatz Personalverantwortliche beeindrucken können. Um Ihnen zu zeigen,
auf was Sie dabei achten müssen, stellen wir Ihnen
nun zunächst ein Negativbeispiel und anschließend
ein Positivbeispiel einschließlich unserer Bewertung
vor.

Negativbeispiel: Aufsatz zur Motivation

Wird ein Bewerber für einen Ausbildungsplatz zum
Kaufmann im Groß- und Außenhandel aufgefordert,
seine Motivation in Aufsatzform darzulegen, sollte sie
auf keinen Fall so formuliert werden:

Unvorbereiteter Testkandidat

»Ich beende im Sommer die Schule, deshalb muss ich mich jetzt um einen Ausbildungsplatz kümmern. Beim Arbeitsamt hat man mir gesagt, dass Sie ausbilden. Deswegen habe ich eine Bewerbung an Sie geschickt und bin nun hier zum Testtag eingeladen worden. Ich wäre eigentlich lieber Bankkaufmann geworden, aber dafür sind meine Noten nicht gut genug. Aber Ihre Ausbildung interessiert mich auch. Ich bin nämlich teamfähig, leistungsbereit, motiviert und kundenorientiert. Meine Hobbys sind Computerspiele und das Internet.«

In seinem viel zu kurzen Aufsatz schießt der Schulabgänger ein Eigentor nach dem nächsten. Schon die ersten Sätze klingen schief: Schließlich beendet jeder Schüler irgendwann einmal die Schule. Dies ist aber noch lange kein Grund für eine Firma, ihm einen Ausbildungsplatz zu geben. Die Formulierung »deswegen muss ich mich jetzt um einen Ausbildungsplatz kümmern« klingt daher etwas gequält. Vielleicht möchte er ja viel lieber herumhängen, als jeden Tag ins Büro zu gehen?

Damit noch nicht genug: Der Schüler schreibt ganz unverblümt, dass die Ausbildung zum Groß- und Außenhandelskaufmann für ihn nur zweite Wahl ist. Eigentlich würde er »lieber Bankkaufmann« werden. So fragt sich der Ausbildungsverantwortliche natürlich, warum dieser Bewerber überhaupt zum Testtag gekommen ist. Der Verweis auf die zu schlechten Noten ist dann nur noch ein weiteres Eigentor.

Am Ende versucht der Bewerber, das Ruder herumzureißen, und reiht Schlagworte aneinander. Allerdings wird man ihm kaum glauben, dass er teamfähig ist. Schließlich hockt er ja stets vor dem Computer, wenn seine Hobbys »Computerspiele und das Internet« sind. Und wäre er wirklich »leistungsbereit« und »motiviert«, so hätte er sich im Aufsatz viel besser präsentiert.

Auch eine Kundenorientierung nimmt man ihm nicht ab. Denn ein »Kunde« für seine Bewerbung –

Fazit

nämlich der Ausbildungsverantwortliche – wird seinen Aufsatz lesen: Und dieser hat noch nichts Interessantes oder Überzeugendes erfahren.

An diesem Negativbeispiel ist ganz klar zu erkennen, dass es zu wenig ist, einen Testtag einfach auf sich zukommen zu lassen. Wenn Sie aufgefordert werden, Ihre Motivation für die Ausbildung schriftlich zu belegen, müssen Sie überzeugende Argumente parat haben. Und diese Argumente lassen sich vorbereiten.

Was gehört in einen guten Aufsatz? Einige wesentliche Punkte gehören in Ihren Aufsatz hinein: Verweisen Sie auf Ihr Praktikum, nennen Sie Erfahrungen, die Sie in Jobs und Aushilfstätigkeiten sammeln konnten, benennen Sie Ihre Lieblingsfächer in der Schule, natürlich mit Bezug zur Ausbildung. Zusatzpunkte sammeln Sie immer mit Computer- und Sprachkenntnissen. Engagement außerhalb der Schule wird ebenfalls gerne gesehen, beispielsweise in Vereinen oder Freizeitgruppen. Aber auch passende Kurse an der Volkshochschule sind ein Bonus.

Positivbeispiel: Aufsatz zur Motivation

Damit Sie sehen, wie sich unsere Vorgaben für einen gelungenen Aufsatz zur Motivation der Bewerbung umsetzen lassen, stellen wir Ihnen jetzt die verbesserte Version vor:

Vorbereiteter Testkandidat

»Ich interessiere mich schon länger für eine Ausbildung zum Groß- und Außenhandelskaufmann. Deswegen habe ich mich um ein dreiwöchiges Praktikum gekümmert. Bei dem Büroartikelhersteller Schmidt GmbH habe ich die Abteilungen Import, Verkauf, Versand und Service kennen gelernt. Ich konnte bei Verkaufsgesprächen dabei sein und habe gesehen, wie Aufträge kalkuliert werden. Das Praktikum hat mich in meinem Ausbildungswunsch noch bestärkt.

Wenn man sich in Geschäften umschaut und sieht, dass beispielsweise Turnschuhe oft aus Taiwan oder China kommen und MP3-Player in Korea gefertigt und hier verkauft werden, weiß man, dass viel Handel zwischen den Ländern stattfindet. Daher denke ich, dass Groß- und Außenhandelskaufleute auch in Zukunft viel zu tun haben werden.

In der Schule habe ich den PC-Führerschein erworben. Mit den Programmen Word, Excel und PowerPoint bin ich vertraut, und auch mit dem Internet kann ich umgehen. In der Schule sind meine Lieblingsfächer Englisch und Erdkunde. Im Urlaub in Spanien habe ich Freunde kennen gelernt, mit denen ich heute noch auf Englisch chatte. Ich interessiere mich auch in meiner Freizeit für Computer und das Internet. Für Schulreferate habe ich gezielt im Internet nach Informationen gesucht. Daneben bin ich Mitglied im Fußballverein.

Es wäre schön, wenn ich bei Ihnen eine Ausbildung zum Groß- und Außenhandelskaufmann machen könnte.«

Dieser Aufsatz zur Motivation liest sich doch schon ganz anders. Der Bewerber eiert nicht herum, erwähnt keine Selbstverständlichkeiten und vermeidet Missverständnisse. Ganz wichtig ist, dass er auf praktische Erfahrungen verweist. Mit der Darstellung seines Praktikums findet er einen sehr guten Einstieg. Es wird deutlich, dass dieser Bewerber weiß, was ihn in der Ausbildung erwartet. Er hat sogar schon verschiedene Abteilungen kennen gelernt. Das, was in der ersten Version einfach nur behauptet wurde, wird nun durch praktische Beispiele belegt: Da er schon an Verkaufsgesprächen teilnehmen konnte, wird man ihm seine Kundenorientierung abnehmen. Und das dreiwöchige Praktikum war länger als die üblichen Schulpraktika, wodurch er seine Leistungsbereitschaft und Motivation unterstreicht. Der erwähnte PC-Führerschein bringt interessante Zusatzpunkte: Schließlich ist der Computer ein wichtiges Arbeitsmittel der Kaufleute. *Fehler ausgemerzt*

Insgesamt nimmt man diesem engagierten Bewerber seine Motivation ab und traut ihm zu, die Ausbildung zum Groß- und Außenhandelskaufmann erfolgreich abschließen zu können. *Fazit*

Jetzt sind Sie dran!   Nun sind Sie am Zug und müssen Ihre Motivation selbst schriftlich belegen. Orientieren Sie sich dabei an unseren Positivbeispielen! Verweisen Sie auf konkrete Erfahrungen aus Praktika oder Nebenjobs und auf Ihre Lieblingsfächer. Schildern Sie Ihre Computer- und Sprachkenntnisse. Und benennen Sie ganz deutlich zu Beginn und zum Ende des Aufsatzes Ihren konkreten Ausbildungswunsch (»Ich möchte bei Ihnen eine Ausbildung zum … machen,«/«Ich möchte in Ihrem Unternehmen arbeiten, weil …«).

ÜBUNG

Ihr Aufsatz zur Motivation

»Bitte begründen Sie kurz schriftlich, warum Sie glauben, für die gewünschte Ausbildung/die ausgeschriebene Stelle der beziehungsweise die Richtige zu sein!«

_____

_____

_____

_____

_____

_____

_____

_____

_____

Kurzvortrag zur Motivation

Auch als Kurzvortrag ist die Übung »Begründen Sie die Motivation für Ihre Bewerbung« auf Firmenseite sehr beliebt. Sie bekommen üblicherweise eine kleine Vorbereitungszeit eingeräumt, und dann beginnt Ihr Vortrag.

Ihr Kurzvortrag

ÜBUNG

»Sie haben nun zehn Minuten Vorbereitungszeit. Anschließend möchten wir Sie bitten, einen einminütigen Vortrag zu halten. Beantworten Sie in Ihrer Vorstellung bitte die Frage: Warum haben Sie sich für eine Bewerbung bei uns entschieden?«

....

_____

_____

_____

_____

_____

_____

_____

_____

_____

Auch diese mündliche Kurzvorstellung wird Ihnen mit etwas Übung viel besser gelingen. Am besten halten Sie den Vortrag zur Motivation Ihrer Bewerbung mehrmals zu Hause, und zwar so lange, bis er Ihnen in Fleisch und Blut übergegangen ist. Sie können auch vor Livepublikum üben. Fragen Sie Freunde, Bekannte oder Eltern, ob Sie ihnen Ihre Berufsmotivation in einem Kurzvortrag erläutern dürfen. Inhaltlich gelten für Ihren Kurzvortrag zur Motivation die Hinweise, die wir Ihnen im vorherigen Abschnitt zum »Aufsatz zur Motivation« gegeben haben. Darüber hinaus sollten Sie aber noch einige weitere Tipps für gelungene Vorträge beherzigen.

CHECKLISTE

Checkliste für Ihren Kurzvortrag zur Motivation Ihrer Bewerbung

○ Bereiten Sie Ihren Vortrag stichwortartig vor.

○ Nennen Sie zu Beginn Ihren Namen und Ihren konkreten Berufswunsch.

○ Formulieren Sie im Voraus den ersten und den letzten Satz vollständig aus, damit Sie Sicherheit für die wichtige Start- und Schlussphase gewinnen.

○ Lassen Sie Beispiele aus Praktika, aus der Schule, aus Aushilfsjobs, Nebentätigkeiten oder aus der Freizeit einfließen.

○ Geben Sie Ihre Lieblingsfächer in der Schule an. Hatten Sie gute oder sehr gute Noten, sollten Sie dies auch aussprechen.

○ Nennen Sie konkrete PC-Programme, die Sie benutzen.

○ Verweisen Sie auf Ihre Sprachkenntnisse.

○ Gehen Sie kurz auf Ihre Hobbys und Freizeitaktivitäten ein.

○ Wiederholen Sie am Ende noch einmal Ihren Berufswunsch.

○ Blicken Sie während des Vortrags ins Publikum.

○ Sprechen Sie langsam und laut genug.

○ Halten Sie die Zeitvorgabe möglichst genau ein.

Fragen zur Motivation

Da die Frage nach der Motivation Ihres Berufswunsches für die Firmenseite so außerordentlich wichtig ist, taucht sie in jedem Fall auch in Vorstellungsgesprächen oder Interviews auf. Dann sitzen Sie Ausbildungs- oder Personalverantwortlichen, Geschäftsführern oder auch künftigen Vorgesetzten gegenüber und müssen Fragen wie die folgenden glaubwürdig beantworten.

Bitte antworten Sie jetzt!

ÜBUNG

Frage: »Was interessiert Sie an der Ausbildung?«

Ihre Antwort: ....

....

Frage: »Warum haben Sie sich für gerade diese Ausbildung beworben?«

Ihre Antwort: ....

....

Frage: »Warum haben Sie sich bei uns beworben?«

Ihre Antwort: ....

....

→ FORTSETZUNG AUF DER NÄCHSTEN SEITE

Frage: »Würden Sie sich selbst einstellen?«

Ihre Antwort: ....

....

Frage: »Warum sind Sie heute hier?«

Ihre Antwort: ....

....

Frage: »Wie vermeiden Sie bei der Wahl Ihres Ausbildungsberufes eine Fehlentscheidung?«

Ihre Antwort: ....

....

Mehr Fragen ab Seite 219

Wenn es Ihnen schwergefallen ist, die jeweiligen Fragen auf Anhieb überzeugend zu beantworten, überrascht uns dies nicht. So manche harmlos klingende Frage kann Kandidaten gerade in der Stresssituation Einstellungstest aus dem Tritt bringen. Deshalb haben wir für Sie im Kapitel »Persönlichkeitstest: Vorstellungsgespräch« typische Fragen einschließlich ungeeigneter und überzeugender Beispielantworten zusammengestellt. In diesem Kapitel finden Ausbildungsplatzsuchende 40 Fragen und Antworten, an denen sie sich orientieren können. Wir möchten natürlich nicht, dass Sie unsere geeigneten Antworten einfach auswendig lernen und im Gespräch mit der Firmenseite herunterleiern. Vielmehr ist uns wichtig, dass Sie wissen, welche Art von Antworten überzeugt, damit Sie eigene, glaubwürdige Aussagen formulieren können.

4. Wissenstest: Rechtschreibung

Worum geht es?

Je nach Berufsfeld wird unterschiedlich stark darauf geachtet, wie es um die Rechtschreibkenntnisse der Testteilnehmer bestellt ist. Selbstverständlich sollten Bürokaufleute oder Verwaltungsfachangestellte sicher im Schriftverkehr sein. Aber auch in Berufen mit Kundenkontakt, wie im Verkauf oder bei Versicherungen, müssen im Berufsalltag immer wieder Angebote geschrieben werden. Und diese sollten möglichst wenig Rechtschreibfehler enthalten. In eher handwerklich orientierten Ausbildungen muss man nicht so viel Schreibarbeit leisten. Aber wenn Sie sich im kaufmännischen Bereich bewerben, ist dieser Teil für Sie sehr wichtig!

Gute Rechtschreib-kenntnisse: für Sie unverzichtbar

Was erwartet Sie?

Es gibt unterschiedliche Aufgabenstellungen, mit denen sich Rechtschreibkenntnisse überprüfen lassen. Oft werden Ihnen Listen mit Wörtern vorgelegt, die einmal richtig und einmal falsch geschrieben worden sind. Sie müssen dann die fehlerhafte Version anstreichen. Oder es werden im Multiple-Choice-Verfahren mehrere Schreibweisen für ein Fremdwort angeboten, und Sie müssen entscheiden, welche die richtige ist. Ein weiterer Klassiker ist natürlich das Diktat. Dabei wird Ihnen vom Testverantwortlichen ein kurzer Text vorgelesen, den Sie korrekt zu Papier bringen müssen.

Wie können Sie Punkte sammeln?

Wie bereiten Sie sich am besten vor? Frischen Sie Ihre Rechtschreibkenntnisse auf, indem Sie sich als Vorbereitung auf den Einstellungstest kürzere Texte diktieren lassen, beispielsweise von Freunden oder mithilfe eines MP3-Players. Rufen Sie sich die wichtigsten Rechtschreibregeln noch einmal ins Gedächtnis, beispielsweise die zur Groß- und Kleinschreibung. Auch mit der Schreibweise gängiger Fremdwörter sollten Sie sich vorab vertraut machen. Im Übrigen gilt auch für den Rechtschreibtest: Nobody is perfect! Bereiten Sie sich dennoch so gründlich wie möglich vor, damit Sie sich nicht hinterher darüber ärgern müssen, vermeidbare Fehler gemacht zu haben.

Überflüssige Buchstaben

2 MINUTEN

Die nachfolgenden Wörter enthalten zusätzliche, überflüssige Buchstaben. Bitte streichen Sie jeweils den überflüssigen Buchstaben heraus. Sie haben dafür 2 Minuten Zeit.

1. Fahrrrad
2. Fiesch
3. Fäehre
4. Väerkehr
5. Bahnhoff
6. Kahrdiogramm
7. Günsstling
8. Jahpaner
9. Einleihtung
10. defennsiv

11. Karamellle
12. energiebewuusst
13. Ehnquete
14. Fleair
15. Kommenntar
16. Lieteraturkritik
17. dableibben
18. Medaillion
19. Dankesformehl
20. pflichtwiedrig

21. Fliehder
22. eimnmotten
23. fuhrehn
24. flexiebel
25. beißßen
26. Gyrios
27. Neoklassizissmus
28. Baikallsee
29. Queadriga
30. Reiemplantation

Fremdwörter richtig schreiben

Nachstehend finden Sie Fremdwörter in vier Schreibweisen, von denen aber nur eine richtig ist. Bitte umkringeln Sie die korrekte Schreibweise! Dafür haben Sie 2 Minuten Zeit.

2 MINUTEN

1. a) Zilinder
    b) Zyhlinder
    c) Zylynder
    d) Zilihnder

2. a) Ideologie
    b) Ihdeologie
    c) Ideologi
    d) Ideolohgie

3. a) Cabinett
    b) Kabinet
    c) Kabihnett
    d) Kabinett

4. a) Lieberalität
    b) Liberalität
    c) Liberalitet
    d) Lihberalität

5. a) Insstitution
    b) Institution
    c) Instietution
    d) Instituhtion

6. a) Kakao
    b) Cakau
    c) Kakau
    d) Kakaoh

7. a) Hypnohse
    b) Hypnosse
    c) Hypnosä
    d) Hypnose

8. a) Mehrkantilist
    b) Merkantielist
    c) Merkantilist
    d) Merkantilisst

9. a) Patruille
    b) Patrouile
    c) Patrouille
    d) Patroullie

10. a) Hypostase
    b) Hypohstahse
    c) Hipposstase
    d) Hippostase

11. a) Ahnalyse
    b) Annalyse
    c) Analyse
    d) Analyseh

12. a) Protagonist
    b) Protahgonist
    c) Protagoniest
    d) Protagonnist

Schnell durchgestrichen

90 SEKUNDEN

Bei den nachfolgenden Wortpaaren sind die Begriffe jeweils einmal richtig und einmal falsch geschrieben. Bitte streichen Sie die falsche Schreibweise durch. Dafür haben Sie 90 Sekunden Zeit.

1. verspinnen – verspinen
2. Verschlusstreifen – Verschlussstreifen
3. Katastrophe – Katastrohphe
4. Ostinato – Ostienato
5. Staatsaffäre – Staatsafäre
6. Orthopedie – Orthopädie
7. Tristesse – Triestesse
8. Koeffizient – Coeffizient
9. Reikjavik – Reykjavik
10. Oppurtunität – Opportunität
11. narzisstisch – narzistisch
12. überstrapaziren – überstrapazieren
13. Myhrtenzweig – Myrtenzweig
14. Trophäe – Trophä
15. Restsüsse – Restsüße
16. Rhythmus – Rythmus
17. Megaherz – Megahertz
18. Transpiration – Transpieration
19. Ingeniör – Ingenieur
20. Königsstuhl – Köhnigsstuhl
21. Rollladenschrank – Rolladenschrank
22. Existenzfilosofie – Existenzphilosophie
23. Trankilizer – Tranquilizer
24. vollkritzeln – vollkrizeln
25. Koalition – Koahlition
26. Mytologie – Mythologie
27. sehkundär – sekundär
28. Multiplikand – Multiplikant
29. Lohnsteuer – Lohnssteuer
30. Kolloquium – Kolloqium

Sprichwörter richtig schreiben

Die folgenden Sprichwörter sind teilweise falsch geschrieben. Bitte schreiben Sie sie vollständig neu und
richtig.

Fangen Sie jetzt an, Sie haben für diese Aufgabe
4 Minuten Zeit.

4 MINUTEN

1. Wer ihm Glasshaus sitzt, sol nicht mit Steinehn
   werffen.
   Richtige Schreibweise: ....

   ....

2. Erfarung ist der Namme, denn die Mänschen iren
   Irtümern geben.
   Richtige Schreibweise: ....

   ....

3. Werr die Lahternne träkt, stollpert leichter, alss wer
   ihr folkt.
   Richtige Schreibweise: ....

   ....

4. Ein Lühgnner muss ein gutehss Gedechnis haben.
   Richtige Schreibweise: ....

   ....

5. Man solte fiel öffter nachdencken, und zwah vohr-
   här.
   Richtige Schreibweise: ....

   ....

Fehlerteufel im Griff

4 MINUTEN

Ein Computervirus hat zugeschlagen. Dieser böse Fehlerteufel hat in Ihrem Text viele Buchstaben gelöscht. Bitte fügen Sie nun in die folgenden 90 Wörter die jeweils fehlenden Buchstaben ein. Sie haben dafür 4 Minuten Zeit.

1. Ti__chler
2. ledi__
3. I__solvenz
4 __irma
5. vor__iegend
6. Innen__usbau
7. Segelle__rer
8. Holztechnik__r
9. Ausli__ferung
10. Monta__e
11. Ein__auküchen
12. Kun__en
13. Nachbesse__ung
14. Reklamati__nen
15 Ein__rbeitung
16. __ollegen
17. Umba__
18. gastron__mischer
19. __inbau
20. Zeit__rbeit
21. Umsa__zsteuer
22. Auf__raggebern
23 Bauleitun__
24. I__mobilien
25. San__erung
26. Finc_s
27. Ap__artments
28. Mes__en
29. E__ents
30. Preisver__andlungen
31. T__urenplanung
32 Ter__ine
33. Son__eranferti__ungen
34. Beh__rde__
35. Einb__uk__chenplanung
36. __eitdruc__
37. E__m__ttlung
38 Train__ngsbed__rf
39. __urchführ__ng
40. D__k__mentation
41. Sch__l__ngsaktivitäten
42. Verm__rk__ung
43 ei__enstä__dige
44. Ko__zepte
45. Era__be__tung
46. Fac__wi__sen

47. __undie__tes

48. Ver__rie__

49. __erufse__fahrung

50. __indest__ns

51. a__sgeprä__tes

52. Verh__ndlungsge__chick

53. so__veräne__

54. U__gang

55 __unden

56 Man__gement

57. zielori__nt__erte

58. Ar__e__tsweise

59. Rhet__rik

60. P__äsentati__n

61. He__aus__orderu__g

62 sende__

63. Un__erla__en

64. Ver__riebstr__iner

65. Beschwerdetr__in__ng

66. __ervicetrainin__

67. P__oduktschulung

68. Tele__onverkauf

69. Di__nst__eistung

70. freiberufl ic__

71. Zeit__a__agement

72. Selbs__moti__ation

73. Verhan__lung

74. Mitarbei__erleitfä__en

75. Per__onalrefer__nt

76. Ne__kun__engewi__nung

77. K__stense__kung

78 __aßna__me

79. __oordinatio__

80. __alesaufgab__n

81. D__rekt__arketing

82. Re__se__osten

83. Ab__pra__he

84. A__beitg__ber

85. ne__enberu__lich

86. K__rsschwer__unkte

87. __eruf__weg

88. A__sti__mung

89. __ehal__svorstellun_

90. Grü__en

Der Sinn von Abkürzungen

Was bedeuten die nachfolgenden Abkürzungen? Bitte formulieren Sie aus! Sie haben dafür 3 Minuten Zeit.

Beispiel: Die Abkürzung »s. o.« bedeutet ausgeschrieben »siehe oben«.

3 MINUTEN

1.   z. B.   _____

2.   u. a.   _____

3.   Jh.   _____

4.   franz.   _____

5.   eigtl.   _____

6.   allg.   _____

7.   u.   _____

8.   Geogr.   _____

9.   EDV   _____

10.   Abk.   _____

11.   dt.   _____

12.   KFZ   _____

13.   Okt.   _____

14.   med.   _____

15.   jmd.   _____

16.   kath.   _____

17.   USA   _____

18.   ev.   _____

19.   A. T.   _____

20.   lat.   _____

21.   etw.   _____

22.   o. ä.   _____

23. Plur. _____   *Die letzte Minute*
24. Ggs. _____   *läuft!*
25. Sing. _____
26. Anm. _____
27. u. Ä. _____
28. Abt. _____
29. AG _____
30. zzt. _____
31. MdB _____
32. m. a. W. _____
33. u. U. _____
34. usw. _____

5. Wissenstest: Englisch

Worum geht es?

Unerlässlich: gute
Englischkenntnisse

In vielen Arbeitsfeldern geht es schon lange nicht mehr ohne anwendbare Englischkenntnisse. Weinhändler in Deutschland beziehen Ware aus Südafrika, Boutiquen kaufen Kleidung aus Asien, und Möbelgeschäfte importieren Regale aus Polen. Unerlässlich dabei sind englische Sprachkenntnisse, damit Angebote eingeholt, Lieferungen vereinbart und kalkuliert sowie Reklamationen bearbeitet werden können. Der Kontakt findet per Telefon oder E-Mail statt, und zwar auf Englisch. Nun ist es nicht so, dass alle Mitarbeiter verhandlungssicher Business-Englisch sprechen müssen. Sie sollten aber doch belegen können, dass Sie einen Draht zur englischen Sprache haben und grundsätzlich in der Lage sind, Ihre Sprachkenntnisse auszubauen.

Was erwartet Sie?

Allgemeine
Kenntnisse statt
Spezialwissen

Kandidaten, deren Englischkenntnisse im Einstellungstest abgeprüft wurden, berichten von Rechtschreibaufgaben, Lückentests, Verständnisübungen oder Grammatikaufgaben. Wenn Sie auf einen Wissenstest Englisch treffen, werden Ihnen die Aufgabenstellungen bekannt vorkommen. Wie in Englischarbeiten in der Schule müssen Sie die Formen unregelmäßiger Verben auflisten können, richtige Zeitformen in Lückentexte eintragen oder Verständnisfragen zu einem kurzen Text beantworten. Dabei geht es für die meisten Testteilnehmer nicht um spezielle Sprachkenntnisse, beispielsweise aus dem Bereich des technischen Englisch, sondern eher um allgemeine Kenntnisse. Schließlich möchte man Sie zwar nicht aufs Glatteis führen, aber doch herausbekommen, ob Sie mit der englischen Sprache umgehen können.

Wie können Sie Punkte sammeln?

Die meisten Kandidaten bringen Englischkenntnisse mit, aber oft fällt es ihnen schwer, unter Testbedingungen schnell genug umzuschalten. Dies ist verständlich, denn Gehirnforscher bestätigen immer wieder, dass es für das menschliche Gehirn sehr anstrengend ist, bei Aufgaben zwischen Zahlen und Sprachverständnis schnell hin und her zu schalten. Schließlich arbeiten dabei ganz unterschiedliche Gehirnbereiche. Muss dann auch noch beim Sprachverständnis zwischen Deutsch und Englisch gewechselt werden, droht ein »Kurzschluss« im Gehirn – nicht zuletzt, weil der Stressfaktor beim Einstellungstest doch enorm ist. Arbeiten Sie zu Übungszwecken also nicht nur isoliert unsere Englischaufgaben durch, sondern gewöhnen Sie sich auch an das Umschalten. Trainieren Sie beispielsweise drei Testblöcke hintereinander, vielleicht erst Fragen zum Allgemeinwissen, dann Aufgaben aus dem Bereich Englisch und dann Übungen zur angewandten Mathematik.

Englischübungen mit anderen Testarten mischen

Grammatiktest

In der folgenden Liste finden Sie 30 englische Verben in der Grundform (Infinitiv). Bitte notieren Sie das jeweilige Verb in der in Klammern angegebenen Zeitform. Achten Sie dabei auch auf die Personenangabe! Beginnen Sie jetzt, Sie haben 4 Minuten Zeit.

4 MINUTEN

Hinweis: Den Zusatz progressive hinter den angegebenen Zeitformen, zum Beispiel present progressive, kennen manche auch unter der Bezeichnung continuous, also present continuous. Gleiches gilt für past progressive, present perfect progressive, past perfect progressive und future progressive.

1.	look	(simple present)	you	_____
2.	come	(simple past)	he	_____
3.	do	(simple present)	I	_____
4.	buy	(simple past)	we	_____
5.	sing	(simple present)	they	_____
6.	run	(simple past)	you	_____
7.	pay	(present perfect)	she	_____
8.	go	(past perfect)	it	_____
9.	talk	(present perfect)	they	_____
10.	cook	(past perfect)	we	_____
11.	read	(present progressive)	he	_____
12.	take	(past progressive)	Anne	_____
13.	have	(present progressive)	it	_____
14.	carry	(past progressive)	we	_____
15.	give	(will-future)	Ron	_____
16.	hope	(conditional 1)	she	_____
17.	meet	(will-future)	they	_____
18.	like	(conditional 1)	they	_____
19.	be	(present perfect progressive)	he	_____
20.	live	(past perfect progressive)	Sally	_____
21.	sleep	(present perfect progressive)	he	_____
22.	eat	(past perfect progressive)	he	_____
23.	help	(simple past)	he	_____
24.	start	(simple past)	you	_____
25.	write	(simple past)	I	_____
26.	know	(simple past)	she	_____
27.	ring	(simple past)	we	_____

28. let   (simple past)   they _____

29. make   (future progressive)   you   _____

30. spend   (future perfect)   I   _____

Lückentext

Füllen Sie die Lücken im englischen Text mit den richtigen Formen der Verben, die in Klammern im Text stehen. Entweder Sie verwenden simple past (einfache Vergangenheit) oder past progressive, auch past continuous genannt (was/were -ing).

Beispiel:
Last year my friend and I _____ [1] (go) to London on holiday.
Aus »go« wird im simple past »went«, also:
Last year my friend and I went to London on holiday.

Sie haben jetzt 12 Minuten Zeit für den Lückentext.

12 MINUTEN

Last year my friend and I _____ [1] (go) to London on holiday. We _____ [2] (stay) in a youth hostel near Piccadilly Circus. The hostel _____ [3] (not be) very nice, but at least the other guests _____ [4] (be) friendly. One evening my friend and I _____ [5] (decide) to go for a drink. We _____ [6] (find) a nice bar near the hostel and _____ [7] (buy) two drinks. While we _____ [8] (drink) them, two tough-looking men _____ [9] (walk) into the bar. They _____ [10] (sit) down at a table. They _____ [11] (not see) us because we _____ [12] (sit) in a dark corner. We _____ [13] (listen) to their conversation for a few minutes and soon _____ [14] (realise) that they _____ [15] (talk) about a bank robbery ...

6. Intelligenztest: Kreativität

Worum geht es?

Der IQ
ist nicht alles

Es ist mittlerweile allgemein anerkannt, dass Erfolge im Berufsleben – und im Privatleben – von vielen Faktoren abhängen, und nicht allein von der Höhe des Intelligenzquotienten (IQ). Sicherlich sind logisches Denken, räumliches Vorstellungsvermögen oder sprachliche Intelligenz – Aufgaben aus diesen Bereichen haben wir Ihnen bereits vorgestellt – sehr wichtig, aber es gilt, auch andere Teilaspekte wie kommunikative Fähigkeiten und kreative Intelligenz zu berücksichtigen. Es wird Sie sicherlich nicht überraschen, dass es keinen allgemeingültigen Kreativtest gibt. Von der Entdeckung eines »Kreativquotienten« samt entsprechender Berechnungsmethoden ist die Wissenschaft noch weit entfernt. Trotzdem müssen Sie auch für diesen Bereich mit Testaufgaben rechnen, denn Personalverantwortliche möchten herausbekommen, ob Sie kreativ mit Sprache umgehen können, wie es um Ihr vernetztes Denken bestellt ist und welche Ideen Sie unter Zeitdruck entwickeln.

Was erwartet Sie?

Ihre Ideen
sind gefragt

Einfälle, Ideen, Erleuchtungen und Geistesblitze der Mitarbeiterinnen und Mitarbeiter sind für Unternehmen grundsätzlich unverzichtbar, um am Markt weiterbestehen zu können. Es geht nicht darum, jedes Mal das Rad neu zu erfinden, sondern in einem vorgegebenen Zeitrahmen brauchbare Vorschläge abzuliefern, die dann gegebenenfalls detailliert ausgearbeitet werden können. In manchen Kreativtests werden Sie aufgefordert, neue Markennamen oder Werbeslogans zu entwickeln, andere überprüfen Ihre Problemlösungsfähigkeit. Beliebt ist auch ein Blick in die Zukunft, um festzustellen, ob Sie Trends rechtzeitig erkennen.

Wie können Sie Punkte sammeln?

Gewöhnen Sie sich daran, auch unter Zeitdruck kreativ zu arbeiten. Der Satz, der besagt, dass Talent zu 1 Prozent aus Inspiration und zu 99 Prozent aus Transpiration besteht, hat durchaus einen wahren Kern. Machen Sie sich in diesem Kapitel mit gängigen Aufgaben vertraut. Stellen Sie sich im Vorfeld eines Einstellungstests bei einem Arbeitgeber im Kreativbereich diese Fragen und recherchieren Sie dazu im Internet: Auf welche Referenzprojekte ist die Firma besonders stolz? Welche Trends sind im angestrebten Wunscharbeitsgebiet gerade aktuell? In welche Richtung werden sich die Trends weiterentwickeln?

Kreativ auf Knopfdruck

Probleme kreativ lösen

Kreativität ist besonders gefragt, wenn Probleme auftauchen. Es hilft nicht, den Kopf in den Sand zu stecken und einfach abzuwarten. Besser ist es, sich der neuen Situation zu stellen und zu handeln.

Beispiel:

Das Problem: Ihr Notebook stürzt mitten in einer wichtigen Präsentation vor Ihren Kolleginnen und Kollegen ab. Was könnten Sie tun?

Erste Möglichkeit: Den Zuhörern anbieten, eine kurze Pause zur Problembehebung zu machen, und darauf hinweisen, dass Erfrischungsgetränke, Kaffee und Tee bereitstehen.

Zweite Möglichkeit: Die Präsentation ohne Notebook mittels freier Rede fortsetzen.

Dritte Möglichkeit: Die Zuhörer bitten, dass sie wieder zu ihren Arbeitsplätzen gehen, und ankündigen, dass die Präsentation zu einem späteren Zeitpunkt mit funktionierender Technik zu Ende gebracht wird.

Vierte Möglichkeit: Fragen, ob ein Kollege kurzfristig sein Notebook zur Verfügung stellen kann, da Sie die Präsentation selbstverständlich noch als Sicherungsdatei auf einem USB-Stick mitgebracht haben.

Fünfte Möglichkeit: Die Präsentation in eine Diskussionsrunde umwandeln, indem Sie die wichtigsten Thesen noch einmal kurz mündlich zusammenfassen und dann die Teilnehmer darum bitten, eigene Erfahrungen zum Thema zu schildern.

30 MINUTEN

Überlegen Sie sich jetzt kreative Lösungen für die folgenden Probleme. Halten Sie Ihre Lösungen schriftlich fest, so wie in der Beispielaufgabe gezeigt. Ihre Zeitvorgabe bei dieser Übung beträgt 30 Minuten.

ÜBUNG

Das erste Problem: Sie haben einen Termin mit einem wichtigen Kunden. Leider stecken Sie im Stau und werden nicht rechtzeitig beim Kunden sein. Was könnten Sie tun?

Erste Möglichkeit: ....

....

....

Zweite Möglichkeit: ....

....

....

Dritte Möglichkeit: ....

....

....

Vierte Möglichkeit: ....

....

....

Fünfte Möglichkeit: ....

....

....

Das zweite Problem: Sie fliegen in den Urlaub. Am Ziel angekommen, stellen Sie fest, dass Ihr Gepäck verloren gegangen ist. Was könnten Sie tun?

ÜBUNG

Erste Möglichkeit: ....

....

....

Zweite Möglichkeit: ....

....

....

Dritte Möglichkeit: ....

....

....

→ FORTSETZUNG AUF DER NÄCHSTEN SEITE

Vierte Möglichkeit: ....

....

....

Fünfte Möglichkeit: ....

....

....

ÜBUNG

Das dritte Problem: Sie haben gerüchteweise gehört, dass Ihre Kollegin sich auf dem Betriebsfest abfällig über Sie geäußert hat. Was könnten Sie tun?

Erste Möglichkeit: ....

....

....

Zweite Möglichkeit: ....

....

....

Dritte Möglichkeit: ....

....

....

Vierte Möglichkeit: ....

....

....

Fünfte Möglichkeit: ....

....

....

ÜBUNG

Das vierte Problem: Die Kosten für die Rohstoffe, die Sie für die Herstellung Ihrer Produkte benötigen, sind dermaßen gestiegen, dass Sie die dem Kunden zugesagten Preise auf keinen Fall halten können. Was könnten Sie tun?

Erste Möglichkeit: ....

....

....

Zweite Möglichkeit: ....

....

....

Dritte Möglichkeit: ....

....

....

Vierte Möglichkeit: ....

....

....

Fünfte Möglichkeit: ....

....

....

→ FORTSETZUNG AUF DER NÄCHSTEN SEITE

ÜBUNG

Das fünfte Problem: Ihr Fahrstuhl ist stecken geblieben. Was könnten Sie tun?

Erste Möglichkeit: ....

....

....

Zweite Möglichkeit: ....

....

....

Dritte Möglichkeit: ....

....

....

Vierte Möglichkeit: ....

....

....

Fünfte Möglichkeit: ....

....

....

ÜBUNG

Das sechste Problem: In Ihrer Firma werden zwei Tage lang Renovierungsarbeiten durchgeführt. Immer wieder fällt der Strom aus. Was könnten Sie tun?

Erste Möglichkeit: ....

....

....

Zweite Möglichkeit: ....

....

....
_____

Dritte Möglichkeit: ....

....

....
_____

Vierte Möglichkeit: ....

....

....
_____

Fünfte Möglichkeit: ....

....

....

Sprachspiele

In dieser Übungsaufgabe werden Ihnen Wörter vorgegeben, aus denen Sie Sätze bilden sollen.

Beispiel:

Rasen – Sandkiste – Sonne

Lösungsmöglichkeiten:

Möglichkeit 1: Wenn die *Sonne* scheint, spielen die Kinder mit dem Ball auf dem *Rasen* oder sitzen in der *Sandkiste*.

Möglichkeit 2: Zu viel *Sonne* schadet dem *Rasen*, auch in der *Sandkiste* sollten die Kinder dann nicht ohne Kopfbedeckung spielen.

Möglichkeit 3: Es macht Spaß, auf dem *Rasen* in der *Sonne* zu sitzen und den Kindern dabei zuzuschauen, wie sie in der *Sandkiste* spielen.

7 MINUTEN

Für die folgenden acht Aufgaben haben Sie 7 Minuten Zeit. Bilden Sie jeweils zwei Lösungssätze!

1. Handy – Polizei – Auto

   Ihr erster Lösungssatz: ....

   ....

   Ihr zweiter Lösungssatz: ....

   ....

2. Zug – Fahrkarte – Computer

   Ihr erster Lösungssatz: ....

   ....

   Ihr zweiter Lösungssatz: ....

   ....

3. Alkohol – Autobahn – Fahrrad

   Ihr erster Lösungssatz: ....

   ....

   Ihr zweiter Lösungssatz: ....

   ....

4. Mann – Schuhe – Schrei

Ihr erster Lösungssatz: ....

....

Ihr zweiter Lösungssatz: ....

....

5. Stift – Tinte – Papier

Ihr erster Lösungssatz: ....

....

Ihr zweiter Lösungssatz: ....

....

6. Büroklammer – Loch – Holz

Ihr erster Lösungssatz: ....

....

Ihr zweiter Lösungssatz: ....

....

7. Marmeladenglas – Nagellack – Buch

Ihr erster Lösungssatz: ....

....

Ihr zweiter Lösungssatz: ....

....

8. Geld – Millionär – Krankheit

Ihr erster Lösungssatz: ....

....

Ihr zweiter Lösungssatz: ....   *Achtung,*
die Zeit ist um!

....

Werbesprüche

Wenn neue Produkte Kunden nahegebracht werden sollen, kommt es auch auf die Slogans, Werbesprüche und Produktbeschreibungen auf der Verpackung der Ware an. So lassen sich beispielsweise auf einem Honigglas Beschreibungen wie diese finden: »Echter Honig unterliegt strengen Qualitätskontrollen«, »Honig bringt Abwechslung in Ihre Küche« oder »Genuss auf höchstem Niveau«.

15 MINUTEN

Nun sollen Sie die Rolle der kreativen Texterin beziehungsweise des kreativen Texters einnehmen. Entwickeln Sie jeweils drei Slogans für die aufgelisteten sechs Produkte. Ihr verfügbarer Zeitrahmen beträgt 15 Minuten.

Produkt: »Müsli«

Ihr erster Slogan: ....

Ihr zweiter Slogan: ....

Ihr dritter Slogan: ....

Produkt: »Handy«

Ihr erster Slogan: ....

Ihr zweiter Slogan: ....

Ihr dritter Slogan: ....

Produkt: »Waschmaschine«

Ihr erster Slogan: ....

Ihr zweiter Slogan: ....

Ihr dritter Slogan: ....

Produkt: »Füller«

Ihr erster Slogan: ....

Ihr zweiter Slogan: ....

Ihr dritter Slogan: ....

Produkt: »Bürostuhl«

Ihr erster Slogan: ....

Ihr zweiter Slogan: ....

Ihr dritter Slogan: ....

Produkt: »Schere«

Ihr erster Slogan: ....

Ihr zweiter Slogan: ....

Ihr dritter Slogan: ....

Was würde passieren, wenn ...?

Kreativität äußert sich oft in – auf den ersten Blick – völlig unrealistischen Gedankenspielen. Schon Albert Einstein überlegte sich seinerzeit, was wohl passieren würde, wenn er auf einem Lichtstrahl durchs Weltall reisen würde. Wir haben für Sie einige völlig irrationale Ausgangslagen entworfen. Überlegen Sie sich bitte, was passieren würde, wenn ...?

Beispiel:
Was würde passieren, wenn es keine Flugzeuge mehr geben würde?

1. Um über längere Entfernungen Meinungen auszu-tauschen, müssten die Menschen mehr telefonieren, E-Mails schreiben und verstärkt Videokonferenzen einsetzen.
2. Es müssten Züge entwickelt werden, die mindestens doppelt so schnell sein müssten als die schnellsten Züge heutzutage.
3. Die großen Flugplätze außerhalb der Städte könnten in Wohngebiete mit Gewerbeparks umgewandelt

werden, damit die Flughafenbeschäftigten weiterhin Arbeit hätten.

Sie merken, bei den möglichen Antworten sind Ihrer Kreativität keine Grenzen gesetzt.

15 MINUTEN

Bitte überlegen Sie sich Lösungen für die von uns vorgegebenen Szenarien. Für die Formulierung Ihrer Antworten haben Sie 15 Minuten Zeit.

A) Was würde passieren, wenn Supermärkte und Geschäfte nur noch an drei Tagen in der Woche geöffnet wären?

Ihre erste Einschätzung: ....

....

Ihre zweite Einschätzung: ....

....

Ihre dritte Einschätzung: ....

....

B) Was würde passieren, wenn die Menschen als Greise geboren werden würden und sich im Laufe des Lebens zu Babys zurückentwickelten?

Ihre erste Einschätzung: ....

....

Ihre zweite Einschätzung: ....

....

Ihre dritte Einschätzung: ....

....

C) Was würde passieren, wenn es kein Fernsehen – auch nicht über das Internet – geben würde?

Ihre erste Einschätzung: ....

....

Ihre zweite Einschätzung: ....

....

Ihre dritte Einschätzung: ....

....

D) Was würde passieren, wenn Milch nicht weiß, sondern plötzlich schwarz wäre?

Ihre erste Einschätzung: ....

....

Ihre zweite Einschätzung: ....

....

Ihre dritte Einschätzung: ....

....

E) Was würde passieren, wenn die Dinosaurier zusammen mit den Menschen auf der Erde leben würden?

Ihre erste Einschätzung: ....

....

Ihre zweite Einschätzung: ....

....

Ihre dritte Einschätzung: ....

....

F) Was würde passieren, wenn die Menschen nicht
mehr bei Tageslicht, sondern nur noch in der Dun-
kelheit auf die Straße gehen würden?

Ihre erste Einschätzung: ....

....

Ihre zweite Einschätzung: ....

....

Ihre dritte Einschätzung: ....

....

7. Wissenstest: Mathematik und Rechnen

Worum geht es?

Praktische Mathematik

Keine Angst: Das von manchen in der Schule als Horror angesehene Fach Mathematik mit Exponentialgleichungen oder binomischen Formeln erwartet Sie im Einstellungstest nicht. Wenn es hier um mathematische Kenntnisse geht, stehen eher praktische Dinge im Vordergrund. Manchmal müssen Zahlenkolonnen addiert werden, ein anderes Mal geht es um Prozentrechnung, und sehr beliebt sind auch Aufgaben zum Dreisatz. Die Firmen wollen grundsätzlich überprüfen, ob ein Gespür für Zahlen bei den Kandidaten vorhanden ist. Darüber hinaus ist das Berechnen von Aufschlägen auf Einkaufspreise oder das Ausrechnen von Rabatten auf den Endpreis ebenfalls von großer Bedeutung. Auch wenn dies im Berufsalltag üblicherweise mithilfe des Taschenrechners oder über die EDV geschieht, sollten die Kandidaten doch beweisen können, dass sie wissen, wie bestimmte Rechenwege funktionieren.

Was erwartet Sie?

Die Aufgaben aus dem Bereich der angewandten Mathematik sind in Einstellungstests meist überschaubar und damit lösbar. Typisch sind Aufgaben aus dem Bereich der Grundrechenarten, dann muss zusammengezählt, voneinander abgezogen, malgenommen oder geteilt werden. Beliebt sind auch Übungen zu Maßeinheiten, es sollen dann Kilogramm in Gramm umgerechnet oder Sekunden in Stunden umgewandelt werden. Textaufgaben beziehen sich auf den Dreisatz, etwa nach dem Muster: »Ein Auto verbraucht 8 Liter Benzin auf 100 Kilometer. Wie hoch ist der Verbrauch auf 150 Kilometer?« Manchmal gibt es auch Aufgaben zum Bruchrechnen. Und fast immer sind Schätzaufgaben Bestandteil des Tests.

Wie können Sie Punkte sammeln?

Wie immer im Einstellungstest ist die Zeit knapp und die Menge der Aufgaben groß. Beißen Sie sich also nicht an einzelnen Aufgaben fest, sondern erledigen Sie zuerst diejenigen, die Sie sicher lösen können, um möglichst viele Punkte zu sammeln. In Ihrer Vorbereitung sollten Sie sich mithilfe unserer Musteraufgaben in Erinnerung rufen, welche Lösungswege zum richtigen Ergebnis führen.

Aufgaben aus dem Bereich der angewandten Mathematik begegnen Ihnen auch ständig im Alltag. Nutzen Sie jede Gelegenheit, um auszurechnen, wie viel Guthabenzinsen Ihnen Banken für Ihre Ersparnisse zahlen würden, wie viel Kreditzinsen fällig werden oder wie viel Euro Ihnen eine Kundenkarte mit 3 Prozent Rabattanspruch beim jeweiligen Einkauf einbringt.

Trainieren Sie im Alltag

Kundendaten auswerten

Sie sind kaufmännischer Angestellter in der Verpackungs GmbH und beliefern viele Firmen mit Verpackungsmaterialien. Ihr Chef hat Sie gebeten, die folgende Tabelle auszuwerten. Dazu hat er einige Fragen formuliert. Für die Beantwortung der Fragen haben Sie 5 Minuten Zeit.

5 MINUTEN

L KG = 3× fünfstellig | E GmbH = 3× fünfst.
        1× vierst.   1× dreist.

Kunde	1. Quartal	2. Quartal	3. Quartal	4. Quartal
Solution AG	5 233 Euro	4 349 Euro	9 127 Euro	7 792 Euro
Schmidt GmbH 4879	982 Euro	1 367 Euro	78 Euro	2 452 Euro
Lange KG 44879	12 695 Euro	8 006 Euro	11 230 Euro	12 948 Euro
Media GmbH	3 400 Euro	2 443 Euro	1 903 Euro	687 Euro
Design KG	4 683 Euro	2 674 Euro	482 Euro	117 Euro
EDV GmbH	15 298 Euro	966 Euro	10 298 Euro	11 243 Euro

1. Welcher Kunde hat den höchsten Umsatz im zweiten Halbjahr gebracht?

   Antwort: _Lange KG 44879_

2. Welcher Kunde hat den größten Umsatzsprung nach oben zwischen zwei Quartalen in Euro zu verzeichnen?

   Antwort: _EDV GmbH_

× Schmidt GmbH

3. Welcher Kunde hat den größten prozentualen Umsatzsprung nach oben zwischen zwei Quartalen gezeigt?

   Antwort: _EDV GmbH_

4. Welche beiden Kunden haben den geringsten Jahresumsatz gebracht?

   Antwort: _Schmidt GmbH 4879, Design K_

× Lange KG

5. Welcher Kunde hat den höchsten Jahresumsatz zu verzeichnen?

   Antwort: _EDV GmbH_

× ?
Design KG

6. Welcher Kunde zeigt die schlechteste Geschäftsentwicklung und sollte daher ab sofort nur noch gegen Vorkasse beliefert werden?

   Antwort: _Schmidt GmbH 4879_

7. Wie hoch ist Umsatzdifferenz zwischen dem besten und dem schlechtesten Kunden – bezogen auf das zweite Quartal – ausgedrückt in Euro?

   Antwort: .... *3383,00 €* ....

   × 2040,00 €

8. Wie hoch ist Umsatzdifferenz zwischen dem besten und dem schlechtesten Kunden – bezogen auf das Gesamtjahr – ausgedrückt in Euro?

   Antwort: .... *40.000,00 €* ....

Günstig telefonieren

Sie sind Assistentin/Assistent der Geschäftsleitung in der Export AG. Ihr Chef hat Sie gebeten, für die Mitarbeiter günstige Telefontarife herauszusuchen. Sie haben sich für drei Anbieter, die PINK MOBILE, die CHEAP TELECOM und die QUALITY TELECOM, entschieden.

Auf den folgenden Seiten finden Sie die Tarife der drei Anbieter für Festnetzgespräche und Handygespräche ins In- und Ausland sowie die Tarife für den SMS-Versand ins In- und Ausland.

Sie sollen nun die 15 günstigsten Tarife zu bestimmten Zeiten für Telefonate und SMS-Mitteilungen ins In- und Ausland berechnen. Diese 15 Aufgaben – und eine Beispielaufgabe dazu – finden Sie im Anschluss an die drei Tariftabellen. *Hinweis:* Nicht jeder Anbieter ist zu jeder Wochen- und Tageszeit verfügbar.

Tariftabelle Anbieter 1: PINK MOBILE

ÜBERSICHT

Inlandstarife Handy:
→ Mo. bis Fr. 0,19 Euro pro angefangene Minute
→ Wochenende 0,12 Euro pro angefangene Minute

→ FORTSETZUNG AUF DER NÄCHSTEN SEITE

Auslandstarife Handy:
→ USA, Mo. bis Fr. 0,09 Euro pro angefangene Minute
→ I, Mo. bis Fr. 0,08 Euro pro angefangene Minute
→ F, Mo. bis Fr. 0,11 Euro pro angefangene Minute
→ I, Wochenende 0,08 Euro pro angefangene Minute
→ USA, Wochenende 0,11 Euro pro angefangene Minute
→ F, Wochenende 0,10 Euro pro angefangene Minute

Inlandstarife Festnetz
→ Mo. bis Fr. 0,03 Euro pro angefangene Minute
→ Wochenende 0,02 Euro pro angefangene Minute

Auslandstarife Festnetz
→ F, Mo. bis Fr. 0,08 Euro pro angefangene Minute
→ F, Wochenende 0,06 Euro pro angefangene Minute
→ USA, Mo. bis Fr. 0,05 Euro pro angefangene Minute
→ I, Mo. bis Fr. 0,06 Euro pro angefangene Minute
→ I, Wochenende 0,06 Euro pro angefangene Minute
→ USA, Wochenende 0,04 Euro pro angefangene Minute

Inlandstarife SMS
→ Mo. bis Fr. 0,13 Euro pro SMS
→ Wochenende 0,12 Euro pro SMS

Auslandstarife SMS
→ F, Mo. bis Fr. 0,21 Euro pro SMS
→ USA, Wochenende 0,14 Euro pro SMS
→ GB, Mo. bis Fr. 0,16 Euro pro SMS
→ I, Wochenende 0,14 Euro pro SMS
→ EST, Mo. bis Fr. 0,17 Euro pro SMS
→ F, Wochenende 0,14 Euro pro SMS

Tariftabelle Anbieter 2: CHEAP TELECOM

ÜBERSICHT

Inlandstarife Handy:
→ Wochenende 0,13 Euro pro angefangene Minute
→ Mo. bis Fr. 0,17 Euro pro angefangene Minute

Auslandstarife Handy:
→ EST, Wochenende 0,09 Euro pro angefangene Minute
→ USA, Wochenende 0,10 Euro pro angefangene Minute
→ F, Mo. bis Fr. 0,07 Euro pro angefangene Minute
→ I, Wochenende 0,09 Euro pro angefangene Minute
→ EST, Mo. bis Fr. 0,21 Euro pro angefangene Minute
→ USA, Mo. bis Fr. 0,11 Euro pro angefangene Minute

Inlandstarife Festnetz
→ Wochenende 0,01 Euro pro angefangene Minute
→ Mo. bis Fr. 0,04 Euro pro angefangene Minute

Auslandstarife Festnetz
→ P, Wochenende 0,03 Euro pro angefangene Minute
→ I, Mo. bis Fr. 0,05 Euro pro angefangene Minute
→ P, Mo. bis Fr. 0,06 Euro pro angefangene Minute
→ I, Wochenende 0,07 Euro pro angefangene Minute
→ F, Mo. bis Fr. 0,07 Euro pro angefangene Minute

Inlandstarife SMS
→ Wochenende 0,14 Euro pro SMS
→ Mo. bis Fr. 0,14 Euro pro SMS

Auslandstarife SMS
→ GB, Mo. bis Fr. 0,15 Euro pro SMS
→ GB, Wochenende 0,13 Euro pro SMS
→ USA, Mo. bis Fr. 0,22 Euro pro SMS
→ EST, Mo. bis Fr. 0,16 Euro pro SMS
→ CZ, Wochenende 0,16 Euro pro SMS
→ USA, Wochenende 0,15 Euro pro SMS

ÜBERSICHT

Tariftabelle Anbieter 3: QUALITY TELECOM

Inlandstarife Handy:
→ Mo. bis Fr. 0,16 Euro pro angefangene Minute
→ Wochenende 0,14 Euro pro angefangene Minute

Auslandstarife Handy:
→ USA, Mo. bis Fr. 0,12 Euro pro angefangene Minute
→ CZ, Wochenende 0,10 Euro pro angefangene Minute
→ F, Mo. bis Fr. 0,08 Euro pro angefangene Minute
→ I, Wochenende 0,10 Euro pro angefangene Minute
→ F, Mo. bis Fr. 0,21 Euro pro angefangene Minute
→ F, Wochenende 0,09 Euro pro angefangene Minute

Inlandstarife Festnetz
→ Mo. bis Fr. 0,05 Euro pro angefangene Minute
→ Wochenende 0,03 Euro pro angefangene Minute

Auslandstarife Festnetz
→ USA, Mo. bis Fr. 0,06 Euro pro angefangene Minute
→ USA, Wochenende 0,03 Euro pro angefangene Minute
→ I, Mo. bis Fr. 0,09 Euro pro angefangene Minute
→ I, Wochenende 0,04 Euro pro angefangene Minute
→ F, Mo. bis Fr. 0,09 Euro pro angefangene Minute
→ F, Wochenende 0,05 Euro pro angefangene Minute

Inlandstarife SMS
→ Mo. bis Fr. 0,16 Euro pro SMS
→ Wochenende 0,09 Euro pro SMS

Auslandstarife SMS
→ USA, Mo. bis Fr. 0,23 Euro pro SMS
→ F, Wochenende 0,15 Euro pro SMS
→ I, Mo. bis Fr. 0,15 Euro pro SMS
→ GB, Wochenende 0,14 Euro pro SMS
→ F, Mo. bis Fr. 0,16 Euro pro SMS
→ CZ, Wochenende 0,14 Euro pro SMS

Ihre Aufgabe: Bitte berechnen Sie nun jeweils den *günstigsten* Anbieter und die *tatsächlichen* Kosten für die folgenden 15 Telefongespräche beziehungsweise SMS. Wenn Sie alle 15 Aufgaben geschafft haben, berechnen Sie bitte auch die Gesamtkosten. Sie haben insgesamt 7 Minuten Zeit.

7 MINUTEN

Beispiel:
So., USA, Festnetz, 3 Minuten

Laut der Listen ist der billigste Anbieter für ein Festnetzgespräch am Wochenende in die USA die Nr. 3, QUALITY TELECOM. 1 Minute kostet dann 0,03 Euro, 3 Minuten also 0,09 Euro.

Ergebnis: Anbieter Nr.: <u>3</u>   Kosten <u>0,09 Euro</u>

Aufgabe 1: Di., 9 Uhr, USA, Handy, 4 Minuten

Ergebnis: Anbieter Nr.: <u>1</u>   Kosten: <u>0,36 €</u>

....

Aufgabe 2: Fr., 18 Uhr, EST, SMS

Ergebnis: Anbieter Nr.: <u>2</u>   Kosten: <u>0,16 €</u>

....

Aufgabe 3: Mi., 10 Uhr, I, Handy, 5 Minuten

Ergebnis: Anbieter Nr.: <u>1</u>   Kosten: <u>0,40 €</u>

....

Aufgabe 4: Mi., 10 Uhr, I, Festnetz, 10 Minuten

Ergebnis: Anbieter Nr.: <u>2</u>   Kosten: <u>0,50 €</u>

....

Aufgabe 5: Mi., 17 Uhr, D, SMS

Ergebnis: Anbieter Nr.: <u>1</u>   Kosten: <u>0,13</u>

....

Aufgabe 6: So., 10 Uhr, D, Festnetz, 4 Minuten

Ergebnis: Anbieter Nr.: <u>2</u>   Kosten: <u>0,04</u>

....

Aufgabe 7: Mo., 16 Uhr, F, Festnetz, 7 Minuten

Ergebnis: Anbieter Nr.: <u>2</u>   Kosten: <u>0,49</u>

Aufgabe 8: Sa., 13 Uhr, CZ, SMS

Ergebnis: Anbieter Nr.: 3   Kosten: 0,14 €

....

Aufgabe 9: So., 9 Uhr, CZ, Handy, 12 Minuten

Ergebnis: Anbieter Nr.: 3   Kosten: 1,20 €

....

Aufgabe 10: Mi, 9 Uhr, P, Festnetz, 7 Minuten

Ergebnis: Anbieter Nr.: 2   Kosten: 0,42 €

....

Aufgabe 11: Mo., 7 Uhr, D, Handy, 20 Minuten

Ergebnis: Anbieter Nr.: 3   Kosten: 3,20 €

....

Aufgabe 12: Fr., 12 Uhr, USA, SMS

Ergebnis: Anbieter Nr.: 2   Kosten: 0,22 €

....

Aufgabe 13: Sa., 8 Uhr, F, Festnetz, 14 Minuten

Ergebnis: Anbieter Nr.: 3   Kosten: 0,70 €

....

Aufgabe 14: Do., 21 Uhr, D, Festnetz, 8 Minuten

Ergebnis: Anbieter Nr.: 1   Kosten: 0,24 €

....

Aufgabe 15: Mo., 14 Uhr, GB, SMS

Ergebnis: Anbieter Nr.: 2   Kosten: 0,15

....

Gesamtkosten: 8,35 €

Gewichte

7 MINUTEN

Bitte lösen Sie die folgenden zwölf Aufgaben in maximal 7 Minuten.

1. Wie viel Gramm sind 0,01 kg?
    a) 10 Gramm
    b) 100 Gramm

c) 1 Gramm
d) 10 000 Gramm

2. Wie viel Tonnen sind 20 kg?
a) 0,2 Tonnen
b) 0,02 Tonnen
c) 0,00002 Tonnen
d) 0,002 Tonnen

3. Wie viel Kilogramm sind 67 g?
a) 0,067 Kilogramm
b) 0,0067 Kilogramm
c) 0,67 Kilogramm
d) 0,00067 Kilogramm

4. Wie viel Gramm sind 12 000 Tonnen?
a) 12 000 000 Gramm
b) 12 000 Gramm
c) 12 000 000 000 Gramm
d) 12 000 000 000 000 Gramm

5. Wie viel Milligramm sind 2,434 kg?
a) 2 000 434 Milligramm
b) 2 434 Milligramm
c) 2 434 000 000 Milligramm
d) 2 434 000 Milligramm

6. Wie viel Tonnen sind 3 Doppelzentner?
a) 0,03 Tonnen
b) 0,3 Tonnen
c) 3 Tonnen
d) 0,0003 Tonnen

7. Wie viel Milligramm sind 0,000001 Tonnen?
a) 1000 Milligramm
b) 10 Milligramm
c) 100 Milligramm
d) 1 Milligramm

8. Wie viel Milligramm sind 3 Pfund und 10 Gramm?
   a) 3 020 Milligramm
   b) 1 510 Milligramm
   c) 1 510 000 Milligramm
   d) 3 020 000 Milligramm

9. Wie viel Kilogramm sind 12 Tonnen und 4 Gramm?
   a) 12 004 Kilogramm
   b) 0,12004 Kilogramm
   c) 1,204 Kilogramm
   d) 12 000,004 Kilogramm

10. Wie viel Gramm sind 1 Tonne und 23 Kilogramm und 344 Gramm?
    a) 10 233 440 Gramm
    b) 1 023 344 Gramm
    c) 102 334,4 Gramm
    d) 10 233,44 Gramm

11. Wie viel Tonnen sind 234 Kilogramm und 2 Milligramm?
    a) 0,234000002
    b) 2,34000002
    c) 0,0234000002
    d) 0,00234000002

Die ösungen zu dieser Aufgabe finden Sie auf Seite 318.

12. Wie viel Kilogramm sind 67 Gramm und 987 Milligramm?
    a) 0,67987 Kilogramm
    b) 0,0067987 Kilogramm
    c) 0,067987 Kilogramm
    d) 0,067000987 Kilogramm

Lösungstipps

Um Gewichte umzuwandeln, sollten Sie diese Umrechnungstabelle kennen:

	mg	g	kg
mg (Milligramm)	1	0,001	0,000001
g (Gramm)	1000	1	0,001
kg (Kilogramm)	1000000	1000	1
dz (Doppelzentner)	100000000	100000	100
t (Tonne)	1000000000	1000000	1000
Pfund	500000	500	0,5

Hinweis: Das Pfund ist zwar eine heutzutage unübliche Maßeinheit, die aber dennoch in manchen Einstellungstests vorkommt!

Längenmaße

Bitte lösen Sie die folgenden zwölf Aufgaben in maximal 7 Minuten.

7 MINUTEN

1. Wie viel Millimeter sind 510 Zentimeter?
   a) 51000 Millimeter
   b) 5100 Millimeter
   c) 510 Millimeter
   d) 51 Millimeter

2. Wie viel Zentimeter sind 38 Meter?
   a) 380000 Zentimeter
   b) 38000 Zentimeter
   c) 3800 Zentimeter
   d) 3800000 Zentimeter

3. Wie viel Dezimeter sind 0,3 Meter?
   a) 3 Dezimeter
   b) 30 Dezimeter
   c) 0,3 Dezimeter
   d) 0,03 Dezimeter

4. Wie viel Kilometer sind 26 Dezimeter?
   a) 0,026 Kilometer
   b) 0,26 Kilometer
   c) 0,0026 Kilometer
   d) 0,00026 Kilometer

5. Wie viel Meter sind 0,3 Zentimeter?
   a) 0,03 Meter
   b) 0,0003 Meter
   c) 0,003 Meter
   d) 0,3 Meter

6. Wie viel Millimeter sind 2 Meter und 34 Zentimeter?
   a) 23 400 Millimeter
   b) 2 340 Millimeter
   c) 234 Millimeter
   d) 23,4 Millimeter

7. Wie viel Zentimeter sind 96 Dezimeter und 1 Millimeter?
   a) 96,01 Zentimeter
   b) 9,601 Zentimeter
   c) 9 601 Zentimeter
   d) 960,01 Zentimeter

8. Wie viel Dezimeter sind 0,002 Kilometer?
   a) 2 Dezimeter
   b) 200 Dezimeter
   c) 20 Dezimeter
   d) 0,2 Dezimeter

9. Wie viel Meter sind 0,0034 Zentimeter?
   a) 0,0034 Meter
   b) 0,00034 Meter
   c) 0,034 Meter
   d) 0,000034 Meter

10. Wie viel Kilometer sind 987 456 Meter und
    123 Zentimeter?
    a) 987,45723 Kilometer
    b) 987,456000123 Kilometer
    c) 987 457,23 Kilometer
    d) 98 745 723 Kilometer

11. Wie viel Millimeter sind 1,2 Kilometer und
    23 Meter und 456 Millimeter?
    a) 122 345,6 Millimeter
    b) 1 223 456 Millimeter
    c) 12 234 560 Millimeter
    d) 122 345 600 Millimeter

12. Wie viel Zentimeter sind 1,2 Kilometer und
    23 Meter und 456 Millimeter?
    a) 1 223 456 Zentimeter
    b) 122 345 600 Zentimeter
    c) 122 345,6 Zentimeter
    d) 12 234 560 Zentimeter

Lösungstipps

Um Längenmaße umzuwandeln, sollten Sie diese Umrechnungstabelle kennen:

	mm	cm	dm	m	km
mm (Millimeter)	1	0,1	0,01	0,001	0,000001
cm (Zentimeter)	10	1	0,1	0,01	0,00001
dm (Dezimeter)	100	10	1	0,1	0,0001
m (Meter)	1 000	100	10	1	0,001
km (Kilometer)	1 000 000	100 000	10 000	1 000	1

Flächenmaße

10 MINUTEN

Bitte lösen Sie die folgenden zwölf Aufgaben in maximal 10 Minuten.

1. Wie viel sind 4 Quadratmeter in Quadratzentimeter?
    a) 4 000 Quadratzentimeter
    b) 400 Quadratzentimeter
    c) 400 000 Quadratzentimeter
    d) 40 000 Quadratzentimeter

2. Wie viel ist 1 Hektar in Quadratmeter?
    a) 10 Quadratmeter
    b) 10 000 Quadratmeter
    c) 1000 Quadratmeter
    d) 100 Quadratmeter

3. Wie viel ist 1 Quadratzentimeter in Quadratmillimeter?
    a) 100 Quadratmillimeter
    b) 10 Quadratmillimeter
    c) 1000 Quadratmillimeter
    d) 10 000 Quadratmillimeter

4. Wie viel sind 4 Quadratkilometer in Quadratmeter?
    a) 400 000 Quadratmeter
    b) 40 000 Quadratmeter
    c) 4 000 000 Quadratmeter
    d   40 000 000 Quadratmeter

5. Wie viel Quadratmeter ist 1 Ar (a)?
    a) 1000 Quadratmeter
    b) 10 Quadratmeter
    c) 10 000 Quadratmeter
    d) 100 Quadratmeter

6. Wie viel Quadratzentimeter hat 1 Quadratdezimeter?
   a) 10 Quadratzentimeter
   b) 1000 Quadratzentimeter
   c) 100 Quadratzentimeter
   d) 1 Quadratzentimeter

7. Wie viel Quadratmeter sind 1 Quadratkilometer und 1 Ar (a)?
   a) 1 001 000 Quadratmeter
   b) 1 000 100 Quadratmeter
   c) 100 100 Quadratmeter
   d) 100 010 Quadratmeter

Die Hälfte der Zeit ist um!

8. Wie viel Quadratzentimeter sind 1 Quadratdezimeter und 1 Quadratmeter?
   a) 10 100 Quadratzentimeter
   b) 100 001 Quadratzentimeter
   c) 1 000 001 Quadratzentimeter
   d) 1 000,1 Quadratzentimeter

9. Wie viel Quadratmillimeter sind 1 Quadratzentimeter und 1 Quadratdezimeter?
   a) 10 100 Quadratmillimeter
   b) 101 000 Quadratmillimeter
   c) 1 010 Quadratmillimeter
   d) 101 Quadratmillimeter

10. Wie viel Quadratmeter sind ¼ Quadratkilometer?
    a) 25 000 Quadratmeter
    b) 2 500 000 Quadratmeter
    c) 2 500 Quadratmeter
    d) 250 000 Quadratmeter

11. Wie viel Quadratzentimeter sind ¾ Quadratmeter?
    a) 750 Quadratzentimeter
    b) 7 500 Quadratzentimeter
    c) 75 000 Quadratzentimeter
    d) 75 Quadratzentimeter

12. Wie viel Quadratmeter sind ⁹⁄₁₀ Quadratkilometer?
   a) 900 000 Quadratmeter
   b) 90 000 Quadratmeter
   c) 9 000 000 Quadratmeter
   d) 90 000 000 Quadratmeter

Lösungstipps

Um Flächenmaße umzuwandeln, sollten Sie diese Umrechnungsdaten kennen:

	m² (Quadrat-meter)	dm² (Quadrat-dezimeter)	cm² (Quadrat-zentimeter)	mm² (Quadrat millimeter)
ha (Hektar)	10 000	1 000 000	100 000 000	10 000 000 000
a (Ar)	100	10 000	1 000 000	100 000 000
km² (Quadrat-kilometer)	1 000 000	100 000 000	10 000 000 000	1 000 000 000 000
m² (Quadrat-meter)	1	100	10 000	1 000 000
dm² (Quadrat-dezimeter)	0,1	1	100	10 000
cm² (Quadrat-zentimeter)	0,0001	0,01	1	100

Zeitmaße

10 MINUTEN

Bitte lösen Sie die folgenden zwölf Aufgaben in maximal 10 Minuten.

1. Wie viel sind 8 Minuten in Sekunden?
   a) 4 800 Sekunden
   b) 480 Sekunden
   c) 48 Sekunden
   d) 48 000 Sekunden

2. Wie viel sind 540 Sekunden in Minuten?
    a) 8 Minuten
    b) 9 Minuten
    c) 10 Minuten
    d) 7,5 Minuten

3. Wie viel sind 4 Stunden und 23 Minuten in Minuten?
    a) 263 Minuten
    b) 253 Minuten
    c) 273 Minuten
    d) 423 Minuten

4. Wie viel sind 12 Stunden und 9 Minuten in Sekunden?
    a) 437 400 Sekunden
    b) 4 374 Sekunden
    c) 43 740 Sekunden
    d) 437,4 Sekunden

5. Wie viel sind 12 Tage in Stunden?
    a) 208 Stunden
    b) 280 Stunden
    c) 2 880 Stunden
    d) 288 Stunden

6. Wie viel sind 2 Sekunden in Millisekunden?
    a) 200 Millisekunden
    b) 2 000 Millisekunden
    c) 20 000 Millisekunden
    d) 20 Millisekunden

7. Wie viel sind 3 Minuten in Millisekunden?
    a) 180 000 Millisekunden
    b) 18 000 Millisekunden
    c) 188 000 Millisekunden
    d) 18 800 Millisekunden

8. Wie viel sind 23 Stunden und 18 Minuten in Minuten?
   a) 1318 Minuten
   b) 1323 Minuten
   c) 13980 Minuten
   d) 1398 Minuten

9. Wie viel sind 23 Stunden und 18 Minuten in Sekunden?
   a) 838018 Sekunden
   b) 838880 Sekunden
   c) 8388 Sekunden
   d) 83880 Sekunden

10. Wie viel sind 43 Stunden in Minuten?
    a) 258 Minuten
    b) 2580 Minuten
    c) 25800 Minuten
    d) 258000 Minuten

11. Wie viel sind 66 Stunden und 66 Minuten in Minuten?
    a) 40260 Minuten
    b) 426 Minuten
    c) 4026 Minuten
    d) 402600 Minuten

Die Lösungen zu dieser Aufgabe finden Sie auf Seite 319.

12. Wie viel sind 48 Stunden in Sekunden?
    a) 172800 Sekunden
    b) 17280 Sekunden
    c) 1728 Sekunden
    d) 1728000 Sekunden

Lösungstipps

Um Zeitmaße umzuwandeln, sollten Sie diese Umrechnungsdaten kennen:

	Stunden	Minuten	Sekunden	Millisekunden
s (Sekunde)	0,00027	0,016	1	1 000
min (Minute)	0,016	1	60	60 000
h (Stunde)	1	60	3 600	3 600 000
d (Tag	24	1 440	86 400	86 400 000

Hohlmaße

Bitte lösen Sie die folgenden zwölf Aufgaben in maximal 10 Minuten.

10 MINUTEN

1. Wie viel Liter sind 3 Kubikmeter?
    a) 3 000 Liter
    b) 300 Liter
    c) 30 000 Liter
    d) 300 000 Liter

2. Wie viel Kubikdezimeter sind 2,5 Liter?
    a) 25 Kubikdezimeter
    b) 2,5 Kubikdezimeter
    c) 250 Kubikdezimeter
    d) 0,25 Kubikdezimeter

3. Wie viel Kubikmeter sind 2 231 Liter?
    a) 22,31 Kubikmeter
    b) 0,2231 Kubikmeter
    c) 0,02231 Kubikmeter
    d) 2,231 Kubikmeter

4. Wie viel Hektoliter sind 200 Liter?
    a) 0,2 Hektoliter
    b) 20 Hektoliter
    c) 0,02 Hektoliter
    d) 2 Hektoliter

5. Wie viel Deziliter sind 0,3 Liter?
    a) 0,3 Deziliter
    b) 3 Deziliter
    c) 30 Deziliter
    d) 0,03 Deziliter

6. Wie viel Kubikzentimeter sind 5 234 Kubikmillimeter?
    a) 52,34 Kubikzentimeter
    b) 5,234 Kubikzentimeter
    c) 523,4 Kubikzentimeter
    d) 0,5234 Kubikzentimeter

7. Wie viel Kubikdezimeter sind 4 Liter und 433 Kubikzentimeter?
    a) 4,433 Kubikdezimeter
    b) 8,33 Kubikdezimeter
    c) 44,33 Kubikdezimeter
    d) 83,3 Kubikdezimeter

8. Wie viel Kubikmeter sind 1 000 000 Kubikdezimeter?
    a) 1 Kubikmeter
    b) 0,1 Kubikmeter
    c) 1000 Kubikmeter
    d) 0,0001 Kubikmeter

9. Wie viel Liter sind 342 Hektoliter?
    a) 342 Liter
    b) 34,2 Liter
    c) 3 420 Liter
    d) 34 200 Liter

10. Wie viel Liter sind 43 Kubikmeter und 78 Liter?
    a) 430,78 Liter
    b) 43 078 Liter
    c) 4 307,8 Liter
    d) 43,078 Liter

11. Wie viel Liter sind 43 Liter und 10 Deziliter?
    a) 14,3 Liter
    b) 143 Liter
    c) 1043 Liter
    d) 10430 Liter

12. Wie viel Hektoliter sind 2000 Liter?
    a) 200 Hektoliter
    b) 2 Hektoliter
    c) 20 Hektoliter
    d) 0,2 Hektoliter

Lösungstipps

Um Hohlmaße umzuwandeln, sollten Sie diese Umrechnungsdaten kennen:

	m^3 (Kubikmeter)	dm^3 (Kubikdezimeter)	cm^3 (Kubikzentimeter)	mm^3 (Kubikmillimeter)
m^3 (Kubikmeter)	1	1000	1000000	1000000000
dm^3 (Kubikdezimeter)	0,001	1	1000	1000000
cm^3 (Kubikzentimeter)		0,001	1	1000

	l (Liter)
m^3 (Kubikmeter)	1000
dm^3 (Kubikdezimeter)	1
dl (Deziliter)	10
hl (Hektoliter)	100

Geld

10 MINUTEN

Bitte lösen Sie die folgenden zwölf Aufgaben in maximal 10 Minuten.

1. Wie viel Cent sind 265 Euro?
    a) 26 500 Cent
    b) 265 000 Cent
    c) 2 650 Cent
    d) 2 650 000 Cent

2. Wie viel Euro sind 2 345 Cent?
    a) 23,45 Euro
    b) 2,345 Euro
    c) 234,5 Euro
    d) 0,2345 Euro

3. Wie viel Cent sind 1 345 Euro und 23 Cent?
    a) 134 523 Cent
    b) 1 345,023 Cent
    c) 10 345,23 Cent
    d) 13 452,3 Cent

4. Wie viel Cent sind 7 556 234 Euro und 123 Euro und 1 Cent?
    a) 75 563 570,10 Cent
    b) 7 556 357,01 Cent
    c) 755 635 701 Cent
    d) 7 556 357 010 Cent

5. Wie viel Euro sind 234 373 Cent und 54 Euro?
    a) 288,373 Euro
    b) 23 977,3 Euro
    c) 239,773 Euro
    d) 2 397,73 Euro

6. Wie viel Euro sind 0,01 Cent und 0,01 Euro?
    a) 0,101 Euro
    b) 0,0101 Euro
    c) 0,00101 Euro

d) 0,01001 Euro

7. Wie viel Euro sind 987 500 Cent und 0,1 Euro?
    a) 9 875,1 Euro
    b) 987,51 Euro
    c) 98,751 Euro
    d) 98 750,1 Euro

8. Wie viel Euro sind 123 228 556 Cent?
    a) 123 228,556 Euro
    b) 12 322 855,6 Euro
    c) 12 322,8556 Euro
    d) 1 232 285,56 Euro

9. Wie viel Cent sind 0,02 Euro und 0,3 Euro und
    400 Euro?
    a) 400 320 Cent
    b) 4 003,2 Cent
    c) 40 032 Cent
    d) 4 003 200 Cent

10. Wie viel Cent sind 0,003 Euro und 2 Cent?
    a) 5 Cent
    b) 2,3 Cent
    c) 3,2 Cent
    d) 32 Cent

11. Wie viel Euro sind 987 123 Cent und 575 Cent und
    23 Euro?
    a) 98 999,8 Euro
    b) 9 899,098 Euro
    c) 9 899,908 Euro
    d) 9 899,98 Euro

12. Wie viel Euro sind 987 123 987 123 Cent und 0,101
    Euro?
    a) 98 712 398 713,31 Euro
    b) 9 871 239 871,331 Euro
    c) 987 123 987 133,1 Euro
    d) 9 871 239 871 331 Euro

Lösungstipps

Um Geldeinheiten umzuwandeln, sollten Sie diese Umrechnungsdaten kennen:

Euro	Cent
1	100
0,1	10
0,01	1
0,001	0,1

Schätzaufgaben

20 MINUTEN

Bitte versuchen Sie, bei den folgenden Aufgaben das richtige Ergebnis nicht durch vollständiges Ausrechnen herauszufinden, dann wird die Zeit nicht reichen. Kombinieren Sie also Rechnen mit Schätzen.

Sie haben für die folgenden 30 Aufgaben 20 Minuten Zeit.

1. 5 344 + 1 222 =
   a) 6 866
   b) 6 567
   c) 7 666
   d) 6 667
   e) 6 566

2. 12 322 + 3 055 + 5 043 =
   a) 19 420
   b) 20 420
   c) 20 419
   d) 20 418
   e) 21 420

3. 39 × 39 =
   a) 1 521
   b) 1 599
   c) 1 681
   d) 1 522
   e) 1 601

4. 13 755 : 3 =
   a) 4 688
   b) 4 485
   c) 4 766
   d) 5 552
   e) 4 585

5. 234 396 : 4 =
   a) 58 512

6. 3,2 × 2,2 =
   a) 6,04

b) 62 246

c) 58 599

d) 61 522

e) 57 477

b) 6,4

c) 7,4

d) 7,04

e) 6,44

7. 18,1 × 18,1 =
a) 227,61
b) 327
c) 327,61
d) 227
e) 311,61

8. Wurzel aus $\sqrt{219,04}$ =
a) 15,8
b) 14,2
c) 14,8
d) 15,2
e) 14,1

9. 11254 + 6 399 =
a) 17 655
b) 19 655
c) 17 659
d) 18 653
e) 17 653

10. 53 987 + 3 278 =
a) 57 225
b) 57 222
c) 57 265
d) 58 265
e) 59 265

11. 145 845 + 76 275 =
a) 222 000
b) 222 120
c) 324 120
d) 222 333
e) 199 120

12. 588 758 + 4 298 =
a) 433 056
b) 589 056
c) 601 056
d) 590 056
e) 593 056

13. 40 – 888 + 12 372 =
a) 11 524
b) 9 554
c) 13 545
d) 13 554
e) 12 545

14. 325 – 19 + 3 987 =
a) 4 003
b) 4 293
c) 4 303
d) 4 593
e) 4 002

15. 477 987 – 76 903 =
a) 401 084
b) 399 088
c) 399 084
d) 409 084
e) 409 083

16. 288 988 – 99 – 234 275 =
a) 54 600
b) 54 614,9
c) 59 614
d) 54 614
e) 49 666

17. 12 x 19 – 9 =
   a) 288
   b) 312
   c) 187
   d) 199
   e) 219

18. 19 x 2,9 + 0,25 =
   a) 59,99
   b) 65,35
   c) 55,35
   d) 44,35
   e) 51,01

19. 0,2 x 243 – 1,1 =
   a) 37,2
   b) 47,5
   c) 55,5
   d) 59,5
   e) 37

20. 36 : 4 x 0,4 =
   a) 3,6
   b) 4,6
   c) 3,5
   d) 2,5
   e) 1,6

21. 12 Prozent von 342 488 =
   a) 49 675,32
   b) 28 765,26
   c) 47 565,74
   d) 31 876,22
   e) 41 098,56

22. 24 Prozent von 24 090 =
   a) 5,198,8
   b) 4 999,12
   c) 6 111,7
   d) 5 781,6
   e) 6 343,7

23. 0,1 Prozent von 1 098 366 =
   a) 109 836,6
   b) 10 983,66
   c) 1 098,366
   d) 109,8366
   e) 10,98366

24. 98 Prozent von 43 775 987 =
   a) 42 900 467,26
   b) 39 484 844
   c) 44 573 089
   d) 44 349 000
   e) 43 771 254

25. 2,5 + 4,8 + 7,6 =
   a) 14,8
   b) 11,8
   c) 19,9
   d) 14,9
   e) 12,9

26. 97,45 – 100,01 + 66,6 =
   a) 64,02
   b) 77,44
   c) 64,04
   d) 23,04
   e) 64,03

27. Wurzel aus $\sqrt{6\,241}$ =
   a) 80,1
   b) 79,01
   c) 83

28. Wurzel aus $\sqrt{10\,201}$ =
   a) 107
   b) 99
   c) 109,1

d) 78,02   d) 101

e) 79   e) 98,9

29. $30,3^2$ =   30. $102,3^2$ =

   a) 918,09   a) 10 001,29

   b) 1 000,09   b) 11 034,25

   c) 855,75   c) 11 000

   d) 899,5   d) 13 745,24

   e) 978,09   e) 10 465,29

Lösungstipps

Schätzaufgaben sind mit ein paar Tricks gut zu bewältigen. Wir erläutern Ihnen anhand der ersten Aufgabe, wie Sie ohne vollständige Rechnung zum richtigen Ergebnis kommen.

Aufgabe 1 lautet:

5 344 + 1 222 =

a) 6 866

b) 6 567

c) 7 666

d) 6 667

e) 6 566

Wenn Sie zuerst auf die jeweils letzten Ziffern der Zahlen 5 344 und 1 222 schauen, sehen Sie, dass diese beiden Ziffern zusammengezählt die Zahl »6« ergeben (4 + 2 = 6). Damit scheiden die Antwortalternativen b) und d) aus, denn dort ist die letzte Ziffer »7«. Übrig bleiben a), c) und e). Als Nächstes könnten Sie die »Tausender« und »Hunderter« addieren, das Ergebnis ist »65« (53 + 12 = 65). Damit bleibt letztendlich nur die Antwortalternative e) übrig, nur bei dieser Zahl lauten die ersten beiden Ziffern »65« und die letzte Ziffer »6«.

Mit kleinen Tricks zur richtigen Lösung

Auch zur Lösung von *Multiplikationsaufgaben* gibt es kleine Tricks.

Aufgabe 3 lautet:

39 x 39 =

a) 1521

b) 1599

c) 1681

d) 1522

e) 1601

Versuchen Sie es mit einem Näherungswert: 4 x 4 = 16, 40 x 40 = 1600. Die eigentliche Aufgabe lautete aber 39 x 39, diese Zahlen sind beide kleiner als 40 x 40, also muss das Ergebnis auch kleiner als 1600 sein. Damit scheiden die Antwortalternativen c) und e) aus. Übrig bleiben a), b) und d). Da b) mit »1599« zu nah an der »1600« ist, scheidet b) ebenfalls aus. Bleiben a) und d) übrig. Statt nun komplett 39 x 39 auszurechnen, reicht es aus, die letzten beiden Ziffern zu multiplizieren, nämlich 9 x 9, das Ergebnis ist 81. Die letzte Ziffer des Gesamtergebnisses muss also eine »1« enthalten. Das richtige Ergebnis ist damit Antwortalternative a), also »1521«.

Prozent- und Zinsrechnen

40 MINUTEN

Für die folgenden 25 Aufgaben haben Sie 40 Minuten Zeit.

1. Wie viel sind 15 Prozent von 200 Euro? ....

2. Wie viel sind 15 Prozent von 1500 Euro? ....

3. Wie viel sind 18 Prozent von 18000 Euro? ....

4. Von 60 Testaufgaben haben Sie 42 richtig, wie viel Prozent sind das? ....

5. Glückwunsch, Ihr Gehalt ist gestiegen. Sie bekommen ab dem nächsten Monat 4 Prozent mehr

Gehalt, bisher bekamen Sie 1 000 Euro im Monat. Wie hoch ist Ihr Gehalt künftig? ....

6. Ein MP3-Player kostete ursprünglich 120 Euro. Dann wurde er um 5 Prozent billiger. Nach einem weiteren Monat wurde er noch einmal um 12 Prozent billiger. Wie teuer ist der MP3-Player jetzt? ....

7. Ein Fahrradhändler ist in Insolvenz gegangen. Er verkauft alle Fahrräder um 60 Prozent günstiger. Das Lieblingsrad von Anne-Marie kostet jetzt 220 Euro. Wie hoch war der ursprüngliche Preis?

   ....

8. Der Preis für Kupfer ist stark gestiegen. Ein Kilogramm kostet jetzt 16 Prozent mehr als noch vor einem Monat. Damals betrug der Preis 1,30 Euro pro Gramm. Wie teuer ist ein Kilogramm Kupfer jetzt? ....

9. Die Bäckerei Müller backt jeden Tag mehr Brötchen, als sie verkaufen kann. Sie verkauft jeden Tag 450 Brötchen, das sind 90 Prozent der gebackenen Brötchen. Wie viele Brötchen werden täglich gebacken? ....

10. Der Tennisverein 1860 München hat 760 Mitglieder, 15 Prozent davon sind Jugendliche. Wie viele Erwachsene gehören dem Verein an? ....

11. Im Städtischen Krankenhaus Hamburg werden jährlich 3 600 Babys geboren, 45 Prozent davon sind Mädchen. Wie viele Jungen werden im Jahr geboren? ....

12. Sie überziehen bei der Bank Ihr Konto um 500 Euro, der Überziehungszins beträgt momentan 1,5 Prozent im Monat. Wie viel Zinsen müssen Sie – ausgedrückt in Euro – in einem Jahr zahlen,

wenn Ihr Konto die ganze Zeit über mit 500 Euro im Minus ist? ....

Sie haben noch 20 Minuten Zeit.

13. Das Auto, das Sie kaufen möchten, soll 12 000 Euro kosten. Sie können und wollen aber nur 10 560 Euro bezahlen. Um wie viel Prozent müssen Sie den Autohändler herunterhandeln?

....

14. Die Müller GmbH muss Steuern zahlen: 30 Prozent auf den Jahresgewinn, der bei 14 567 000 Euro lag. Wie viel Steuern muss die Müller GmbH in Euro zahlen? ....

15. Im schönen Ort Berghausen arbeiten 62 Prozent der Bevölkerung im Tourismus. Der Ort hat 20 000 Einwohner. Wie viele Einwohner arbeiten nicht im Tourismus? ....

16. Wassereinbruch im Lager! Nach einem Wasserrohrbruch ist die meiste Lagerware leider verdorben, nur 7 Prozent der Ware sind noch einwandfrei. Das gesamte Lager hatte einen Wert von 34 000 Euro. Wie hoch ist der Schaden, den die Versicherung ersetzen wird? ....

17. Robert möchte mehr Taschengeld haben. Er rechnet seinem Vater vor, dass die Inflation bei 2,8 Prozent im Jahr liegt, er also künftig zumindest den Inflationsausgleich bekommen möchten. Bisher bekam er 22 Euro im Monat. Wie viel Taschengeld möchte er künftig (mindestens) bekommen? ....

18. In die Grundschule Berghausen (Klasse eins bis vier) gehen insgesamt 220 Schülerinnen und Schüler. Und zwar 15 Prozent in die erste Klasse, 20 Prozent in die zweite Klasse und 35 Prozent in die dritte Klasse. Wie viele Schülerinnen und Schüler gehen in die vierte Klasse? ....

19. Wenn ein neuer Schreibtisch inklusive 19 Prozent Mehrwertsteuer 238 Euro kostet, wie viel würde er ohne Mehrwertsteuer kosten? ....

20. Die Müller GmbH muss in diesem Monat für verkaufte Waren 133 Euro Mehrwertsteuer an das Finanzamt abführen. Wie hoch war der Verkaufspreis der Waren einschließlich Mehrwertsteuer?

....

21. Leider steigen die Mieten ständig. Auch Herr Müller bekommt mitgeteilt, dass er künftig 840,42 Euro Miete zahlen muss. Seine alte Miete betrug 812 Euro. Wie hoch ist die Mieterhöhung in Prozent? ....

22. Die Bedienungsmannschaft eines Restaurants sammelt jedes Jahr das Trinkgeld, um es an Weihnachten unter allen Mitarbeitern zu verteilen. Dieses Jahr sind 22 700 Euro zusammengekommen. Hans bekommt davon 20 Prozent, Heike 33 Prozent, Dagnija 35 Prozent und Mareike den Rest. Wie hoch ist der Anteil von Mareike in Euro? ....

23. Herr Schmidt hat für seinen Hauskauf eine Hypothek aufgenommen. Das Haus kostet 240 000 Euro. Sein Eigenkapital beträgt 45 000 Euro. Wie viel Zinsen zahlt er im ersten Jahr, wenn die Zinsen 4,5 Prozent betragen? (*Hinweis*: Das erste Jahr lang zahlt Herr Schmidt ausschließlich Zinsen, die Hypothek wird nicht getilgt.) ....

24. Das Frischgewicht eines Kilogramms Äpfel wird nach zehn Tagen zu 650 Gramm Trockenobst. Wie viel Prozent beträgt der Gewichtsverlust?

....

25. Nach einem Jahr hat Frau Schmidt 2 821,50 Euro auf ihrem Tagesgeldkonto. Angelegt hatte sie

Sie finden
die Lösungen auf
Seite 319 f.

2700 Euro. Wie hoch ist der Tagesgeldzinssatz?

....

Lösungstipps

In Aufgabe 1 sollen Sie 15 Prozent von 200 Euro berechnen. Ein Prozent berechnet man, indem man den Ausgangswert durch 100 teilt (200 Euro geteilt durch 100 ist gleich 2 Euro). Hier sind aber 15 Prozent gefragt, also ist das Zwischenergebnis mit 15 zu multiplizieren (2 Euro mal 15 ist gleich 30 Euro).
Ergebnis: 30 Euro.

In Aufgabe 10 ist zunächst zu berechnen, wie viel Prozent Erwachsene dem Verein angehören. Da 15 Prozent Jugendliche sind, sind 85 Prozent Erwachsene (100 Prozent minus 15 Prozent ist gleich 85 Prozent). Im zweiten Schritt ist zu berechnen, wie viel 85 Prozent von 760 Mitgliedern sind: 7,6 (Mitglieder) mal 85 (Prozent) ist gleich 646 (erwachsene Mitglieder).
Ergebnis: 646 Erwachsene.

In Aufgabe 21 sind der Grundwert (812 Euro entspricht 100 Prozent) und der vermehrte Grundwert (840,42 Euro) angegeben. Der Prozentwert ergibt sich aus der Differenz von vermehrtem Grundwert und Grundwert: 840,42 minus 812 Euro ist gleich 28,42 Euro. Ein Prozent des Grundwertes in Höhe von 812 Euro ist gleich 8,12 Euro. Nun ist abschließend noch der Prozentwert 28,42 Euro durch 8,12 Euro zu teilen.
Ergebnis: Die Mieterhöhung beträgt 3,5 Prozent.

Bruchrechnen

10 MINUTEN

Lösen Sie die folgenden 30 Aufgaben in 10 Minuten.

1. $\frac{1}{4} + \frac{1}{2} =$

   a) $\frac{2}{4}$

   b) $\frac{3}{8}$

   c) $\frac{3}{2}$

   d $\frac{3}{4}$

2. $3\frac{1}{8} + 2\frac{1}{2} =$

   a) $5\frac{3}{4}$

   b) $5\frac{4}{8}$

   c) $5\frac{5}{8}$

   d) $5\frac{6}{8}$

3. $\frac{2}{3} + \frac{4}{5} =$

   a) $\frac{17}{10}$

   b) $1\frac{3}{4}$

   c) $1\frac{8}{15}$

   d) $1\frac{7}{15}$

4. $4 : \frac{1}{2} =$

   a) 8

   b) 4

   c) 2

   d) 6

5. $\frac{5}{8} - \frac{1}{7} =$

   a) $\frac{28}{56}$

   b) $\frac{27}{56}$

   c) $\frac{3}{8}$

   d) $\frac{2}{10}$

6. $2\frac{2}{5} \times 3\frac{3}{6} =$

   a) $7\frac{2}{5}$

   b) $8\frac{2}{5}$

   c) $7\frac{1}{5}$

   d) $8\frac{1}{6}$

7. $3\frac{4}{5} + \frac{1}{6} =$

   a) $3\frac{1}{6}$

   b) $2\frac{1}{30}$

   c) $3\frac{28}{30}$

   d) $3\frac{29}{30}$

8. $4\frac{2}{7} + \frac{4}{9} =$

   a) $4\frac{4}{5}$

   b) $3\frac{41}{55}$

   c) $4\frac{46}{63}$

   d) $4\frac{1}{63}$

9. $\frac{4}{11} + 3\frac{7}{8} =$

   a) $4\frac{21}{88}$

   b) $3\frac{71}{88}$

   c) $4\frac{1}{88}$

   d) $4\frac{3}{8}$

10. $2\frac{9}{10} - \frac{1}{3} =$

    a) $2\frac{3}{33}$

    b) $3\frac{4}{5}$

    c) $2\frac{17}{30}$

    d) $2\frac{7}{30}$

11. $3\frac{3}{13} - \frac{1}{26} =$

    a) $3\frac{3}{26}$

    b) $3\frac{5}{26}$

    c) $3\frac{11}{26}$

    d) $3\frac{1}{26}$

12. $\frac{3}{7} - 4\frac{2}{8} =$

    a) $3\frac{11}{28}$

    b) $3\frac{13}{28}$

    c) $3\frac{4}{17}$

    d) $-3\frac{23}{28}$

13. $\frac{6}{13} \times \frac{39}{3} =$

    a) 6

    b) 7

    c) 5

    d) 11

14. $\frac{76}{11} \times \frac{110}{38} =$

    a) 19

    b) 20

    c) 21

    d) 22

15. $3\frac{9}{8} \times \frac{2}{3} =$

    a) $2\frac{3}{4}$

    b) $2\frac{4}{5}$

    c) $2\frac{3}{5}$

    d) $3\frac{1}{5}$

16. $\frac{3}{7} : \frac{21}{14} =$

    a) $\frac{3}{7}$

    b) $\frac{1}{7}$

    c) $\frac{2}{5}$

    d) $\frac{2}{7}$

17. $\frac{8}{9} : \frac{1}{72} =$

    a) 54

    b) 62

    c) 64

    d) 68

18. $4\frac{5}{8} : \frac{1}{3} =$

    a) $13\frac{4}{5}$

    b) $13\frac{3}{8}$

    c) $13\frac{7}{8}$

    d) $13\frac{5}{8}$

19. $\frac{3}{5} : 3\frac{21}{4} =$

    a) $\frac{3}{55}$

    b) $\frac{4}{55}$

    c) $\frac{4}{5}$

    d) $\frac{7}{55}$

20. $\frac{3}{4} + 2\frac{7}{8} - 3\frac{1}{2} =$

    a) $\frac{1}{8}$

    b) $\frac{1}{7}$

    c) $\frac{3}{8}$

    d) $\frac{3}{7}$

21. $\frac{13}{7} \times \frac{7}{8} - 3\frac{1}{8} =$

   a) $-1\frac{1}{3}$

   b) $-1\frac{1}{2}$

   c) $-2\frac{4}{5}$

   d) $-2\frac{1}{2}$

22. $\frac{23}{4} + \frac{3}{8} - 1\frac{1}{16} =$

   a) $5\frac{1}{8}$

   b) $4\frac{1}{16}$

   c) $4\frac{3}{16}$

   d) $5\frac{1}{16}$

Sie haben noch ungefähr 3 Minuten.

23. $\frac{23}{4} \times \frac{3}{8} - 1\frac{1}{16} =$

   a) $1\frac{1}{8}$

   b) $1\frac{1}{32}$

   c) $1\frac{3}{32}$

   d) 5

24. $\frac{3}{4} - \frac{1}{8} - \frac{1}{9} =$

   a) $\frac{37}{72}$

   b) $\frac{31}{72}$

   c) $\frac{39}{5}$

   d) $\frac{23}{72}$

25. $4\frac{2}{3} : 2\frac{8}{9} - \frac{6}{26} =$

   a) $1\frac{2}{13}$

   b) $1\frac{3}{13}$

   c) $2\frac{1}{26}$

   d) $1\frac{5}{13}$

26. $\frac{3}{4} \times \frac{3}{4} - \frac{3}{4} =$

   a) $-\frac{5}{16}$

   b) $-\frac{5}{13}$

   c) $-\frac{3}{16}$

   d) $-\frac{7}{16}$

27. $\frac{3}{4} + 2\frac{7}{8} - 3\frac{1}{2} =$

   a) $1\frac{1}{9}$

   b) $\frac{1}{9}$

   c) $\frac{1}{8}$

   d) $\frac{2}{9}$

28. $\frac{3}{6} - 2\frac{7}{8} - 3\frac{1}{6} =$

   a) $\frac{7}{24}$

   b) $\frac{3}{24}$

   c) $-\frac{1}{24}$

   d) $\frac{5}{24}$

29. $\frac{3}{18} : 2\frac{1}{9} - \frac{4}{57} =$

   a) $\frac{1}{114}$

   b) $\frac{5}{57}$

   c) $\frac{3}{114}$

   d) $\frac{11}{114}$

30. $\frac{5}{4} \times 2\frac{7}{8} - \frac{6}{2} =$

   a) $\frac{11}{32}$

   b) $\frac{19}{32}$

   c) $\frac{3}{32}$

   d) $\frac{31}{32}$

Lösungstipps

Um Bruchrechenaufgaben zu lösen, sollten Sie sich die Grundrechenarten für Brüche noch einmal vor Augen führen.

Wenn es um die *Addition (plus)* oder *Subtraktion (minus)* von Brüchen geht, müssen Sie einen gemeinsamen Hauptnenner finden.

In Aufgabe 3 gibt es die beiden Brüche $\frac{2}{3}$ und $\frac{4}{5}$, hier ist der gemeinsame Hauptnenner 3 x 5, also 15. Demnach muss der erste Bruch im Zähler und im Nenner mit der Zahl 5 erweitert werden, der zweite Bruch im Zähler und im Nenner mit der Zahl 3.

Nun lautet die Aufgabe $\frac{10}{15}$ und $\frac{12}{15}$, macht zusammen $\frac{22}{15}$. Die Zahl 15 ist in 22 einmal enthalten, gekürzt lautet das Endergebnis damit $1\frac{7}{15}$.

Mit kleinen Tricks zur richtigen Lösung

Bei *Multiplikationsaufgaben (mal)* werden die Zähler und die Nenner der Brüche miteinander multipliziert. Oft lassen sich die Aufgaben leichter rechnen, wenn über Kreuz gekürzt werden kann.

Die Aufgabe 13 lautet $\frac{6}{13}$ x $\frac{39}{3}$. Hier kann die 6 mit der 3 gekürzt werden, aber auch die 13 mit der 39. Dann ist lediglich $\frac{2}{1}$ x $\frac{3}{1}$ zu berechnen, macht $\frac{6}{1}$, also 6.

Divisionsaufgaben (geteilt) sind fast ähnlich wie Multiplikationsaufgaben zu lösen. Statt die Brüche gleich miteinander malzunehmen (Zähler mal Zähler und Nenner mal Nenner), ist allerdings vorher der Kehrwert des zweiten Bruchs zu bilden.

Möchten Sie die Aufgabe 17 lösen, ist vom zweiten Bruch der Kehrwert zu bilden. $\frac{8}{9} : \frac{1}{72}$ entspricht damit $\frac{8}{9}$ x $\frac{72}{1}$. Die Zahlen 9 und 72 lassen sich kürzen. Zu rechnen ist dann nur noch $\frac{8}{1}$ x $\frac{8}{1}$ entspricht $\frac{64}{1}$, also: 64.

Proportionale Textaufgaben

Lösen Sie die folgenden Textaufgaben innerhalb von
30 Minuten.

30 MINUTEN

Hinweis: Wenn das Ergebnis aus längeren Kommazahlen
besteht, geben Sie es bitte bis auf zwei Stellen nach
dem Komma genau an! Runden Sie gegebenenfalls auf
oder ab!

1. Ein Auto verbraucht 5,8 Liter Benzin auf 100 Kilometer. Wie viel Benzin verbraucht es auf 250
   Kilometer? ....

2. Für die Reparatur von 480 Meter Gehweg benötigen vier Arbeiter drei Tage. Wie viele Tage würden zwölf Arbeiter benötigen? ....

3. Ralf fährt mit seinem Fahrrad in 12 Minuten
   1500 Meter. Wie viele Kilometer legt er in 228 Minuten zurück? ....

4. Max und Jutta wollen am Wochenende die 4 Ap-
   felbäume ihrer Eltern abernten. Dafür werden
   sie 6 Stunden benötigen. Beide bekommen aber
   Besuch vom besten Freund beziehungsweise der
   besten Freundin, die ihnen helfen wollen. Wie
   lange wird die Apfelernte dauern? ....

5. Für eine Strecke von 100 Kilometern benötigt ein
   Zug 70 Minuten. Wie lange ist er unterwegs,
   wenn er 250 Kilometer zurücklegen muss? ....

6. Vier Katzen bekommen 14 Dosen Katzenfutter
   pro Woche. Wie lange hält der Vorrat, wenn 10
   Katzen gefüttert werden sollen? ....

7. Für den Bau eines Fußballstadions werden 303
   Arbeiter benötigt, die 240 Tage beschäftigt sein
   werden. Wie viele Tage würde der Bau dauern,

wenn 404 Arbeiter eingesetzt werden würden?

....

8. Die Montage einer Diesellok dauert 13 Tage, wenn 13 Arbeiter eingesetzt werden. Wie lange dauert folglich die Montage, wenn 17 Arbeiter eingesetzt werden? ....

9. Täglich kommen 2000 Besucher in den Freizeitpark, davon fahren 15 Prozent mit der Achterbahn. Wenn nach der Erweiterung des Freizeitparks 3500 Besucher kommen, wie viele Personen würden dann gerne mit der Achterbahn fahren? ....

Sie haben noch 15 Minuten Zeit.

10. Im Zoo reichen die Bananenvorräte für die 7 Affen 8 Tage. Wie viele Tage würden die Vorräte reichen, wenn es 8 Affen gäbe? ....

11. Für einen Tintendrucker kosten 23 Ersatzpatronen 21 Euro. Was kosten 161 Patronen? ....

12. Als Firmenfahrzeuge sind ein PKW und ein Kleintransporter vorhanden. Der PKW verbraucht an drei Tagen durchschnittlich 32 Liter Diesel, der Kleintransporter pro Tag 45 Liter Diesel. Wie viel Liter Diesel verbrauchen die beiden Fahrzeuge an 20 Arbeitstagen? ....

13. Wenn 340 Schüler die Schulkantine zum täglichen Mittagessen besuchen, reichen die vorhandenen Speisevorräte für 3 Tage. Wie lange reichen die Vorräte, wenn 500 Schüler zum Mittagessen kommen? ....

14. 15 Passagiere sitzen in einem gemieteten Zug, jeder Passagier muss für die Zugreise von München nach Hamburg anteilig 3250 Euro zahlen. Wie viele Passagiere sitzen im Zug, wenn jeder anteilig nur 50 Euro zahlen muss? ....

15. Eine Kiste mit 6 Weinflaschen kostet 21 Euro. Was kosten 33 Flaschen? ....

16. Für das Abladen eines LKW brauchen 5 Arbeiter 3 Stunden. Wie lange brauchen 2 Arbeiter dafür?

   ....

17. Auf einer Verkaufsfläche von 1200 Quadratmetern kann das Schuhhaus Schmidt monatlich 2500 Paar Schuhe verkaufen. Angenommen, die Geschäftsleitung würde die Fläche auf 1320 Quadratmeter erhöhen, wie viele Paar Schuhe würden dann pro Jahr verkauft werden? ....

18. 4 Monteure benötigen für den vollständigen Aufbau eines Holzhauses 11 Arbeitstage. Nach 2 Tagen meldet sich 1 Monteur krank. Wie lange dauert es nun, bis das Holzhaus aufgebaut ist?

   ....

19. Für das Eindecken einer Hochzeitstafel im Restaurant Herzblatt benötigen 5 Servicekräfte 52 Minuten. Allerdings verlässt 1 Servicekraft nach 13 Minuten den Arbeitsplatz, um mit dem Auto schnell noch etwas beim Lieferanten abzuholen. Wie viele Minuten dauert es diesmal länger, bis die Hochzeitstafel gedeckt ist? ....

20. Inventur im Supermarkt. Eigentlich benötigen 18 Aushilfskräfte dafür 8 Stunden. Nach 3 Stunden haben jedoch 3 Aushilfen keine Lust mehr und kündigen. Wie lange dauert es diesmal insgesamt, bis die Inventur fertig ist? ....

Lösungstipps

Bei proportionalen Textaufgaben stehen die angegebenen Größen in einer Beziehung zueinander. Zu unterscheiden sind direkte und indirekte Proportionalitäten.

Bei direkten Proportionalitäten gilt die Regel: Je mehr, desto mehr. Bei indirekten Proportionalitäten gilt dagegen die Regel: Je mehr, desto weniger. Hierzu zwei Beispiele.

Beispielaufgabe für direkte Proportionalität

Lösungstipps

Familie Müller verbraucht im Einfamilienhaus 12 000 Liter Wasser in 2 Monaten pro Monat. Wie viel Wasser verbraucht die Familie in 3 Monaten?

Nach der Regel »Je mehr, desto mehr« gilt hier, je mehr Monate vergehen, desto mehr Wasser verbraucht die Familie:

2 Monate = 12 000 Liter
3 Monate = 12 000 Liter geteilt durch 2 mal 3 = 18 000 Liter

Alternativ kann auch gerechnet werden:

$$\frac{x1}{y1} = \frac{x2}{y2}$$

$$\frac{12\,000\ (\text{Liter})}{2\ (\text{Monate})} = \frac{x\ (\text{Liter})}{3\ (\text{Monate})}$$

$$\frac{12\,000}{2}\ \text{mal } 3 = x$$

$$18\,000 = x$$

Der Verbrauch in drei Monaten beträgt also 18 000 Liter.

Beispielaufgabe für indirekte Proportionalität

3 Arbeiter benötigen für den Einbau einer Heizungsanlage 2 volle Arbeitstage, also 16 Arbeitsstunden. Wie viele Stunden benötigen 5 Arbeiter für den Einbau der Heizungsanlage?

Nach der Regel »Je mehr, desto weniger« gilt hier,

je mehr Arbeiter eingesetzt werden, desto weniger Stunden sind sie (als Gruppe) beschäftigt.

3 (Arbeiter) mal 16 (Stunden) = 5 (Arbeiter) mal x (Stunden)

$$\frac{3 \text{ mal } 16}{5} = x$$

9,6 = x

5 Arbeiter benötigen also weniger Zeit als 3 Arbeiter, nämlich nicht 16 Stunden, sondern 9,6 Stunden.

Grundsätzlich gilt:

Wenn Sie Schwierigkeiten mit den Aufgaben aus diesem Themenblock haben, sollten Sie noch einmal alle Aufgaben nacheinander durchgehen und in einem ersten Schritt entscheiden, ob es sich um eine direkt proportionale Aufgabe (je mehr, desto mehr) oder um eine indirekt proportionale Aufgabe (je mehr, desto weniger) handelt.

Formeln, die Sie sich merken sollten

Anschließend können Sie in einem zweiten Schritt mit der entsprechenden Formel für direkte Proportionalität

$$\frac{x1}{y1} = \frac{x2}{y2}$$

oder mit der entsprechenden Formel für indirekte Proportionalität

x1 mal y1 = x2 mal y2

die Lösung berechnen.

Beispiellösung für eine komplexe Aufgabe zur indirekten Proportionalität (Aufgabe 19)

Sicher haben Sie schnell gemerkt, dass es sich bei den Aufgaben 18, 19 und 20 um Aufgaben zur indirekten Proportionalität handelt. Die ursprüngliche Regel lautete ja »je mehr, desto weniger«. In diesem Fall gibt es aber nicht mehr, sondern weniger Helfer. Damit lautet die Regel im Umkehrschluss »je weniger, desto mehr (Arbeitszeit)«

....

Die Rechenschritte im Detail:

Ursprünglich geplante Zeit:
5 (Servicekräfte) mal 52 (Minuten) = 260 (gesamte Serviceminuten)

Nach 13 Minuten geht eine Servicekraft, also:
5 (Servicekräfte) mal 13 (Minuten) = 65 (gesamte Serviceminuten)

Es bleibt also eine restliche gesamte Serviceminutenzeit von 195 Minuten (260 minus 65 Serviceminuten).

Der letzte Rechenschritt lautet dann:

4 (Servicekräfte) mal X (Minuten) = 195 (verbleibende gesamte Serviceminuten)

....

Umformung nach X:

X = 195 (verbleibende gesamte Serviceminuten) geteilt durch 4 (Servicekräfte)

X = 48,75 (tatsächliche Minuten)

Zu diesen tatsächlichen Minuten, die die restlichen 4 Servicekräfte arbeiten, sind noch die ursprünglichen 13 tatsächlichen Minuten zu addieren, in denen 5 Servicekräfte gearbeitet haben. Damit dauert das Eindecken der Hochzeitstafel diesmal insgesamt 61,75 Minuten, also 9,75 Minuten länger als sonst üblich. Ergebnis: 9,75 Minuten.

Kettenrechnen

Bitte zählen Sie die Zahlen zusammen und tragen Sie das Endergebnis rechts, am Ende der Zeile, ein. Sie haben eine Minute Zeit!

a) $9 + 5 + 4 + 7 + 8 + 9 + 8 + 9 + 6 + 6 =$ _____

b) $8 + 5 + 3 + 7 + 8 + 4 + 0 + 7 + 8 + 7 =$ _____

c) $9 + 9 + 6 + 6 + 2 + 5 + 5 + 7 + 4 + 3 =$ _____

d) $3 + 3 + 5 + 2 + 4 + 6 + 6 + 4 + 8 + 5 =$ _____

e) $0 + 3 + 2 + 4 + 4 + 5 + 2 + 2 + 1 + 1 =$ _____

f) $2 + 2 + 9 + 5 + 6 + 3 + 3 + 3 + 5 + 2 =$ _____

g) $4 + 5 + 6 + 7 + 5 + 9 + 1 + 3 + 6 + 2 =$ _____

h) $5 + 6 + 7 + 5 + 4 + 3 + 4 + 4 + 3 + 1 =$ _____

1 MINUTE

Bitte zählen Sie die Zahlen zusammen und ziehen Sie ab, tragen Sie das Endergebnis dann rechts, am Ende der Zeile, ein. Sie haben 2 Minuten Zeit!

i) $8 + 7 + 7 + 6 - 4 - 5 - 5 + 7 - 6 + 5 \quad =$ _____

j) $6 + 4 + 8 + 5 - 3 - 4 + 9 + 4 - 7 - 2 \quad =$ _____

k) $9 + 3 + 5 + 7 - 2 + 2 - 1 - 1 + 3 - 5 \quad =$ _____

l) $8 + 5 + 7 - 9 + 3 - 3 + 5 - 2 + 4 + 6 \quad =$ _____

m) $4 + 4 + 3 - 1 + 5 - 3 + 0 - 3 + 2 - 4 \quad =$ _____

n) $2 + 1 + 4 + 3 - 2 + 2 - 2 + 1 - 1 + 5 \quad =$ _____

o) $4 + 5 + 6 + 6 - 9 + 4 - 7 + 2 - 0 + 3 \quad =$ _____

p) $7 + 2 + 0 - 3 + 5 + 5 + 4 - 4 - 3 - 2 \quad =$ _____

2 MINUTEN

Seiten und Flächen zählen

Beispiel:
Sie sehen einen Quader, wie viele Seiten (Flächen) hat er?

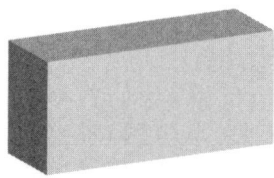

Lösung: Umlaufend hat der Quader vier Seiten und jeweils eine Seite oben und unten, macht insgesamt sechs Seiten.

Jetzt haben Sie 4 Minuten für das Zählen der Seiten/Flächen bei den folgenden acht Objekten.

4 MINUTEN

1.

2.

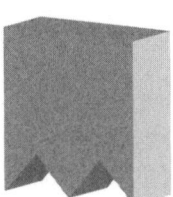

3.

4.

5.　　　　　　　　　　6.

7.　　　　　　　　　　8.

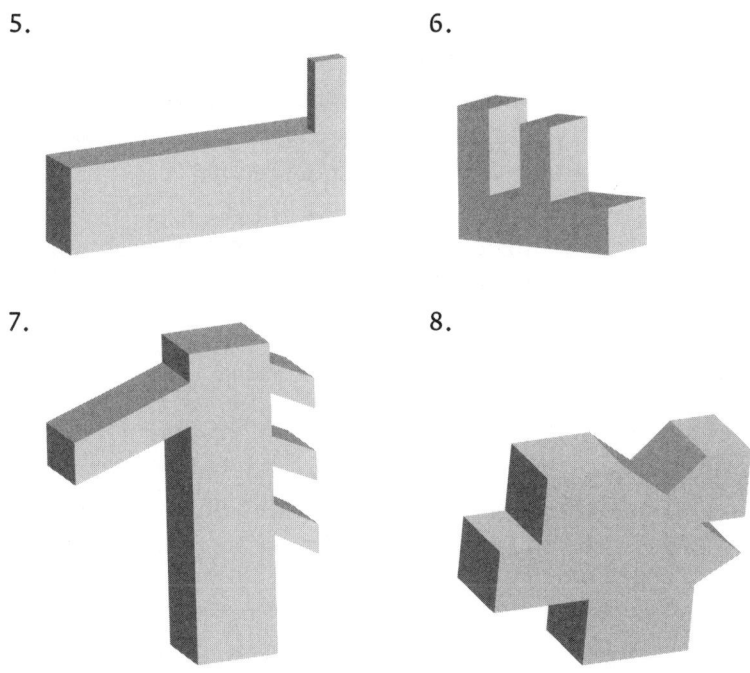

Kleiner addieren und größer subtrahieren

In der folgenden Liste sehen Sie 42 Aufgaben unterteilt in drei Blöcke. Der erste Block enthält die Aufgaben A1 bis A14, der zweite B1 bis B14 und der dritte C1 bis C14. Jede Aufgabe besteht aus zwei Teilschritten: Führen Sie zunächst im Kopf die Rechenoperationen des oberen Teilschritts aus und merken Sie sich das Zwischenergebnis. Dann führen Sie die Rechenoperation des unteren Teilschritts aus und merken sich ebenfalls das Zwischenergebnis.

Nun haben Sie zwei Zwischenergebnisse, mit denen Sie wiederum eine Rechenoperation durchführen. Und zwar nach folgenden Regeln:

1. Ist das obere Zwischenergebnis größer als das untere, dann ziehen Sie vom größeren oberen Zwischener-

gebnis das kleinere untere Zwischenergebnis ab. Abschließend notieren Sie das Endergebnis.

2. Ist das obere Zwischenergebnis kleiner als untere, dann addieren Sie beide Zwischenergebnisse und notieren ebenfalls das Endergebnis.

Hinweis: Sie dürfen die Zwischenergebnisse nicht notieren, sonst gilt die Aufgabe als nicht gelöst. Schreiben Sie nur das Endergebnis auf.

Beispiel:
9 – 9 + 1 = 1
1 + 7 + 6 = 14
1 ist kleiner als 14, also werden die beiden Zwischenergebnisse im Kopf addiert. Tragen Sie als Endergebnis 15 ein.

10 MINUTEN   Sie haben für die folgenden Aufgaben 10 Minuten Zeit.

A1	1 + 4 – 2 8 – 1 + 9 Ergebnis: _____	B1	6 + 1 – 7 5 – 1 + 9 Ergebnis: _____	C1	1 + 0 + 2 7 – 4 – 2 Ergebnis: _____
A2	1 – 1 + 7 2 + 5 – 2 Ergebnis: _____	B2	1 + 1 + 3 2 + 6 – 5 Ergebnis: _____	C2	1 + 4 – 1 6 + 7 – 7 Ergebnis: _____
A3	7 – 1 + 9 1 – 0 + 1 Ergebnis: _____	B3	1 + 5 – 1 7 + 1 + 5 Ergebnis: _____	C3	2 + 6 – 7 1 + 5 + 6 Ergebnis: _____
A4	8 – 1 + 5 1 + 7 – 2 Ergebnis: _____	B4	1 + 4 – 1 3 + 4 – 1 Ergebnis: _____	C4	7 + 7 – 1 6 + 1 + 7 Ergebnis: _____
A5	7 – 2 + 6 1 + 8 – 2 Ergebnis: _____	B5	4 + 1 + 3 2 + 1 – 1 Ergebnis: _____	C5	5 + 6 + 1 0 + 2 + 7 Ergebnis: _____
A6	5 + 1 + 3 2 + 5 – 2 Ergebnis: _____	B6	5 + 2 + 3 1 + 5 – 1 Ergebnis: _____	C6	4 + 2 – 2 4 + 1 + 6 Ergebnis: _____
A7	7 + 9 – 8 1 + 9 + 1 Ergebnis: _____	B7	7 + 1 + 5 1 + 4 + 1 Ergebnis: _____	C7	2 + 8 – 7 2 + 7 + 2 Ergebnis: _____

A8	7 + 6 + 5 1 + 8 + 1 Ergebnis: _____	B8	3 + 4 − 1 4 + 1 + 3 Ergebnis: _____	C8	6 − 2 + 4 1 + 5 − 1 Ergebnis: _____
A9	5 + 2 + 3 2 + 5 − 1 Ergebnis: _____	B9	2 + 1 − 1 5 + 2 + 3 Ergebnis: _____	C9	5 − 1 + 7 1 + 6 − 2 Ergebnis: _____
A10	7 − 1 + 9 3 + 2 + 3 Ergebnis: _____	B10	1 + 9 + 2 7 + 8 + 4 Ergebnis: _____	C10	5 − 2 + 6 6 + 2 − 4 Ergebnis: _____
A11	1 + 5 + 2 5 + 6 + 7 Ergebnis: _____	B11	3 − 2 + 1 6 + 1 − 4 Ergebnis: _____	C11	8 + 2 − 5 2 + 3 + 4 Ergebnis: _____
A12	2 + 9 − 1 1 + 2 − 3 Ergebnis: _____	B12	1 + 8 + 1 5 − 2 + 3 Ergebnis: _____	C12	2 + 9 + 2 4 − 1 + 7 Ergebnis: _____
A13	1 + 2 + 1 4 + 2 + 6 Ergebnis: _____	B13	4 + 0 + 8 1 + 7 + 2 Ergebnis: _____	C13	2 − 2 + 1 0 + 1 + 3 Ergebnis: _____
A14	2 + 2 + 2 1 + 2 + 1 Ergebnis: _____	B14	9 + 2 − 8 2 + 7 + 8 Ergebnis: _____	C14	2 + 4 − 2 4 − 3 − 0 Ergebnis: _____

Krankenstände auswerten

Die Service GmbH hat insgesamt 400 Mitarbeiter, die zu gleichen Teilen aus Auszubildenden, kaufmännischen Angestellten, technischen Angestellten und Führungskräften bestehen. Jede Beschäftigtengruppe umfasst also 100 Personen.

In den Diagrammen sind die durchschnittlichen Krankenstände der jeweiligen Beschäftigtengruppen im gesamten Jahr abgebildet. Dabei sind die Jahreskrankenstände nach Arbeitstagen von Montag bis Freitag aufgeschlüsselt.

Bitte werten Sie die Krankenstände anhand der vorgegebenen Fragen aus. Sie haben dafür 6 Minuten Zeit.

6 MINUTEN

Krankenstand Auszubildende

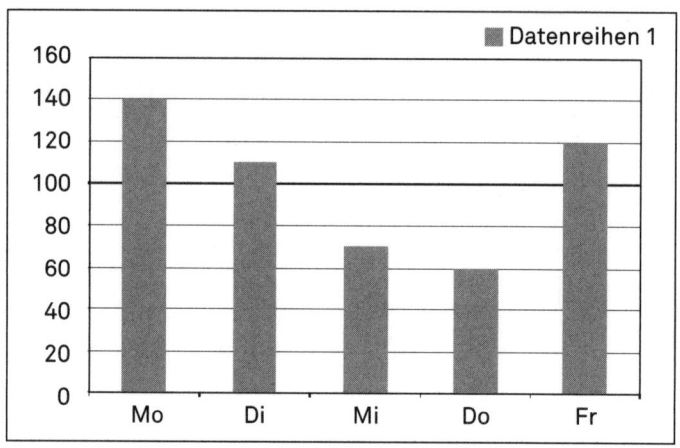

Krankenstand kaufmännische Angestellte

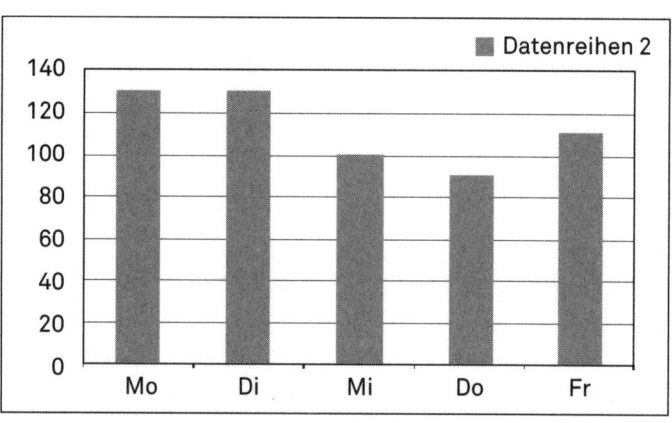

Krankenstand technische Angestellte

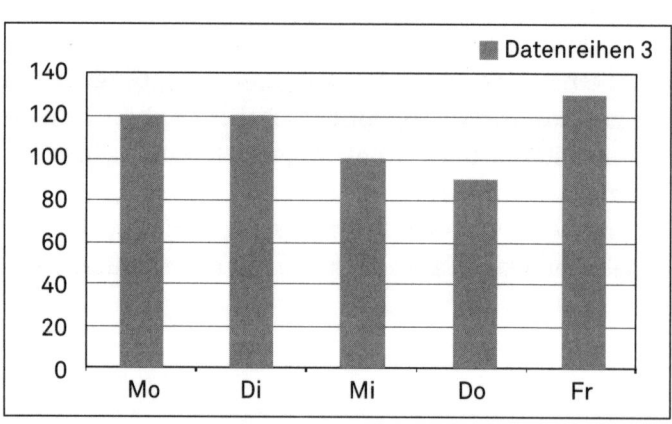

Krankenstand Führungskräfte

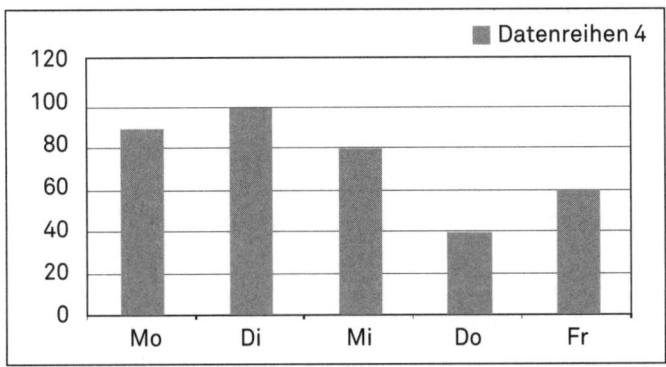

Aussage 1: Die Auszubildenden haben aufs Jahr gesehen die meisten Krankentage.

☐ stimmt   ☐ stimmt nicht

6 MINUTEN

Aussage 2: Die kaufmännischen Angestellten fehlen häufiger als die technischen Angestellten.

☐ stimmt   ☐ stimmt nicht

Aussage 3: Der Montag ist bei allen einzelnen Beschäftigtengruppen der Tag, an dem am häufigsten gefehlt wird.

☐ stimmt   ☐ stimmt nicht

Aussage 4: Der Donnerstag ist generell der Tag, an dem am wenigsten Fehltage anfallen.

☐ stimmt   ☐ stimmt nicht

Aussage 5: Die Auszubildenden und die technischen Angestellten fehlen zusammen mehr als 1000 Tage pro Jahr.

☐ stimmt   ☐ stimmt nicht

Aussage 6: Im Gegensatz zu den kaufmännischen Angestellten fehlen die technischen Angestellten häufiger an den ersten drei Wochentagen.

☐ stimmt   ☐ stimmt nicht

Aussage 7: Der Krankenstand bei den Führungskräften ist nur halb so hoch wie bei den Auszubildenden.

☐ stimmt   ☐ stimmt nicht

Aussage 8: Jede/r Auszubildende fehlt durchschnittlich 5 Tage im Jahr.

☐ stimmt   ☐ stimmt nicht

Aussage 9: Angenommen, jeder Beschäftigte soll laut Arbeitsvertrag 200 Tage im Jahr arbeiten. Liegt dann der Gesamtkrankenstand der Firma unter 5 Prozent im Jahr?

☐ stimmt   ☐ stimmt nicht

Aussage 10: Angenommen, jeder Beschäftigte soll laut Arbeitsvertrag 200 Tage im Jahr arbeiten. Liegt dann der Gesamtkrankenstand der Führungskräfte über 2 Prozent im Jahr?

☐ stimmt   ☐ stimmt nicht

 Auf der beiliegenden CD-ROM finden Sie einige der hier vorgestellten Übungen und weitere interaktive Aufgaben aus dem Bereich Mathematik und Rechnen.

8. Konzentrationstest: Aufmerksamkeit

Worum geht es?

Wer auf Dauer erfolgreich arbeiten will, muss sich über einen längeren Zeitraum konzentrieren können. Nicht umsonst fällt in Schulen oder im Elternhaus häufig einmal der Satz »Du musst dich einfach mehr konzentrieren!«. Mithilfe von Konzentrationstests möchten die Firmen daher herausfinden, wie es um die Fähigkeit zur dauerhaften Aufmerksamkeit der Bewerberinnen und Bewerber bestellt ist. Dabei werden die Testteilnehmer bis an ihre Grenzen geführt. Es soll geklärt werden: Wie lange kann sich der Kandidat auf eine vorgegebene Aufgabe konzentrieren? Wie ist seine Arbeitsqualität unter Zeitdruck? Ab welchem Zeitpunkt macht er sehr viele Fehler?

Was erwartet Sie?

Aufgaben zur Überprüfung der Aufmerksamkeit sind an sich einfach gehalten. Es ist meistens nicht so schwierig, die Lösung zu finden, sondern vielmehr, eine große Anzahl von Aufgaben in einer knapp bemessenen Zeit richtig zu erledigen. Gerade in diesem beliebten Testfeld gibt es einige »klassische« Aufgaben, die immer wieder in Einstellungstests auftauchen. Dazu gehört beispielsweise das Vergleichen von Adressen. Sie bekommen eine »Originalliste« mit Adressen und eine »Abschrift«, die Fehler enthält, vorgelegt und müssen dann die Fehler in kürzester Zeit aufspüren.

Konzentrationstests sind machbar!

Wie können Sie Punkte sammeln?

*Unser Training
bringt Sie weiter*

Konzentrationstests zur Aufmerksamkeit können wirklich ermüdend sein. Wir wissen aus eigener Erfahrung, dass sich ab einem bestimmten Zeitpunkt mehr Fehler als erwartet einstellen können. Beugen Sie vor. Setzen Sie sich mit typischen Aufgabenstellungen auseinander und verbessern Sie Ihr Durchhaltevermögen. Wer diesen Aufgabentyp zu Übungszwecken häufiger durchgeht, wird eine nützliche Routine entwickeln, die ihm im Ernstfall weiterhilft. Sie werden schnell merken, dass sich die Aufgaben in den Griff bekommen lassen und dass es sich lohnt, die gesamte Bearbeitungszeit durchzustehen, um einen möglichst hohen Punktwert zu erzielen.

Buchstabenfolgen erkennen

Sie sehen 15 Zeilen mit Buchstaben. Suchen Sie in jeder Reihe Kombinationen von jeweils drei Buchstaben, die alphabetisch zusammenhängen. Beispielsweise die Kombinationen abc oder def oder ghj oder mno oder andere.

3 MINUTEN

Sie haben jetzt 3 Minuten Zeit, kreisen Sie alle alphabetisch zusammenhängenden Dreier-Buchstabenkombinationen ein, die Sie finden.

1. a t d j y t f l u j f g h j d j t f d s f d l z r w h t g l m
2. u t d h k h o f g i s d y u g l m j k u h g r e l i f j k l a
3. h f k h i l e h j w q l i w b c s k g a q d f h f a s k g t u
4. s m n o l j a h f s i v h l i e s e f g k a k j v o l a m q t
5. f s c a v m l k s h g q r s t j h s g e u o w a o v a z f h i
6. n g f n j f d h j k g a h i j f g h b g f g f j k f e w v l k
7. h i g h j u i f e w j g i v l f e i h t u v r l o i r t h i a
8. r t u h i r n f u h r g a e i h n f d x c y o t z m u i w u v

9. fdjfkaeuambldowpfhgwxyufhbhorsp
10. nbcdhirgyurtighjbgtidefgpognhgj
11. fgbdaseytpmbvsailrusaogfytuaewv
12. kgmangbrjklmnshtaanjavskdfuthik
13. vneljrtuvsuhthfghphosgwfmfglagf
14. hglkruvwxgiruguklpiohdsgdavkufh
15. hstegnyhkijpgjmgihsrdsdijkeqgfh

Adressen vergleichen – Original und Abschrift

Sie sehen im Folgenden zwei Listen mit jeweils 20 Adressen: zuerst das korrekte Original, daneben abgebildet eine Abschrift, die viele Fehler enthält. Vergleichen Sie Original und Abschrift und streichen Sie jeden Fehler, den Sie gefunden haben, an. Dann sollen Sie auch noch in der Abschrift für jede Adresse die Anzahl der Fehler zusammenzählen und die Fehlerzahl rechts, in die freie Spalte, eintragen.

Sie haben 5 Minuten Zeit für diese Aufgabe!

5 MINUTEN

Beispiel:
Die erste Adresse enthält einen Fehler; wir haben den Fehler bereits angestrichen und in der rechten Spalte entsprechend eine »1« eingetragen.

Original (enthält keine Fehler)

Name	PLZ und Ort	Straße und Haus-nummer	Telefon
Computer-Service Peter Huber	56068 Koblenz	Gaswerkstr. 21b	04222 950201
Klaus Schmitz	76530 Baden-Baden	Steubenstr. 57	08241 2336
Katharina Merina	26180 Rastede	Weiskircher Str. 15	03643 479476
Karl Friedrich Schulze	99423 Weimar	Schmetterlings-weg 7	0261 33990
Benjamin S. Flüchter	86807 Buchloe	Ring 12	040 50053555
Prof. Dr. M. Tarvas	68229 Mannheim	Albrecht-Thaer-Str. 18	0171 7351266
Alten- und Pflegeheim St. Sebastian	48147 Münster	Wismarsche Str. 50	0551 4882790
Alwitra GmbH & Co Klaus Göbel	27777 Gander-kesee	Kaufbeurer Str. 12	0251 92806–0
Gerhard Maier	22335 Hamburg	Friedrich-Ebert-Ring 38	0621 475414
Rechtsanwälte H. P. Ehlen & G. Fuchs	72770 Reutlin-gen/ Betzingen	Erdkampsweg 1a	07121 742098
Jan-Peter Wallichs	37073 Göttingen	Hirschgasse 51	0179 4973278
A. Otto & Sohn GmbH	50858 Köln	Schlossberg 14	040 31790516
Rolf Achenbach	20459 Bremer-haven	Groner Str. 60	089 84060258
Anna Clara Schwarz	67454 Haßloch	Am Galgenberg 55	06324 989180
Fa. W. Zuckermann	70327 Stuttgart	Justus-von-Liebig-Str. 3	07583 946994
Peter Abt	80538 München	Sudetenweg 26	0173 2749717
Frauke Abatzis	85354 Freising	Ditmar-Koel-Str. 23a	08161 7494
Dr. Charlotte Manitsky	30163 Hannover	Langgasse 73	0541 93388
Raoul Pyttlik	52062 Aachen	Steinhauser Str. 1	089 298286
Dr. Merle Jung	24106 Kiel	Knorrstraße 1	0431 32435

Abschrift (finden Sie die Fehler in der Abschrift!)

Name	PLZ und Ort	Straße und Hausnummer	Telefon	Fehler
Computer-Service Peter Huber	56068 Koblenz	Gaswerkstr. 21b	04822 950201	1
Klaus Schmitz	76530 Baden-Baden	Streubenstr. 57	08241 2336	
Katarina Merina	26180 Rastede	Weißkircher Str. 15	03643 479476	
Karl Friedrich Schultze	99423 Weimar	Schmetterlings-weg 7	0261 33990	
Benjamin S. Flüchter	86807 Buchloe	Ring 12	040 50053555	
Prof. Dr. M. Tarvast	68229 Mann-heim	Albrecht-Thaer-Str. 18	0171 7352166	
Alten- und Pflege-heim St. Sebastian	48147 Münster	Wismarsche Str. 50	0551 4882790	
Alwitra GmbH & Co Klaus Göbel	27777 Gan-derkesee	Kaufbeuerer Str. 12	0251 92806–0	
Gerhard Mayer	22355 Haburg	Friedrich-Ebert-Ring 38	0521 475414	
Rechtsanwälte H. P. Ehlen & G. Fuchs	72770 Reutlin-gen/ Betzingen	Erdkampsweg 1a	07121 742098	
Jan-Peter Wallichs	37073 Göttingen	Hirschgasse 51	0179 4973278	
A. Otto & Sohn GmbH	50858 Köln	Schlossberg 14	040 31790516	
Rolf Aschenbach	20459 Bremer-haven	Grooner Str. 60	089 84060258	
Anna Clara Schwarz	67454 Haßloch	An Galgenberg 55	06324 989180	
Fa. W. Zuckermann	70327 Stuttgart	Justus-von-Liebig-Str. 3	07583 946994	
Peter Abt	80538 München	Studentenweg 26	0173 2747917	
Frauke Abatzis	85354 Freising	Dithmar-Koel-Str. 23b	08170 7494	
Dr. Charlotte Manitski	30163 Hannover	Langgasse 73	0541 93398	
Raoul Pyttlik	52062 Aachen	Steinhauser Str. 1	089 298286	
Dr. Merle Jung	24106 Kiel	Knorrstraße 1	043 132435	

Die richtige Reihenfolge

In den folgenden sechs Feldern sind die Buchstaben in der richtigen Reihenfolge, nämlich alphabetisch hintereinander mit einem Stift durch Linien zu verbinden.

Beispiel:
A wird mit B, B mit C, C mit D verbunden, so geht es weiter bis zum Buchstaben Z.

1 MINUTE

Achtung, manchmal gibt es eine Lücke, weil ein oder mehrere Buchstabe fehlen. Sind also die Buchstaben A und B vorhanden, fehlt aber der Buchstabe C, so ist das B gleich mit D zu verbinden. Für diese Übung haben Sie nun eine Minute Zeit.

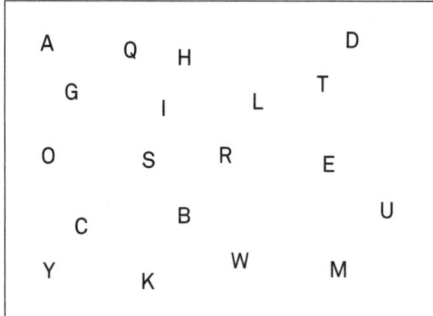

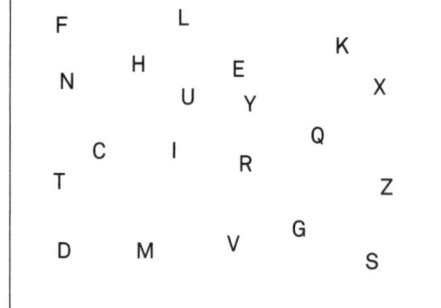

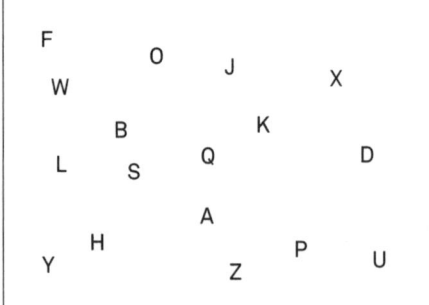

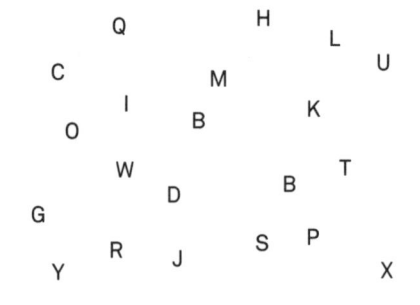

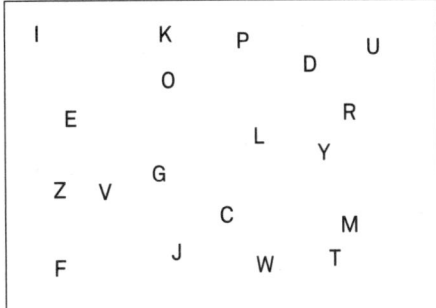

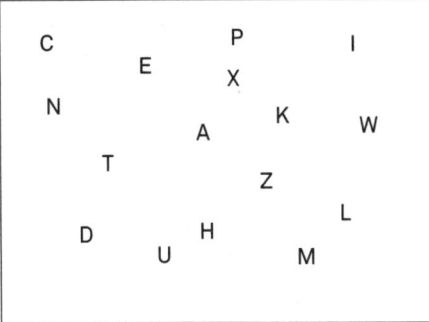

Der d-b-p-q-Test

Wir werden Sie jetzt mit einem Klassiker der Konzentrations- und Leistungstests vertraut machen: dem sogenannten d-b-p-q-Test.

Ihre Aufgabe besteht darin, alle Buchstaben »d« und »p« durchzustreichen. Sie haben dafür 2 Minuten Zeit.

2 MINUTEN

In der Testpraxis sind Konzentrationstests natürlich wesentlich länger. Wenn Sie eine umfangreichere Version durcharbeiten möchten, kopieren Sie einfach die folgende Seite fünfmal und setzen sich dann ein Zeitlimit von 10 Minuten für die Bearbeitung.

Falls Sie eine weitere Verschärfung ausprobieren möchten, sollten Sie nicht nur die Buchstaben »d« und »p« durchstreichen, sondern zusätzlich notieren, wie oft Sie jeweils das »d« und das »p« im gesamten Test gefunden haben.

2. Variante

```
q q b q q b p b q p b b q d q p d d b p q d p q b p d b p d p d q b p q d b p q p b d q b
p d q b d q b p d b d q p b q p d b p b q d d b q p b q d q p b d q d d p b q d b p b q p
b b q d q p d d b p q d p q b p d b p d p d q b p q d b p q p b d q b p d d p q b b d p q
q b d p q b b d p q d b p d d p q b b d p q q q b p p d q q q b p p d q q q b p p d q b p
d b d p q b b d p q q b q q b p b q p d p d q b d q b p d d p q b b d p q q q b p d p q b
p d p d q b b p q d b p d b p p b p b d b d q p b b p q p b d q b d p q b d q p b q d b d
p q b p q q q b p d b q d p p b d b q b q d p q d b p q d p b q d b d q p b d d b q d p p
d q p q b d b q d p b p q q b p d q d p p b q b p d q b q p q d p b q b p d d q p b q d b
p q d q q d p d b q b d p p q d b q d b q d q q p b q b q d p p q d q b b d p q b d b d q
b q p d d p p q d d b p p q b p p q b p d p b d q p b q d b q p d q b d q b q d p b d d q
q b d q b p d b d q p b q p d b p b q d d p p q d b q d b q b d b q d p b p d q p b d q d
d q b p q d b p q p b d q b p d b d q p b q d b q p d q b d q b q d p b d d p p q d b q d
b p p q b p p q b p d p b d q p b q d b q p d q b d q b q d p b d d q q b d b q d p b p d
d b q d p b p q q b p d q d p p b q b p d q b q p q d p b q b p d d q p b q d b q b d b q
d d b p p q b p p q b p d p b b p q d b p q p b d q b p d b d q p b q d b q p d q p b d q
q b d b q d p b p b p p q b p p q b p d p b d q p b q d b q p d q b d q b q d p b d d q b
p q p b d q b p d d p q b b d p q q b d p q b b d p q d b p d d p q b b d p q q q b p p d
q d q p b d q q b p p q b p p q b p d p b d q p b q d b q p d q b d q b q d p b d d q b b
p d d p p q d d b p p q b p p q b d q b p q d b p q p b d q b p d p q d q q d p d b q b d
```

Patientendaten

Auf den folgenden 2 Seiten sehen Sie drei Listen: Liste
A enthält Kennziffern für Krankenkassen, Liste B Kennziffern für die Anfangsbuchstaben der Nachnamen von
Patienten und Liste C Kennziffern für Krankheitsdia-
gnosen oder ärztliche Maßnahmen. In Liste D finden
Sie 25 Datensätze, denen Sie die richtige Kombination
aus den drei Kennziffern der Listen A, B und C zuordnen sollen. Tragen Sie das Ergebnis dann in die Liste E
ein. Und zwar nach folgendem Muster: erst die Kennziffer aus Liste B, dann die aus Liste C und zuletzt die
aus Liste A.

Beispiel:
Ulrike Albert, Fieber, BOK = 401-51-01

Hinweis: Der Nachname »Albert« beginnt mit den Buchstaben »Al«, liegt also in Liste B zwischen Aa und Am, erhält also die Kennziffer 401. Ulrike Albert hat Fieber, was in Liste C der Kennziffer 51 entspricht. Sie ist Mitglied der Krankenkasse BOK, deshalb lautet die letzte der drei Kennziffern bei ihr 01.

Beginnen Sie jetzt, Sie haben 5 Minuten Zeit für Ihre Lösung!

5 MINUTEN

Liste A: Kennziffern für Krankenkasse	Liste B: Kennziffern für Namen	Liste C: Kennziffern für Diagnose bzw. Behandlung
01 = BOK	401 = Aa–Am	51 = Fieber
02 = KKB	402 = An–Az	52 = Grippe
03 = KKC	403 = Ba–Bn	53 = Asthma
04 = DOK	404 = Bo–Bz	54 = Allergie
05 = TKK	405 = C	55 = Husten
06 = TTK	406 = Da–Do	56 = Heuschnupfen
07 = TOK	407 = Dp–Dz	57 = Vorsorge
08 = OSA	408 = Ea–Em	58 = Grippeimpfung
09 = ASA	409 = En–Ez	59 = Abhorchen
10 = SEK	410 = Fa–Fh	10 = Blutabnahme
11 = SDK	411 = Fi–Fz	11 = Tetanusimpfung
12 = SCK	412 = Ga–Gu	12 = Scharlach
13 = SAK	413 = Gv–Gz	13 = Windpocken
14 = DSA	414 = H	14 = Blutvergiftung
15 = BKO	415 = I–K	15 = Röteln
16 = BBK	416 = L	16 = Stomatitis
	417 = Ma–Mr	17 = Bronchitis
	418 = Ms–Mz	
	419 = Na–Nc	
	420 = Nd–Nz	
	421 = O–Q	
	422 = R	
	423 = Sa–Sm	
	424 = Sn–Sz	
	425 = Ta–Tf	
	426 = Tg–Tz	
	427 = U–W	
	428 = X–Z	

Liste D: Patientendaten komplett	Liste E: kompletter Code
01 = Dirk Tege, Grippeimpfung, TTK	
02 = S. Groth, Tetanusimpfung, KKC	

Liste D: Patientendaten komplett	Liste E: kompletter Code
03 = Birgit Riecken, Scharlach, OSA	
04 = Iris Harder, Abhorchen, BOK	
05 = Sabine Zielinski, Asthma, DOK	
06 = S. Walter, Grippe, ASA	
07 = Jens Becker, Windpocken, TOK	
08 = Ute Wittgrefe, Blutabnahme, KKB	
09 = Volker Belz, Heuschnupfen, SDK	
10 = Bernd Thiel, Grippeimpfung, SAK	
11 = R. Blitz, Fieber, SEK	
12 = Kurt Mohr, Husten, TKK	
13 = Hanne Lundelius, Grippe, DSA	
14 = August Ahrend, Asthma, SCK	
15 = Dieter Moritz, Abhorchen, KKC	
16 = Bernd Walther, Grippeimpfung, BBK	
17 = Cetin Raden, Scharlach, TTK	
18 = J. Sacharek, Fieber, BOK	
19 = Anne Tiel, Vorsorge, BKO	
20 = Sabrin Schumacher, Blutvergiftung, BBK	
21 = Michaela Ganzel, Heuschnupfen, TOK	
22 = K. Rehme, Grippe, SEK	
23 = C. Tashalli, Stomatitis, BOK	
24 = A. Sievers, Tetanusimpfung, DSA	
25 = Nikolaj Asar, Husten, ASA	

Karten sortieren

Bitte ordnen Sie die unten abgebildeten Karten jeweils einer von vier Gruppen zu. Die passende Gruppe richtet sich nach den folgenden Bedingungen:

Gruppe 1	Obere Zahl größer als 450 und untere Zahl kleiner als 0,063	Tragen Sie »1« unterhalb der Karte ein.
Gruppe 2	Obere Zahl größer als 450 und untere Zahl größer als 0,063	Tragen Sie »2« unterhalb der Karte ein.
Gruppe 3	Obere Zahl kleiner als 450 und untere Zahl kleiner als 0,063	Tragen Sie »3« unterhalb der Karte ein.
Gruppe 4	Obere Zahl kleiner als 450 und untere Zahl größer als 0,063	Tragen Sie »4« unterhalb der Karte ein.

Beispiel:

674	523	224	449
0,041	0,631	0,002	0,221
1	2	3	4

Jetzt geht es los, Sie haben 3 Minuten Zeit!

3 MINUTEN

Reihe A

225	523	449	224	198	674	273
0,043	0,631	0,221	0,002	0,099	0,041	0,009
—	—	—	—	—	—	—

Reihe B

587	485	385	146	822	875	236
0,056	0,008	0,058	0,256	0,048	0,024	0,301
—	—	—	—	—	—	—

Reihe C

456	349	564	159	585	498	383
0,025	0,042	0,587	0,603	0,052	0,581	0,067

— — — — — — —

Reihe D

682	754	326	654	259	196	263
0,306	0,921	0,001	0,098	0,032	0,012	0,112

— — — — — — —

Reihe E

685	452	496	569	796	985	512
0,451	0,366	0,093	0,011	0,003	0,036	0,215

— — — — — — —

Reihe F

356	359	753	332	469	214	219
0,161	0,163	0,033	0,044	0,485	0,369	0,007

— — — — — — —

Reihe G

446	466	795	360	465	756	132
0,023	0,095	0,074	0,436	0,055	0,199	0,123

— — — — — — —

9. Konzentrationstest: Merkfähigkeit

Worum geht es?

Konzentrationstests werden nicht nur eingesetzt, um zu erfahren, wie es um Ihre Aufmerksamkeit und Ihr Durchhaltevermögen steht. Es gibt auch eine zweite Variante, bei der Ihre Merkfähigkeit im Zentrum der Beobachtung steht. Bei der Merkfähigkeit geht es darum, wie genau Sie sich neue Informationen aneignen können. Hier ist ein deutlicher Bezug zum Arbeitsalltag zu erkennen, denn auch im Berufsleben werden Sie sich ständig neues Faktenwissen aneignen müssen. Sie sollten in den jeweiligen Tests also zeigen können, dass Sie keine Schwierigkeiten damit haben, sich etwas zu merken, sei es der Name eines Kunden, die telefonische Durchwahl eines Kollegen oder die Firmenanschrift.

Bezug zur Praxis

Was erwartet Sie?

Beliebt ist die Vorstellung eines kleinen Szenarios. Beispielsweise wird eine kleine Firma mit den Namen sämtlicher Mitarbeiter und ihren Aufgaben beschrieben. Von Ihnen verlangt man dann in knapp bemessener Zeit, möglichst viele Informationen auswendig zu lernen. Da Sie vorab nicht genau wissen, welche Fragen man Ihnen zum Szenario stellen wird, gilt es, sich so viele einzelne Informationen wie möglich zu merken. Manchmal werden auch Mitarbeiterfotos abgebildet, denen Sie dann später die richtigen Namen oder die richtige Position in der Firma zuordnen müssen.

Wie können Sie Punkte sammeln?

Trainieren Sie Ihr Kurzzeitgedächtnis

Als Ausbildungsplatzsucher sind Sie es in der Regel gewohnt, sich in kurzer Zeit neues Faktenwissen anzueignen. Schließlich werden auch in der Schule regelmäßig Klausuren geschrieben oder mündliche Prüfungen durchgeführt. Insofern sind Sie also schon vorbereitet.

Der Unterschied zum Test der Merkfähigkeit liegt darin, dass Sie bei diesem weitaus weniger Zeit haben. Sie können nicht auf Ihr Langzeitgedächtnis bauen, sondern müssen mit Ihrem Kurzzeitgedächtnis arbeiten. Stimmen Sie sich mithilfe unserer Übungsaufgabe bereits jetzt auf diesen Gedächtnistest ein!

Flächen merken

Bitte entscheiden Sie sich vorab für die Übungsversion 1 (mittlerer Schwierigkeitsgrad) oder die Übungsversion 2 (hoher Schwierigkeitsgrad).

**VERSION 1:
1 MINUTE**

Übungsversion 1: Sehen Sie sich die sechs Zeichnungen auf der rechten Seite genau an. Betrachten Sie sie eine Minute lang, blättern Sie anschließend um. Wir werden Ihnen dann auf Seite 207 und 208 Fragen zu den Zeichnungen stellen.

**VERSION 2:
2 MINUTEN**

Übungsversion 2: Sehen Sie sich alle zwölf Zeichnungen genau an. Betrachten Sie sie 2 Minuten lang und beantworten Sie anschließend die Fragen auf Seite 208 und 209.

1.

2.

3.

4.

5.

6.

7.

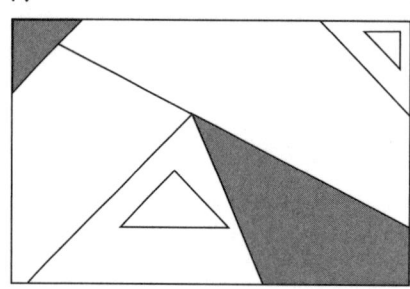

8.

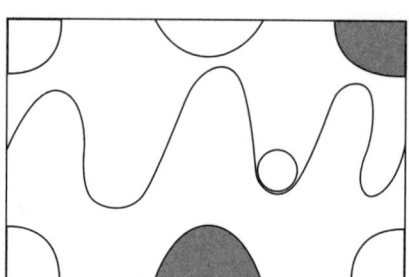

9.

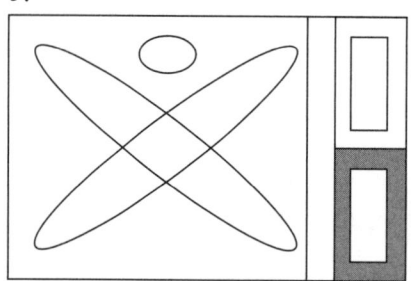

10.

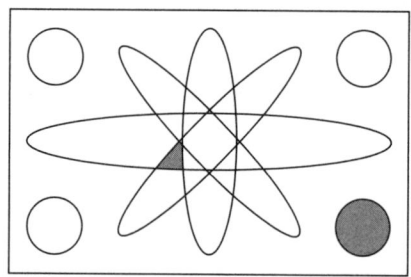

11.

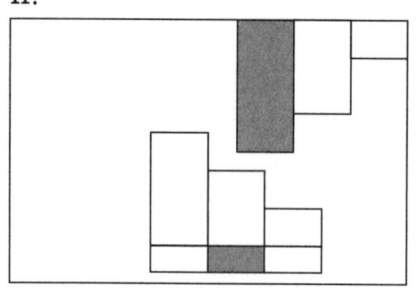

12.

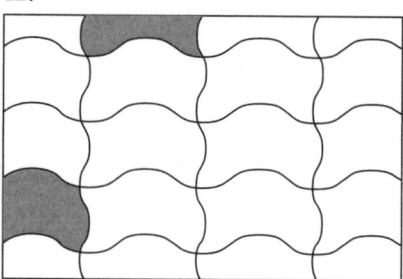

Bitte erinnern Sie sich, an welcher Stelle die markierten Flächen lagen. Kreuzen Sie die entsprechenden Ziffern unterhalb der Abbildungen ein.

1.

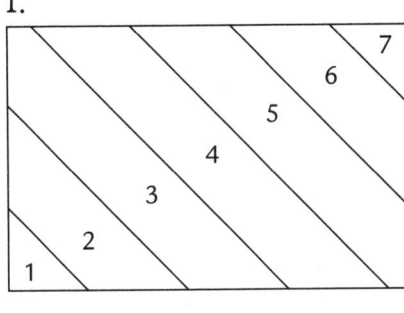

- ☐ 1
- ☐ 2
- ☐ 3
- ☐ 4
- ☐ 5
- ☐ 6
- ☐ 7

2.

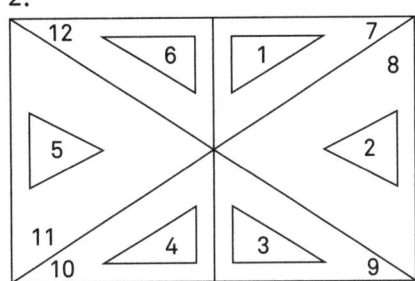

- ☐ 1
- ☐ 2
- ☐ 3
- ☐ 4
- ☐ 5
- ☐ 6
- ☐ 7
- ☐ 8
- ☐ 9
- ☐ 10
- ☐ 11
- ☐ 12

3.

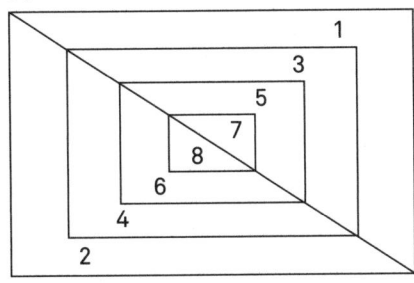

- ☐ 1
- ☐ 2
- ☐ 3
- ☐ 4
- ☐ 5
- ☐ 6
- ☐ 7
- ☐ 8

4.

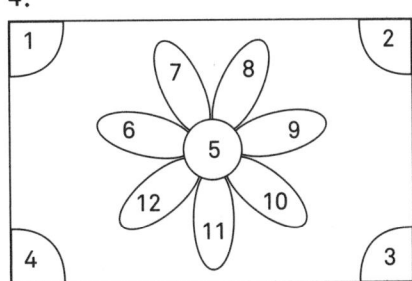

- ☐ 1
- ☐ 2
- ☐ 3
- ☐ 4
- ☐ 5
- ☐ 6
- ☐ 7
- ☐ 8
- ☐ 9
- ☐ 10
- ☐ 11
- ☐ 12

5.

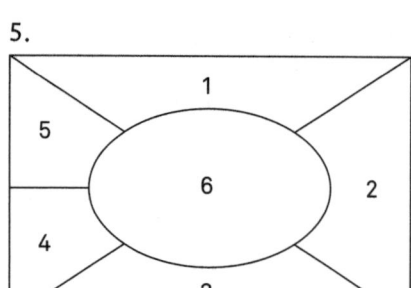

- ☐ 1   ☐ 2
- ☐ 3   ☐ 4
- ☐ 5   ☐ 6

6.

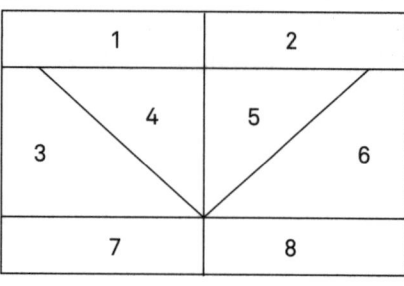

- ☐ 1   ☐ 2
- ☐ 3   ☐ 4
- ☐ 5   ☐ 6
- ☐ 7   ☐ 8

7.

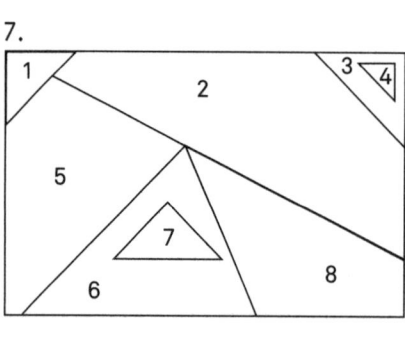

- ☐ 1   ☐ 2
- ☐ 3   ☐ 4
- ☐ 5   ☐ 6
- ☐ 7   ☐ 8

8.

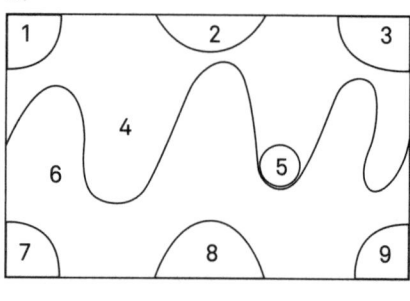

- ☐ 1   ☐ 2
- ☐ 3   ☐ 4
- ☐ 5   ☐ 6
- ☐ 7   ☐ 8
- ☐ 9

9.

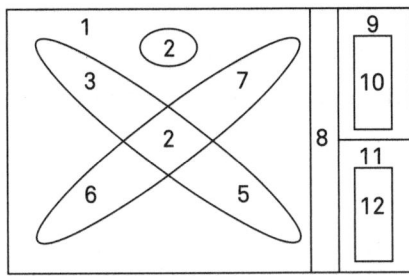

☐ 1	☐ 2
☐ 3	☐ 4
☐ 5	☐ 6
☐ 7	☐ 8
☐ 9	☐ 10
☐ 11	☐ 12

10.

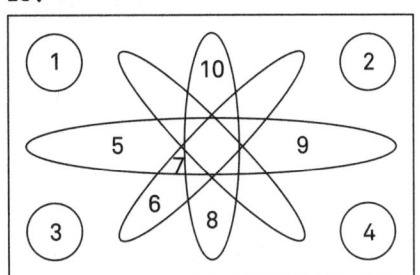

☐ 1	☐ 2
☐ 3	☐ 4
☐ 5	☐ 6
☐ 7	☐ 8
☐ 9	☐ 10

11.

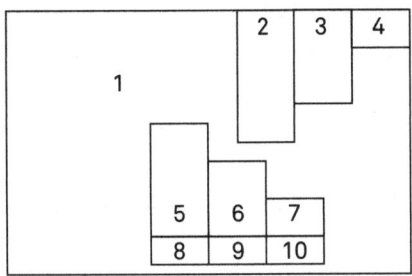

☐ 1	☐ 2
☐ 3	☐ 4
☐ 5	☐ 6
☐ 7	☐ 8
☐ 9	☐ 10

12.

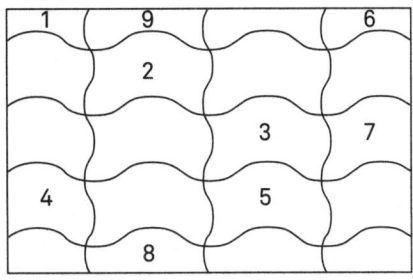

☐ 1	☐ 2
☐ 3	☐ 4
☐ 5	☐ 6
☐ 7	☐ 8
☐ 9	

Begriffe behalten

In diesem Test zur Merkfähigkeit geht es darum, sich möglichst viele Begriffe aus der folgenden Tabelle zu merken:

Namen	Städte	Länder	Berufe	Pflanzen
Ina	Belfast	Libyen	Stahlstichpräger	Margerite
Cornelia	Hannover	Estland	Technischer Produktdesigner	Oleander
Diana	Zöblitz	Weißrussland	Feinpolierer	Ysop
Jonas	Peine	Albanien	Verwaltungsfachangestellter	Quellkraut
Konstantin	Nedlitz	Georgien	Umweltchemiker	Rhododendron

Die Begriffe sind den fünf Begriffsgruppen Namen, Städte, Länder, Berufe und Pflanzen zugeordnet.

Lernen Sie jetzt so viele Begriffe wie möglich auswendig, dafür stehen Ihnen drei Minuten Zeit zur Verfügung.

5 MINUTEN

Anschließend werden wir Ihnen auf den nächsten Seite Fragen zu den gemerkten Begriffen stellen, die Sie beantworten sollen. Bitte decken Sie dazu diese Seite mit einem Blatt Papier ab. Für die Beantwortung der Fragen haben Sie 5 Minuten Zeit.

1. In welcher Begriffsgruppe fängt ein Wort mit
   dem Anfangsbuchstaben »L« an?
   a) Namen   b) Städte   c) Länder
   d) Berufe   e) Pflanzen

2. In welcher Begriffsgruppe fängt ein Wort mit
   dem Anfangsbuchstaben »M« an?
   a) Namen   b) Städte   c) Länder
   d) Berufe   e) Pflanzen

3. In welcher Begriffsgruppe fängt ein Wort mit
   dem Anfangsbuchstaben »T« an?
   a) Namen   b) Städte   c) Länder
   d) Berufe   e) Pflanzen

4. In welcher Begriffsgruppe fängt ein Wort mit
   dem Anfangsbuchstaben »O« an?
   a) Namen   b) Städte   c) Länder
   d) Berufe   e) Pflanzen

5. In welcher Begriffsgruppe fängt ein Wort mit
   dem Anfangsbuchstaben »B« an?
   a) Namen   b) Städte   c) Länder
   d) Berufe   e) Pflanzen

6. In welcher Begriffsgruppe fängt ein Wort mit
   dem Anfangsbuchstaben »E« an?
   a) Namen   b) Städte   c) Länder
   d) Berufe   e) Pflanzen

7. In welcher Begriffsgruppe fängt ein Wort mit
   dem Anfangsbuchstaben »G« an?
   a) Namen   b) Städte   c) Länder
   d) Berufe   e) Pflanzen

8. In welcher Begriffsgruppe fängt ein Wort mit
   dem Anfangsbuchstaben »J« an?
   a) Namen   b) Städte   c) Länder
   d) Berufe   e) Pflanzen

Noch 2,5 Minuten!

9. In welcher Begriffsgruppe fängt ein Wort mit dem Anfangsbuchstaben »H« an?
   a) Namen   b) Städte   c) Länder
   d) Berufe   e) Pflanzen

10. In welcher Begriffsgruppe fängt ein Wort mit dem Anfangsbuchstaben »W« an?
    a) Namen   b) Städte   c) Länder
    d) Berufe   e) Pflanzen

11. In welcher Begriffsgruppe fängt ein Wort mit dem Anfangsbuchstaben »C« an?
    a) Namen   b) Städte   c) Länder
    d) Berufe   e) Pflanzen

12. In welcher Begriffsgruppe fängt ein Wort mit dem Anfangsbuchstaben »S« an?
    a) Namen   b) Städte   c) Länder
    d) Berufe   e) Pflanzen

13. In welcher Begriffsgruppe fängt ein Wort mit dem Anfangsbuchstaben »A« an?
    a) Namen   b) Städte   c) Länder
    d) Berufe   e) Pflanzen

14. In welcher Begriffsgruppe fängt ein Wort mit dem Anfangsbuchstaben »K« an?
    a) Namen   b) Städte   c) Länder
    d) Berufe   e) Pflanzen

15. In welcher Begriffsgruppe fängt ein Wort mit dem Anfangsbuchstaben »Z« an?
    a) Namen   b) Städte   c) Länder
    d) Berufe   e) Pflanzen

16. In welcher Begriffsgruppe fängt ein Wort mit dem Anfangsbuchstaben »Y« an?
    a) Namen   b) Städte   c) Länder
    d) Berufe   e) Pflanzen

Die Arztpraxis

Lesen Sie den folgenden Text aufmerksam durch und versuchen Sie sich so viele Informationen wie möglich zu merken. Für das Durchlesen des Textes und das Betrachten der Fotos haben Sie 10 Minuten Zeit.

10 MINUTEN

Dr. Timothy Braun ist Allgemeinmediziner und hat die Praxis im Februar 1990 zusammen mit seinem Bruder Charles Braun gegründet, der zuvor Oberarzt in der Abteilung für innere Medizin im städtischen Krankenhaus gewesen ist. Mit Erreichen des 65. Lebensjahres im Oktober 2006 hat Dr. Charles Braun die kassenärztliche Zulassung abgegeben. Seitdem arbeitet er nur noch wenige Stunden in der Woche für die Privatpatienten, die er aus seiner aktiven Zeit kennt. Für diese Patienten ist er am Mittwoch von 15 bis 18 Uhr und am Samstag von 10 bis 12 Uhr in der Praxis anwesend. Im November 2006 trat Frau Dr. Meyerhoff als Nachfolgerin von Dr. Charles Braun in die Praxis ein.

Dr. Timothy Braun   Dr. Christina Meyerhoff   Dr. Charles Braun

Neben den kassenärztlichen Leistungen bietet Dr. Timothy Braun auch alternative Heilmethoden an. Besonders die Eigenbluttherapie und das Bioresonanzverfahren werden von den Patienten häufig nachgefragt. Frau Dr. Meyerhoff war vor ihrem Eintritt in die Gemeinschaftspraxis im Universitätsklinikum als Stationsärztin angestellt. Ebenso wie Dr. Charles Braun war sie in der inneren Medizin tätig. Als Zusatzleistung bietet sie Akupunktur an. Die dafür notwendigen Kenntnisse hat sie sich im Rahmen der

Facharztausbildung während eines Chinaaufenthaltes angeeignet.

Karen Müller-Kraus, ihre ältere Kollegin Karin Schmid und Kathrin Braun als jüngste Kollegin vervollständigen als Sprechstundenhilfen das Praxisteam. Kathrin Braun ist die Ehefrau von Dr. Timothy Braun und arbeitet im Gegensatz zu den beiden Vollzeitkräften nur auf Teilzeitbasis an den Vormittagen in der Gemeinschaftspraxis. Dienstag- und Donnerstagabend bietet die Praxis eine Ernährungsberatung für interessierte Patienten an. Diese Ernährungsberatung wird von Christian Schwarz durchgeführt, er ist Diplom-Ökotrophologe und gibt am Samstagvormittag auch Nordic-Walking-Kurse für übergewichtige Patienten. Dr. Timothy Braun ist die ganze Woche von Montag bis Freitag außer Mittwochnachmittag während der Sprechzeiten in der Praxis anwesend. In dringenden Fällen macht er auch Hausbesuche. Frau Dr. Meyerhoff ist Montag, Dienstag und Donnerstag während der Sprechzeiten in der Praxis für die Patienten da.

Karen Müller-Kraus   Karin Schmid   Kathrin Braun   Christian Schwarz

Beantworten Sie jetzt die folgenden Fragen auf den nächsten beiden Seiten zum Text und die Fragen zu den Fotos. Sie dürfen dabei nicht zurückblättern, decken Sie gegebenenfalls noch sichtbare Informationen mit einem Blatt Papier ab.

1. Welcher Arzt macht Hausbesuche?

   ....

2. Wann findet die Ernährungsberatung statt?

   ....

3. Wer war vor seiner Tätigkeit in der Gemeinschaftspraxis am städtischen Krankenhaus
   tätig?

   ....

4. Welche Sportart betreut Christian Schwarz?

   ....

5. Was hat Christian Schwarz studiert?

   ....

6. In welchem Jahr wird das 25-jährige Praxis-
   jubiläum stattfinden?

   ....

7. Welche Zusatzleistungen von Dr. Timothy Braun
   werden von den Patienten besonders nachgefragt?

   ....

8. Wie lautet der Vorname der Ehefrau von
   Dr. Timothy Braun?

   ....

9. Welcher Arzt hat einen Teil seiner Fachaus-
   bildung im Ausland verbracht?

   ....

Bitte decken sie die Informationen auf der linken Seite ab.

10. In welchem Jahr verlor Dr. Charles Braun seine kassenärztliche Zulassung?

   ....

11. An welchen Wochentagen sind Dr. Timothy Braun und Frau Dr. Meyerhoff gemeinsam in der Praxis anwesend?

   ....

12. Welche Sprechstundenhilfe ist die älteste?

   ....

13. Hat die Praxis am Samstag für Kassenpatienten geöffnet?

   ....

14. Welche Zusatzleistung bietet Frau Dr. Meyerhoff ihren Patienten an?

   ....

15. Wie viele Jahre nach der Gründung trat Frau Dr. Meyerhoff in die Praxis ein?

   ....

Auf welchem Foto ist Dr. Timothy Braun zu sehen? _____

Foto Nr. 1

Foto Nr. 2

Foto Nr. 3

Auf welchem Foto ist der Ernährungsberater abgebildet? _____

Foto Nr. 4

Foto Nr. 5

Foto Nr. 6

Welches Foto zeigt Karin Schmid? _____

Foto Nr. 7

Foto Nr. 8

Foto Nr. 9

Welches Foto zeigt die Ehefrau von Dr. Timothy Braun? _____

Foto Nr. 10

Foto Nr. 11

Foto Nr. 12

Wörter merken

3 MINUTEN

Merken Sie sich von den folgenden 20 Wörtern so viele wie möglich. Sie haben dafür 3 Minuten Zeit. Decken Sie die Vorlage dann ab und notieren Sie die Begriffe, die Sie noch in Erinnerung haben. Dabei ist die Reihenfolge Ihrer Wiedergabe beliebig.

1. Denkmal
2. Internet
3. Fahrplan
4. Ladentür
5. Urlaub
6. Wandregal
7. Informationsstand
8. Parkverbot
9. Sonne
10. Strand
11. Monatskarte
12. Zebrastreifen
13. Beschwerde
14. Fußgängerzone
15. Museum
16. Kunde
17. Handy
18. Turmuhr
19. Busstation
20. Beleuchtung

1. _____
2. _____
3. _____
4. _____
5. _____
6. _____
7. _____
8. _____
9. _____
10. _____
11. _____
12. _____
13. _____
14. _____
15. _____
16. _____
17. _____
18. _____
19. _____
20. _____

10. Persönlichkeitstest: Vorstellungsgespräch

Worum geht es?

Vorstellungsgespräche werden heute meistens auf einer sehr professionellen Basis durchgeführt. Personalreferenten und Ausbildungsverantwortliche durchlaufen Schulungen, um die Ergebnisse umfassend auswerten zu können. Aber auch die an der Auswahl beteiligten Geschäftsführer und Abteilungsleiter haben ganz konkrete Vorstellungen davon, wen sie in der Firma oder in ihrer Abteilung beschäftigen wollen. Es geht bei diesem Test darum, wie Sie sich anderen gegenüber darstellen, und zwar Auge in Auge. Getestet wird nicht nur Ihr Kommunikationsgeschick, sondern auch Ihre Selbstsicherheit, Ihre Belastbarkeit, Ihre Fähigkeit zuzuhören und Ihre Eigenmotivation für das angestrebte Berufsfeld.

Was erwartet Sie?

Es gibt keine festen Regeln für Vorstellungsgespräche, die Zeitdauer reicht von einer halben bis zu mehreren Stunden. Manche Firmen führen nur ein Einstellungsgespräch durch, andere mehrere. Wir kennen sogar einen Ausbildungsplatzsuchenden, der bei einem Versicherungsunternehmen insgesamt fünf (!) Gespräche führen musste, bevor er den Ausbildungsvertrag angeboten bekam. Was aber alle Vorstellungsgespräche gemeinsam haben, ist, dass bestimmte Fragen immer wieder auftauchen. Stellen Sie sich auf Fragen dieser Art ein: »Wo sehen Sie Ihre Stärken?«, »Haben Sie Schwächen?« oder »Warum interessiert Sie dieser Job?«.

Manche Fragen kommen in nahezu jedem Bewerbungsgespräch vor

Typische Fragen, auf die Ausbildungsplatzsucher überzeugend antworten können sollten, werden aus diesen Themenblöcken gewählt:

→ **Fragen zum Ausbildungswunsch**
→ **Fragen zur Ausbildungsfirma**
→ **Fragen zum Praktikum**
→ **Fragen zur Schule**
→ **Fragen zu Hobbys**
→ **Fragen zu Stärken und Schwächen**
→ **Fragen zur Persönlichkeit**
→ **Stressfragen**
→ **Ihre eigenen Fragen**

Wie können Sie Punkte sammeln?

Viele Ausbildungsplatzsuchende sind der Meinung, dass die Firmenvertreter durch spezielle Fragen schon herausbekommen werden, was sie wissen wollen. Diese Einstellung führt aber nicht zum gewünschten Erfolg. Schließlich sind Vorstellungsgespräche keine Verhöre, sondern ein Abgleich der Vorstellungen der Firma mit denen der Bewerber. Ganz wichtig ist, dass Sie Ihre ersten berufspraktischen Erfahrungen angereichert mit aussagekräftigen Beispielen darstellen können. Wie dies gelingen kann, zeigen wir Ihnen anhand unserer Beispielfragen und -antworten.

Trainieren Sie mit unseren Beispielfragen

Natürlich hilft es überhaupt nicht, die gelungenen Antworten einfach auswendig zu lernen und dann im Gespräch herunterzuspulen. Bitte erinnern Sie sich an unsere Profil-Methode®, die wir eingangs dargestellt haben. Entwickeln Sie eigene Antworten, die passgenau, stärkenorientiert und glaubwürdig sind. Damit Sie Ihre Vorbereitung auf Vorstellungsgespräche zielgerichtet angehen können, haben wir spezielle Beispielfragen und -antworten für Ausbildungsplatzsuchende ausgearbeitet. Lesen Sie die Fragen aufmerksam durch. Formulieren Sie Ihre Antworten nicht bloß in

Gedanken, sondern sprechen Sie sie laut aus und schreiben Sie sie auf! Im Lösungsteil ab Seite 325 finden Sie unsere Beispiele für gelungene und misslungene Antworten; mit diesen können Sie Ihre Formulierungen vergleichen, um herauszufinden, ob Ihre Antworten überzeugen.

Fragen zum Ausbildungswunsch

Hintergrund: Ausbildungsabbrüche sind leider relativ häufig. Die Firmen möchten vermeiden, dass sie Auszubildende einstellen, die nur halbherzig bei der Sache sind und nach kurzer Zeit die Flinte ins Korn werfen. Kurz gesagt: Man will wissen, wie ernst Sie es meinen.

Hintergrund: Ihre Motivation

Antwortstrategie: Überzeugen Sie mit guten Argumenten und verweisen Sie auf Ihre Erfahrungen aus Ihrem Praktikum. Begründen Sie, warum Sie sich für die Ausbildung interessieren: Sie können beispielsweise erklären, wo Sie sich informiert haben, wer Sie auf die Idee gebracht hat und seit wann Sie diesen Berufswunsch haben. Ganz wichtig: Sie müssen durchblicken lassen, dass Sie wissen, was auf Sie zukommt. Nennen Sie zwei bis drei Aufgaben aus der Ausbildung, mit denen Sie schon zu tun hatten. Beispiele aus der Praxis werden Ausbildungsverantwortliche immer beeindrucken. Erwähnen Sie aber nur die Dinge, die gut geklappt haben.

Bitte beantworten Sie diese Fragen zum Ausbildungswunsch:

1. »Warum haben Sie sich für gerade diese Ausbildung beworben?«

   Ihre Antwort: ....

   ....

   ....

2. »Was interessiert Sie an der Ausbildung?«

Ihre Antwort: ....

....

....

3. »Was reizt Sie an der Ausbildung am meisten?«

Ihre Antwort: ....

....

....

4. »Wissen Sie, mit welchen Aufgaben Sie in der Ausbildung zu tun haben?«

Ihre Antwort: ....

....

....

5. »Warum sollen wir Ihnen den Ausbildungsplatz geben?«

Ihre Antwort: ....

....

....

Fragen zur Ausbildungsfirma

Bei wem möchten Sie arbeiten?

Hintergrund: Schulabgänger machen sich in der Regel viele Gedanken über ihren zukünftigen Beruf, nur über die Ausbildungsfirma wissen die Bewerber meistens viel zu wenig. Aber von Firmenseite erwartet man, dass Sie sich über den Betrieb informiert und sich bewusst für ihn entschieden haben. Schließlich macht es einen Unterschied, ob man Informatikkaufmann in einem Industriebetrieb, in einem Kleinunternehmen oder bei einer Versicherung werden will.

Antwortstrategie: Erzählen Sie von Ihrer Informationssuche, was Sie alles getan haben, um etwas über den Ausbildungsbetriebe zu erfahren. Beziehen Sie sich in Ihren Antworten auf Firmenbroschüren, die Homepage der Firma, Gespräche auf Ausbildungsmessen, Informationen von Berufsberatern, den Austausch mit anderen Auszubildenden und Zeitungsartikel. Zeigen Sie, dass Sie sich rundum informiert haben.

Recherchieren Sie gründlich vor dem Gespräch

Bitte beantworten Sie folgende Fragen zur Ausbildungsfirma:

6. »Was wissen Sie über unsere Firma?«

   Ihre Antwort: ....

   ....

   ....

7. »Warum wollen Sie die Ausbildung gerade bei uns machen?«

   Ihre Antwort: ....

   ....

   ....

8 »Kennen Sie unsere Produkte/Dienstleistungen?«

   Ihre Antwort: ....

   ....

   ....

9. »Kennen Sie noch ähnliche Firmen wie unsere?«

   Ihre Antwort: ....

   ....

   ....

10. »Wie haben Sie sich über unser Unternehmen informiert?«

Ihre Antwort: ....

....

....

Fragen zum Praktikum

Hintergrund: In der Schule gelten andere Regeln als im Berufsleben. Aus Ihren Noten können Ausbildungsverantwortliche keine Hinweise darauf entnehmen, wie Sie sich im Arbeitsalltag verhalten werden. Deshalb ist das Praktikum so wichtig: Es ist Ihr wichtigster Berührungspunkt mit der Berufspraxis.

Zeigen Sie, dass Sie bereits praktische Erfahrungen sammeln konnten

Antwortstrategie: Bringen Sie in Ihren Antworten ganz konkrete Beispiele für die (guten!) Erfahrungen, die Sie im Praktikum gemacht haben. Achten Sie auch darauf, Abteilungen und Positionen von Mitarbeitern der Praktikumsfirma richtig zu benennen. Beschreiben Sie ausgewählte Aufgaben und den Tagesablauf und machen Sie klar, dass Sie mit dem Arbeitsalltag im Praktikum gut zurechtgekommen sind.

Bitte beantworten Sie folgende Fragen zum Praktikum:

11. »Was hat Ihnen in Ihrem Praktikum gefallen?«

Ihre Antwort: ....

....

....

12. »Mit wem hatten Sie im Praktikum zu tun?«

Ihre Antwort: ....

....

13. »Was haben Sie in Ihrem Praktikum gelernt?«

    Ihre Antwort: ....

    ....

    ....

14. »Warum haben Sie gerade dieses Praktikum gemacht?«

    Ihre Antwort: ....

    ....

    ....

15. »Was war Ihr schönstes Erlebnis im Praktikum?«

    Ihre Antwort: ....

    ....

    ....

Fragen zur Schule

Welche Erfahrungen haben Sie in der Schule gemacht?

Hintergrund: Da ein Bewerber um einen Ausbildungsplatz üblicherweise nicht so viele Erfahrungen aus der Arbeitswelt mitbringt, ist für die Ausbildungsverantwortlichen natürlich auch die Schule wichtig. Bei den entsprechenden Fragen geht es zum einen darum, ob man in den für die Ausbildung wichtigen Fächern gut ist, aber auch darum, wie man mit Lehrern und Mitschülern klargekommen ist.

Antwortstrategie: Erklären Sie, dass Sie sich für diejenigen Fächer in der Schule interessieren, die für die Ausbildung wichtig sind. Dabei müssen Sie nicht unbedingt Supernoten haben. Wichtig ist nur, dass Sie mit den Lerninhalten in den Fächern zurechtkommen.

Wie gut kommen
Sie mit anderen
aus?

Zudem sollten Sie herausstellen, dass Sie auch stets mit anderen Menschen auskommen. Geben Sie sich umgänglich. Zeigen Sie, dass Sie sich bemühen, in der Gruppe mitzuarbeiten.

Bitte beantworten Sie folgende Fragen zur Schule:

16. »Was sind Ihre Lieblingsfächer in der Schule und warum?«

    Ihre Antwort: ....

    ....

    ....

17. »Welche Fächer liegen Ihnen nicht?«

    Ihre Antwort: ....

    ....

    ....

18. »Wer ist Ihr Lieblingslehrer und warum?«

    Ihre Antwort: ....

    ....

    ....

19. »Wie haben Sie sich auf Klassenarbeiten vorbereitet?«

    Ihre Antwort: ....

    ....

    ....

20. »Was machen Sie in den Pausen?«

    Ihre Antwort: ....

    ....

    ....

Fragen zu Hobbys

Hintergrund: Damit man ein umfassenderes Bild von Ihnen gewinnen kann, wird man Sie auch nach Ihren Hobbys fragen. Denn zu Ihrer Persönlichkeit gehört auch, was Sie in der Freizeit machen. Schließlich möchten Ausbildungsverantwortliche wissen, was für einen Menschen sie eigentlich vor sich haben.

Es ist auch wichtig, was Sie in Ihrer Freizeit machen

Antwortstrategie: Die Hobbys und Interessen, die Sie im Vorstellungsgespräch nennen, passen im Idealfall zu Ihrem Ausbildungswunsch. Wer sich beispielsweise für eine kaufmännische Ausbildung bewirbt, kann mit einem Hobby wie »Mitglied im Schachclub« Zusatzpunkte sammeln. Aber keine Sorge, die Hobbys sind natürlich nicht ausschlaggebend. Wichtig ist, dass Sie dem Ausbildungsverantwortlichen zeigen, dass Sie sich auch in Ihrer Freizeit sinnvoll beschäftigen können.

Bitte beantworten Sie folgende Fragen zu Hobbys:

21. »Was machen Sie in Ihrer Freizeit?«

    Ihre Antwort: ....

    ....

    ....

22. »Wie würden Ihre Freunde/Mannschaftskameraden/Vereinskollegen Sie beschreiben?«

    Ihre Antwort: ....

    ....

    ....

23. »Warum haben Sie sich gerade diese Hobbys ausgesucht?«

    Ihre Antwort: ....

....

....
_____

24. »Welches Buch haben Sie zuletzt gelesen?«

Ihre Antwort: ....

....

....
_____

25. »Was haben Sie in Ihrer Freizeit gelernt, was Sie nicht in der Schule gelernt haben?«

Ihre Antwort: ....

....

....

Fragen zu Stärken und Schwächen

Hintergrund: Ausbildungsverantwortliche wollen wissen, ob sich Bewerber mit dem, was sie gut können (Stärken), und dem, was sie nicht so gut können (Schwächen), auseinandergesetzt haben. Niemand kann alles gleich gut. Wichtig ist aber, dass die Bewerber ihren Ausbildungsplatz so aussuchen, dass sie ihre Stärken auch einbringen können. Und dazu muss man sie erst einmal kennen.

Stellen Sie Ihre Stärken in den Vordergrund

Antwortstrategie: Überlegen Sie sich zunächst für sich selbst, was Sie besonders gut können und woran Sie Spaß haben. Im zweiten Schritt sortieren Sie Ihre Stärken danach, welche Ihnen während der Ausbildung helfen werden. Denken Sie an Ihr Praktikum, aber auch an Jobs und Aushilfstätigkeiten. Denn es ist wichtig, dass Sie auch immer beispielhafte Situationen angeben, in denen diese Stärken nützlich waren. Ihre Schwächen sollten Sie etwas abmildern, benutzen Sie dazu

Formulierungen wie »manchmal«, »es kommt vor« oder »ab und zu«.

Beispielantworten finden Sie auf Seite 331 f.

Bitte beantworten Sie folgende Fragen zu Stärken und Schwächen:

26. »Nennen Sie mir Ihre Stärken und Schwächen!«

    Ihre Antwort: ....

    ....

    ....

27. »Was gelingt Ihnen besonders gut?«

    Ihre Antwort: ....

    ....

    ....

28. »Wo haben Sie Schwächen?«

    Ihre Antwort: ....

    ....

    ....

29. »Was mögen andere an Ihnen?«

    Ihre Antwort: ....

    ....

    ....

30. »Woran haben Sie Spaß?«

    Ihre Antwort: ....

    ....

    ....

Fragen zur Persönlichkeit

Immer gefragter:
Ihre Soft Skills

Hintergrund: In Ihrer Ausbildung werden Sie täglich mit Kollegen, anderen Auszubildenden und Vorgesetzten zu tun haben. Aber auch der Kontakt mit Kunden gehört bei vielen Berufen dazu. Es reicht also nicht aus, nur über gutes Fachwissen zu verfügen: Die Fähigkeiten im Umgang mit anderen, auch soziale Kompetenzen oder Soft Skills genannt, spielen ebenfalls eine große Rolle. Daher wird in Vorstellungsgesprächen nach Eigenschaften wie »Teamfähigkeit«, »Leistungsbereitschaft« oder der »Fähigkeit zum selbstständigen Arbeiten« gefragt.

Antwortstrategie: Ganz wichtig ist, dass Ihre Antworten glaubwürdig klingen. Dazu müssen Sie auch hier Beispiele aufführen. Zeigen Sie mit Ihrer Antwort, dass Sie wissen, dass der Einzelkämpfer out ist. Behalten Sie stets im Blick, dass diejenigen Bewerber bevorzugt werden, deren Umgang mit anderen Menschen gut ist, die sich von Kritik nicht aus der Ruhe bringen lassen und die bei Schwierigkeiten nicht gleich aufgeben.

Bitte beantworten Sie folgende Fragen zur Persönlichkeit:

31. »Sind Sie teamfähig?«

    Ihre Antwort: ....

    ....

    ....

32. »Was verstehen Sie unter Kundenorientierung?«

    Ihre Antwort: ....

    ....

    ....

33. »Wie reagieren Sie, wenn Sie kritisiert werden?«

    Ihre Antwort: ....

    ....

    ....

34. »Was machen Sie, wenn Sie mit einer Aufgabe nicht weiterkommen?«

    Ihre Antwort: ....

    ....

    ....

35. »Arbeiten Sie lieber in der Gruppe oder lieber allein?«

    Ihre Antwort: ....

    ....

    ....

Stressfragen

Hintergrund: Manche Fragen dienen gar nicht der Informationssuche, sondern man möchte Sie mithilfe der sogenannten Stressfragen einfach nur aus der Ruhe bringen. Dies tut man nicht, um Sie zu ärgern, sondern um zu sehen, ob Sie unter Druck patzig werden oder immer noch freundlich bleiben. Dieser Aspekt ist beispielsweise sehr wichtig bei einer Arbeit mit direktem Kundenkontakt.

Bleiben Sie ruhig!

Antwortstrategie: Gehen Sie auf Vorwürfe, Angriffe und Unterstellungen gar nicht ein, sondern versuchen Sie, gelassen zu bleiben. Verfolgen Sie den eingeschlagenen Weg weiter: Betonen Sie nochmals, dass Sie wissen, dass diese Ausbildung wirklich die richtige für Sie ist, und liefern Sie Argumente dafür, warum Sie sich für die Ausbildung beworben haben. Räumen Sie Zweifel aus dem Weg und stellen Sie Ihre Stärken in den Vordergrund.

Bitte beantworten Sie folgende Stressfragen:

Beispiele für gelungene und ungünstige Antworten finden Sie auf Seite 333-335.

36. »Warum sind Ihre Noten nicht besser?«

    Ihre Antwort: ....
    ....
    ....

37. »Glauben Sie, dass dieser Beruf wirklich zu Ihnen passt?«

    Ihre Antwort: ....
    ....
    ....

38. »Würden Sie sich selbst für diese Ausbildung einstellen?«

    Ihre Antwort: ....
    ....
    ....

39. »Haben Sie schon viele Absagen kassiert?«

    Ihre Antwort: ....
    ....
    ....

40. »Jeder fünfte Jugendliche bricht die Ausbildung ab, könnte Ihnen das auch passieren?«

    Ihre Antwort: ....
    ....
    ....

Ihre eigenen Fragen

Hintergrund: Im Vorstellungsgespräch fordern Ausbildungsverantwortliche die Bewerber auch dazu auf, eigene Fragen zu stellen. Damit wollen sie überprüfen, ob der Schulabgänger auch wirklich ein Interesse an dem Ausbildungsberuf und der Ausbildungsfirma hat.

Welche Fragen haben Sie?

Antwortstrategie: Ihre eigenen Fragen können – und sollten – Sie vorbereiten. So vermeiden Sie, dass Ihnen auf die Schnelle nichts einfällt, denn schließlich ist es viel zu schwer, sich unter der stressigen Situation des Vorstellungsgespräches auch noch gute Fragen auszudenken. Beispielsweise kommen hier Fragen zum Ablauf der Ausbildung immer gut an.

Fragen, die Sie stellen können:

→ »Wie viele Auszubildende gibt es noch bei Ihnen?«
→ »Wer ist mein Ansprechpartner in der Ausbildung?«
→ »Welche Stationen werde ich in der Ausbildung durchlaufen?«
→ »Wie viele Auszubildende werden später übernommen?«
→ »Wie sind die Arbeitszeiten?«
→ »Wie hoch ist die Ausbildungsvergütung?«
→ »Gibt es neben der Berufsschule noch zusätzlichen betrieblichen Unterricht?«
→ »Mit wem werde ich zusammenarbeiten?«
→ »Was ist für Sie der Schwerpunkt in der Ausbildung?«
→ »Soll ich bei Ihnen vor der Ausbildung noch ein Kurzpraktikum machen?«

Sie haben nun eine Menge Fragen kennen gelernt, die Ihnen im Vorstellungsgespräch für Ausbildungsplatzsucher begegnen können. Damit sind Sie mit Ihrer Vorbereitung schon einen entscheidenden Schritt weitergekommen. Denn wenn Sie sich diese Fragen durch den Kopf gehen lassen und Ihre eigenen Antworten ausformulieren, sind Sie gut gerüstet. Sie gewinnen Sicherheit, da man Sie nicht mehr so leicht überraschen kann.

 Auf der beiliegenden CD-ROM finden Sie weitere Fragen mit gelungenen und weniger gelungenen Beispielantworten sowie ein interaktives Training für Ihr nächstes Vorstellungsgespräch. Viel Spaß beim Trainieren!

11. Persönlichkeitstest: Kennenlerntag

Worum geht es?

Die Ausbildungsfirmen wissen, dass Papier geduldig ist, und auch die Selbsteinschätzungen der Testteilnehmer sind oft nicht aussagekräftig genug. Daher führen immer mehr Firmen Kennenlerntage mit praktischen Übungen durch. So können die Unternehmen direkt das Verhalten der Ausbildungsplatzsucher in berufsnahen Situationen erleben – und bewerten. Man könnte einen Kennenlerntag auch mit einem Tagespraktikum vergleichen, bei dem bestimmte Aufgaben zu erledigen sind. Allerdings kommt als Stressfaktor hinzu, dass mehrere Kandidaten im Wettbewerb miteinander stehen.

Auf dem Prüfstand: Ihr Verhalten in berufsnahen Situationen

Was erwartet Sie?

Beliebt sind Gruppendiskussionen und Gruppenübungen. Gerne wird ein Thema von der Firmenseite vorgegeben, beispielsweise »Welche Eigenschaften sollte der oder die ideale Auszubildende mitbringen?« oder »Planen Sie einen Ausflugstag für alle Auszubildenden!«. Bei Diskussionen sitzen die Kandidaten zusammen um einem Tisch herum und tauschen ihre Argumente und Ideen aus. Bei Gruppenübungen geht es praktischer zu, beispielsweise muss ein Schaufenster für ein Geschäft dekoriert werden.

Wie können Sie Punkte sammeln?

Vor allem ist wichtig, dass Sie genügend mitreden und mitmachen. Wer keine eigenen Ideen liefert und nur

Arbeiten Sie aktiv mit

wenige Wortbeiträge beisteuert, wird kein gutes Ergebnis erzielen können. Besser ist es, aktiv mitzudiskutieren oder mitzuplanen. Machen Sie immer wieder eigene Vorschläge dafür, wie es weitergehen könnte. Bleiben Sie dabei konstruktiv, persönliche Angriffe führen zum Punktabzug. Zusatzpunkte werden Sie dann sammeln, wenn Sie die Zeit im Blick behalten und die Gruppe bei Bedarf daran erinnern, dass es nun wirklich weitergehen muss.

Gruppendiskussionen

Gruppendiskussionen sind deshalb für Ausbildungsbetriebe interessant, weil die Kandidaten hier im direkten Vergleich gegeneinander antreten. Man kann sich die Situation so vorstellen, dass die Testteilnehmer um einen Tisch herum sitzen und die Firmenvertreter als Beobachter das ganze Geschehen von Anfang bis Ende mitverfolgen. In Gruppendiskussionen stehen die kommunikativen Fähigkeiten der Teilnehmer im Vordergrund. Wer bringt eigenen Ideen ein? Wer arbeitet auf ein Ergebnis hin? Und wer kann die anderen überzeugen? Die Themen sind üblicherweise so gehalten, dass eigentlich jeder mitreden kann.

ÜBERSICHT

Typische Aufgabenstellungen in Gruppendiskussionen

Gruppendiskussion 1: Der ideale Auszubildende
Wie sieht der ideale Auszubildende für unsere Firma aus? Welche persönlichen Eigenschaften sollte er mitbringen? Und welches Wissen ist besonders wichtig? Einigen Sie sich in der Gruppe auf drei persönliche Eigenschaften und drei Wissensbereiche, die Sie für unverzichtbar halten. Zur Vorbereitung Ihrer eigenen Ar-

gumentation geben wir Ihnen 15 Minuten Zeit. Danach werden Sie eine halbe Stunde lang gemeinsam diskutieren.

Gruppendiskussion 2: Verkürzung der Ausbildungszeit

Deutschland gehen die Fachkräfte aus. Damit Auszubildende künftig früher in den Beruf kommen, soll die Ausbildungsdauer für alle Berufe generell auf zwei Jahre verkürzt werden. Halten Sie das für eine gute Idee? Oder meinen Sie, dass die Ausbildungszeiten so bleiben sollten, wie sie sind? Zur Vorbereitung dieser Gruppendiskussion haben Sie 20 Minuten Zeit. Anschließend werden Sie ebenfalls 20 Minuten lang diskutieren. Einigen Sie sich auf ein Ergebnis!

Gruppendiskussion 3: Das Schulfest

Ein unbekannter Wohltäter hat Ihrer Schule 2 000 Euro für ein Schulfest geschenkt. Jetzt geht es an die Planung. Sammeln Sie in der Gruppe Ideen für das Schulfest. Einigen Sie sich auf ein Rahmenprogramm und einen zeitlichen Ablauf. Hier noch ein paar Daten zur Schule: ca. 600 Schüler/innen aus den Klassenstufen 5 bis 10, 25 Lehrer. Zum Schulfest sind auch die Eltern mit eingeladen. Jetzt geht es gleich mit der Diskussion in der Gruppe los. Ihnen stehen dafür 60 Minuten Zeit zur Verfügung.

Checkliste Gruppendiskussion

CHECKLISTE

○ Machen Sie sich in der Vorbereitungszeit Notizen, sammeln Sie so viele Argumente wie möglich.

○ Wenn Sie bei einer Aufgabenstellung Pro und Contra abwägen sollen, sollten Sie auch für beide Bereiche Argumente sammeln.

→ FORTSETZUNG AUF DER NÄCHSTEN SEITE

*Bei Gruppen-
diskusstionen
stehen Sie im
direkten Wett-
bewerb mit den
anderen Bewerbern*

○ Sie müssen nicht unbedingt als Erste/r anfangen zu reden, sollten aber von Anfang an aktiv mitdiskutieren.

○ Wenn Sie sprechen, sollten Sie dabei den Blick in die Runde schweifen lassen und die anderen Kandidaten anschauen.

○ Bringen Sie möglichst schnell eigene Argumente und Ideen in die Diskussion ein. Dann wissen die Beobachter, dass Sie etwas zum Thema zu sagen haben.

○ Lassen Sie die anderen ausreden. Unterbricht man Sie mitten im Satz, fordern Sie das Recht ein, ebenfalls ausreden zu dürfen.

○ Wenn einzelne Kandidaten gar nicht mehr mit dem Reden aufhören, dürfen Sie sie unterbrechen. Beispielsweise so: »Ich glaube, es gibt in der Gruppe noch andere Ideen, die sollten wir uns auch anhören.«

○ Stellen Sie fest, dass einige Kandidaten ähnliche Ideen wie Sie haben, sollten Sie den Schulterschluss suchen und Ihre Ideen gemeinsam vorantreiben.

○ Erinnern Sie die anderen Kandidaten immer wieder an das Thema, wenn diese beginnen, sich in Nebensächlichkeiten und Einzelheiten zu verlieren.

○ Fragen Sie schweigende Teilnehmer nach deren Meinung. Bleiben Sie dabei freundlich im Ton.

○ Notieren Sie sich die Argumente anderer in Stichworten. Dies ist wichtig, falls Sie aufgefordert werden, das Gruppenergebnis zu präsentieren.

○ Lösen Sie Streit zwischen einzelnen Kandidaten nach Möglichkeit auf. Beispielsweise so: »Das bringt uns jetzt nicht weiter, wir können ja beide Argumente erst einmal festhalten, damit wir mit unserer Diskussion weiterkommen.«

○ Liefern Sie im Idealfall kurz vor Ablauf der Diskussionszeit eine Zusammenfassung. Zählen Sie die Argumente auf, die gefallen sind, und stellen Sie heraus, worauf sich die Gruppe im Wesentlichen geeinigt hat.

Gruppenübungen

Gruppenübungen scheinen auf den ersten Blick keine größeren Schwierigkeiten bereitzuhalten. Schließlich stehen praktische Dinge im Vordergrund. Aber Vorsicht, auch hier schauen die Firmenvertreter genau zu, wie sich die Kandidaten verhalten: Können sie sich mit anderen abstimmen? Haben sie eigene Ideen? Schaffen sie es, die Mitkandidaten zu überzeugen? Und gibt es am Ende ein vorzeigbares Ergebnis?

Typische Aufgabenstellungen für Gruppenübungen

ÜBERSICHT

Gruppenaufgabe 1: Die Einkäufer kommen
»Sie sind Mitarbeiterinnen und Mitarbeiter in der Groß- und Außenhandels GmbH. Wie üblich kommen alle sechs Monate die Einkäufer verschiedener Unternehmen, die von Ihnen beliefert werden. Vor sich sehen Sie 30 neue Produkte der Saison. Überlegen Sie zusammen mit den

→ FORTSETZUNG AUF DER NÄCHSTEN SEITE

anderen Kandidaten, welche zehn Produkte Sie auswählen und den Einkäufern auf einem Sondertisch präsentieren möchten. Einigen Sie sich in der Gruppe über die Auswahl. Bedenken Sie dabei: Welche Produkte könnten für die Einkäufer interessant sein? Und welche Produkte sorgen für deutlich mehr Umsatz bei Ihnen? Sie haben für diese Gruppenaufgabe 30 Minuten Zeit, dann möchte die Geschäftsleitung ein Ergebnis sehen.«

Gruppenaufgabe 2: Infomaterial am Kundentresen

»In Ihrer Bankfiliale sollen die Informationsmaterialien für die Kunden ansprechender als bisher präsentiert werden. Vor sich sehen Sie 20 Prospekte und Broschüren, unter anderem zu den Themen Altersvorsorge, Bausparverträge, Sparpläne, Privatkredite und Firmenkredite. Überlegen Sie sich, wie diese Materialien am Kundentresen übersichtlicher als bisher präsentiert werden könnten. Nun warten in diesem Raum ein leerer Kundentresen und einige leere Prospekthalter darauf, von Ihnen ansprechend und sinnvoll bestückt zu werden. Überlegen Sie sich gemeinsam, wie Sie vorgehen werden. In einer halben Stunde wird der Filialleiter der Bank erscheinen, um sich Ihre Umsetzung der Aufgabe anzusehen.«

Gruppenaufgabe 3: Das Musterzimmer

»Ihre Aufgabe in der nächsten Stunde ist die Gestaltung eines Musterzimmers in unserem Möbelgeschäft. Es geht dabei um ein Kinderzimmer für die Altersgruppe drei bis acht Jahre. Verschaffen Sie sich einen Überblick über unser Möbelsortiment und die bereitgestellten Dekorationsgegenstände. Welche Art der Präsentation wird interessierte Kunden ansprechen? Es treten zwei Gruppen gegeneinander an. Die Gruppe mit dem überzeugenderen Musterzimmer gewinnt.«

Checkliste Gruppenübungen

○ Beginnen Sie nicht einfach allein mit der praktischen Ausführung. Sie müssen sich zunächst in der Gruppe darüber abstimmen, wie Sie gemeinsam vorgehen wollen.

○ Teilen Sie den anderen Kandidaten am Anfang mit, wie Sie sich das weitere Vorgehen vorstellen.

○ Fragen Sie die anderen Kandidaten nach deren Ideen, bringen Sie aber auch eigene Ideen ein.

○ Vorsicht, meist wird zu viel Zeit mit Diskussionen verbracht und zu wenig mit der praktischen Umsetzung. Sorgen Sie dafür, dass es vorangeht.

○ Bei umfangreichen Aufgaben sollten Sie die Arbeit aufteilen. Bilden Sie sinnvolle Teams.

○ Wenn Sie das Gefühl haben, dass die Aufgabe zerredet wird, sollten Sie auf die knappe Zeitvorgabe verweisen.

○ Streit zwischen einzelnen Kandidaten sollten Sie schlichten. Hierbei helfen Sätze wie »Wir müssen gemeinsam eine Lösung finden« oder »Die Zeit zum Streiten ist jetzt einfach nicht da, wir müssen weitermachen«.

○ Beschränken Sie sich nicht darauf, nur Anweisungen zu geben, sondern packen Sie auch kräftig mit an.

○ Wenn Sie Ihre vereinbarten Aufgaben erledigt haben, können Sie auch anderen Kandidaten – die nicht so gut wie Sie vorankommen – helfen.

→ FORTSETZUNG AUF DER NÄCHSTEN SEITE

○ Behalten Sie die Zeitvorgabe im Blick und feuern Sie Ihre Gruppe – wenn nötig – zum Endspurt an.

Rollenspiele

Klassische Aufgabe für Berufe mit Kundenkontakt

Rollenspiele werden nicht bei jedem Kennenlerntag eingesetzt. Die Wahrscheinlichkeit, dass Sie auf die Übung Rollenspiel treffen, ist aber umso größer, je mehr Kundenkontakt Sie im angestrebten Beruf haben werden. Denn bei Rollenspielen für Ausbildungsplatzsuchende geht es oft darum, wie diese Kunden beraten, Kunden etwas verkaufen und manchmal auch darum, wie sie mit schwierigen Kunden umgehen. Sie nehmen dann die Rolle der Verkäuferin oder des Verkäufers ein. Den Käufer spielt entweder ein anderer Kandidat oder ein Firmenvertreter.

ÜBERSICHT

Typische Aufgabenstellungen für Rollenspiele

Rollenspiel 1: Das passende Handy
In der folgenden Übung sind Sie Berater/in im Handyshop D3. Gleich wird ein älterer Kunde den Laden betreten und sich von Ihnen darüber informieren lassen, welches Handy für ihn geeignet wäre. Fragen Sie den Kunden nach seinen Wünschen und empfehlen Sie ihm ein passendes Handy. Ihr Beratungsgespräch sollte nicht länger als zehn Minuten dauern.

....

Rollenspiel 2: Alte Ware
Sie sind Verkäufer/in in einem unserer Lebensmittelgeschäfte. Eine Kundin kommt auf Sie zu und zeigt Ihnen einen Joghurtbecher, bei dem das Mindesthaltbarkeitsdatum gestern abgelaufen ist. Die Kundin beschwert

sich darüber, dass Sie abgelaufene Ware nicht aus dem Kühlregal entfernt haben. Versuchen Sie die Kundin zu beruhigen und eine Lösung für das Problem zu finden. Sie haben dafür fünf Minuten Zeit.

Rollenspiel 3: Die beste Versicherung
Unsere Autoversicherung hat in allen Vergleichstests als günstigste und leistungsstärkste Versicherung abgeschnitten. Leider ist das noch nicht allen Kunden bekannt. Jetzt hat der Vertriebsinnendienst für Sie ein Gespräch mit einem Interessenten vereinbart, der bisher Kunde bei einer anderen Versicherung ist. Überzeugen Sie den Interessenten davon, die Autoversicherung zu wechseln. Sie haben zehn Minuten Zeit, um sich auf diese Aufgabe vorzubereiten. Ihr Kundengespräch wird ebenfalls zehn Minuten dauern.

Checkliste Rollenspiele

CHECKLISTE

○ Ist Ihnen die Aufgabenstellung für Ihr Rollenspiel klar geworden?

○ Machen Sie sich Gedanken darüber, was für den Kunden wichtig sein könnte.

○ Überlegen Sie sich, was Sie sich wünschen würden, wenn Sie als Kunde in der gleichen Situation wären.

○ Begrüßen Sie den Kunden freundlich und mit Blickkontakt.

○ Wenn Sie Ihr Kundengespräch am Tisch durchführen, sollten Sie zuerst dem Kunden einen Platz anbieten und dann erst in das Gespräch einsteigen.

→ FORTSETZUNG AUF DER NÄCHSTEN SEITE

○ Stellen Sie sich kurz mit Namen vor und fragen Sie, ob Sie helfen können.

○ Hören Sie dem Kunden erst einmal zu, bevor Sie eigene Vorschläge unterbreiten.

○ Bleiben Sie auch bei schwierigen Kunden freundlich.

○ Stellen Sie gezielt Fragen zu den Wünschen des Kunden. Beispielsweise: »Welche Vorstellung haben Sie denn von ...? Worauf kommt es Ihnen bei einem neuen ... an?«

○ Wiederholen Sie die Wünsche des Kunden, damit er erkennt, dass Sie ihn verstanden haben.

○ Versuchen Sie nicht, dem Kunden etwas gegen seinen Willen aufzuschwatzen.

○ Steht Prospektmaterial zur Verfügung, sollten Sie es dem Kunden präsentieren und kurz mit ihm durchgehen.

○ Fassen Sie das Gespräch am Schluss zusammen. Bei einem Verkaufsgespräch stellen Sie noch einmal die Vorzüge des Produkts heraus. Bei einem Beratungsgespräch nennen Sie noch einmal die wichtigsten Argumente, die für Ihr Angebot sprechen. Bei einem Reklamationsgespräch weisen Sie noch einmal darauf hin, dass es Ihnen leidtut und dass Sie den Fehler beheben werden.

○ Bedanken Sie sich am Gesprächsende für das Interesse des Kunden oder für den Hinweis, den er mit seiner Reklamation gegeben hat.

Kurzvorträge

Kurzvorträge können Ihnen beim Kennenlerntag in zweierlei Form begegnen. Es kann passieren, dass die Ergebnisse aus einer Gruppendiskussion vorgetragen werden sollen. Die Gruppe muss sich dann einigen, wer vorträgt. Manchmal bestimmen die Firmenvertreter auch einen oder mehrere Kandidaten. Die zweite Variante besteht darin, dass alle Teilnehmer des Kennenlerntages ein Thema bekommen, zu dem sie einen Vortrag ausarbeiten und halten sollen.

Die folgenden Aufgabenstellungen sind bei Kennenlerntagen schon einmal eingesetzt worden. Bauen Sie mithilfe dieser Übungsaufgaben Ihre Vortragsfähigkeiten aus.

Typische Aufgabenstellungen für Kurzvorträge

ÜBERSICHT

Vortragsthema 1: Besser vorbereitet für die Arbeitswelt
Was könnte man in der Schule anbieten, damit Schülerinnen und Schüler besser auf das Berufsleben vorbereitet werden? Überlegen Sie sich in 20 Minuten, welche Angebote Sie sich in Ihrer Schule wünschen würden. Was würde gut ankommen? Ihre Gedanken werden Sie anschließend in einem vierminütigen Vortrag den anderen Kandidaten vorstellen.

Vortragsthema 2: Fachunterricht auf Englisch?
An manchen Schulen gibt es nicht nur den reinen Fremdsprachenunterricht, dort werden auch andere Fächer wie Mathematik, Geografie oder Biologie auf Englisch gehalten. Sollten generell an jeder Schule zwei Fächer auf Englisch unterrichtet werden? Wenn ja, welche Fächer würden sich Ihrer Meinung dazu eignen? Wenn nein,

→ FORTSETZUNG AUF DER NÄCHSTEN SEITE

was spricht aus Ihrer Sicht dagegen? Wägen Sie nun zwanzig Minuten lang Ihre Argumente ab. Tragen Sie Ihre Meinung dann fünf Minuten lang vor.

Vortragsthema 3: Präsentieren Sie die Gruppenmeinung
Sie haben in der letzten Übung gemeinsam in der Gruppe darüber diskutiert, welche Fähigkeiten Auszubildende im Einzelhandel mitbringen sollten. Nun sollen Sie die Diskussionsergebnisse vor allen Anwesenden präsentieren. Sie haben noch zehn Minuten Zeit, um Ihre Präsentation vorzubereiten. Erinnern Sie sich daran, welche Fähigkeiten genannt wurden und welche der Gruppe am wichtigsten erschienen. Dann wird man Ihnen im Vortragsraum vier Minuten lang zuhören und am Ende noch ein paar Fragen an Sie richten.

CHECKLISTE

Checkliste Kurzvorträge

◯ Lesen Sie die Aufgabenstellung gründlich durch.

◯ Schreiben Sie sich in der Vorbereitungsphase Stichworte zum Vortragsthema auf.

◯ Sortieren Sie Ihre Stichworte nach passenden Schwerpunkten.

◯ Erstellen Sie aus den Schwerpunkten eine Vortragsgliederung.

◯ Wenn Ihnen ein Overheadprojektor zur Verfügung steht, sollten Sie ihn nutzen. Schreiben Sie mindestens Ihre Vortragsgliederung auf eine Folie. Falls Sie mehr als fünf Minuten Vortragszeit bekommen, sollten Sie noch weitere Folien zu den einzelnen Gliederungspunkten anfertigen.

○ Sind andere Medien wie Flipchart (großer Papierblock auf Stativ) oder Tafel vorhanden, sollten Sie sie entsprechend einsetzen und zumindest Ihre Gliederung aufschreiben.

○ Sprechen Sie zum Publikum und halten Sie dabei Blickkontakt zu Ihren Zuhörern.

○ Achten Sie darauf, laut genug, nicht zu schnell und deutlich zu sprechen.

○ Beachten Sie die Zeitvorgabe. Notieren Sie sich zu diesem Zweck Anfangs- und Endzeit in Ihren Vortragsunterlagen.

○ Damit Sie einen guten Einstieg ins Thema finden, sollten Sie Ihre ersten Sätze ausformulieren. Ihren weiteren Vortrag sollten Sie frei halten.

○ Achten Sie darauf, während des laufenden Vortrages immer wieder auf die Gliederung hinzuweisen, damit Ihre Zuhörer wissen, an welcher Stelle Ihrer Ausführungen Sie gerade sind.

○ Auch ein guter Schluss bleibt in Erinnerung. Formulieren Sie in der Vorbereitungszeit also auch einen Schlusssatz aus.

○ Wenn Fragen und Anmerkungen aus dem Zuhörerkreis (andere Teilnehmer oder auch Firmenangehörige) kommen, sollten Sie diese freundlich beantworten.

○ Ist Ihre Vortragszeit vorbei und gibt es keine Fragen mehr, bedanken Sie sich fürs Zuhören und gehen zurück zu Ihrem Platz.

12. Wissenstest: Berufswissen

Worum geht es?

Wissen Sie, welche Aufgaben auf Sie zukommen?

Die Firmen möchten am liebsten Ausbildungsplatzsuchende in ihren Reihen haben, die sich schon deutlich vor dem Antritt der neuen Stelle damit beschäftigt haben, welche beruflichen Aufgaben auf sie warten. Immer wieder treffen Personalverantwortliche nämlich auf Bewerber, die gar nicht so richtig wissen, worum es am Arbeitsplatz gehen wird und welche Aufgaben im Berufsalltag im Mittelpunkt stehen werden. Daher setzen manche Firmen Tests zum Berufswissen ein. Es geht dabei nicht darum, schon bis ins letzte Detail darüber im Bilde zu sein, was man in der Ausbildung alles lernen wird oder was im Berufsalltag im Mittelpunkt stehen wird. Wichtig ist aber, deutlich zu machen, dass man ein Überblickswissen davon mitbringt, was von einem verlangt wird.

Was erwartet Sie?

In Tests zum Berufswissen erwarten Sie beispielsweise Fragen danach, welche Tätigkeiten in dem von Ihnen angestrebten Beruf ausgeübt werden und welche Kenntnisse besonders wichtig sind. Beispielsweise werden Sie mit Listen konfrontiert, die 20 Tätigkeiten enthalten. Sie sollen dann die sieben Tätigkeiten einkreisen, die in Ihrer späteren Tätigkeit eine Rolle spielen könnten. Oder es wird kreativ, dann ist die Aufgabenstellung eher offen und könnte lauten: »Bitte nennen Sie fünf typische Aufgaben eines Versicherungskaufmanns!« Manchmal müssen Sie auch Fragen zum Unternehmen wie »Kennen Sie das bekannteste Produkt unserer Firma?« beantworten.

Wie können Sie Punkte sammeln?

Sie haben sich bereits in der Bewerbungsphase über Ihren Wunschberuf informiert. Dies ist aber vielleicht schon einige Zeit her – rufen Sie sich also noch einmal bewusst ins Gedächtnis, welche Aufgaben in Ihrem angestrebten Beruf auf Sie warten. Wenn Sie hier Unsicherheit bei sich verspüren, nutzen Sie das Internet. Klicken Sie auf die Homepage der Firma, auf die Seiten der Agentur für Arbeit, auf Informationsseiten der Industrie- und Handelskammern oder der Handwerkskammer. Auch Jobbörsen informieren gezielt über Anforderungen einzelner Berufsfelder.

Was macht eigentlich ein ...?

Bitte nennen Sie fünf Aufgaben, die zu Ihrem Beruf gehören. Sie haben eine Minute Zeit.

1 MINUTE

Ihr Beruf: _____

Aufgabe 1: _____

Aufgabe 2: _____

Aufgabe 3: _____

Aufgabe 4: _____

Aufgabe 5: _____

Im Lösungsteil finden Sie auf Seite 336 ein Beispiel für diese Übung anhand des Berufs Informatikkauffrau.

Bitte begründen Sie!

In der folgenden Liste sind 40 Tätigkeiten aufgeführt. Sie sollen daraus sieben zu Ihrem Beruf passende auswählen. Anschließend werden Sie zu jeder der sieben ausgewählten Tätigkeiten eine kurze Begründung geben.

Beispiel: Ausbildungsberuf Hotelfachfrau
Tätigkeit 1: anbieten. Begründung: Ich werde Gästen Hotelzimmer anbieten.
Tätigkeit 2: erkundigen. Begründung: Ich erkundige mich, welche Getränke die Gäste zum Frühstück möchten.

Nun geht es los, Sie haben fünf Minuten Zeit für die Auswahl der sieben Begriffe und die jeweilige kurze Begründung!

ÜBUNG

Eine Vielzahl möglicher Tätigkeiten

1. anbieten	2. ausführen
3. auswählen	4. behalten
5. benutzen	6. berichten
7. bewältigen	8. bewerten
9. darstellen	10. durchführen
11. einfühlen	12. eintragen
13. entscheiden	14. erfassen
15. erinnern	16. erledigen
17. festlegen	18. handeln
19. helfen	20. informieren
21. kontrollieren	22. koordinieren
23. lernen	24. mitteilen
25. nachweisen	26. ordnen
27. pflegen	28. prüfen
29. reden	30. schreiben
31. sortieren	32. übergeben
33. überprüfen	34. untersuchen

35. verstehen	36. vollenden
37. vorbereiten	38. wahrnehmen
39. weiterleiten	40. zuhören

Ihr Beruf: ....

Tätigkeit 1: ....

5 MINUTEN

Begründung: ....

Tätigkeit 2: ....

Begründung: ....

Tätigkeit 3: ....

Begründung: ....

Tätigkeit 4: ....

Begründung: ....

Tätigkeit 5: ....

Begründung: ....

Tätigkeit 6: ....

Begründung: ....

Tätigkeit 7: ....

Begründung: ....

Was gehört wozu?

Aus den hier aufgelisteten 15 Berufsinhalten sollen Sie jeweils fünf auswählen und diese dann den zutreffenden Bereichen zuordnen. Zur Auswahl stehen kaufmännischer Bereich, technischer Bereich und pflegerischer Bereich. Die Zeit läuft, Sie haben 2 Minuten Zeit. Notieren Sie Ihre Auswahl schriftlich!

ÜBUNG

Berufsinhalte zuordnen

1. Korrespondenz
2. Maschinenprüfung
3. Therapie
4. Montage
5. Rechnungswesen
6. Marketing
7. Diagnostik
8. Verarbeitung
9. Ernährungsberatung
10. Instandsetzung
11. Angebotserstellung
12. ambulante Versorgung
13. Rehabilitation
14. Produktion
15. Buchführung

2 MINUTEN

Kaufmännischer Bereich:

1. ....

2. ....

3. ....

4. ....

5. ....

Technischer Bereich:

1. ....

2. ....

3. ....

4. ....

5. ....

Pflegerischer Bereich:

1. ....

2. ....

3. ....

4. ....

5. ....

Sind Sie informiert?

Insbesondere große Firmen wie Banken, Versicherungen oder Energiekonzerne legen viel Wert darauf, dass die Bewerber etwas über das Unternehmen wissen. Aber auch im Mittelstand und in Kleinunternehmen müssen Sie damit rechnen, Fragen zur Firma beantworten zu müssen. Wir haben zehn klassische Fragen für Sie zusammengestellt, beantworten Sie sie jetzt schriftlich. Wenn Ihnen die Antwort schwerfällt, informieren Sie sich am besten mithilfe des Internets.

Für die schriftliche Beantwortung dieser zehn Fragen haben Sie 10 Minuten Zeit.

10 MINUTEN

1. Wie viele Mitarbeiter hat unsere Firma?

   Ihre Antwort: ....

   ....

   ....

2. Zu welcher Branche gehört unsere Firma?

   Ihre Antwort: ....

   ....

   ....

3. Nennen Sie drei Produkte oder Dienstleistungen, die unsere Firma anbietet.

Ihre Antwort:..

....

....

4. Seit wann gibt es unsere Firma?

Ihre Antwort:..

....

....

5. Kennen Sie eine andere Firma, die zu unseren Mitbewerbern (Konkurrenten) gehört?

Ihre Antwort:..

....

....

Sie haben noch 5 Minuten!

6. Was ist das bekannteste Produkt unserer Firma?

Ihre Antwort:..

....

....

7. Wie würden Sie unsere Firma in einem Satz beschreiben?

Ihre Antwort:..

....

....

8. Kennen Sie noch andere Standorte unseres Unternehmens in Deutschland?

Ihre Antwort:..

....

....

9. Können Sie noch zwei weitere Städte nennen, in denen unsere Firma tätig ist?

Ihre Antwort: ....

....

....

10. Wo ist Ihnen Werbung von uns aufgefallen?

Ihre Antwort: ....

....

....

13. Wissenstest: Allgemeinbildung

Worum geht es?

Fakten, Fakten, Fakten

Wenn im Einstellungstest Fragen zur Allgemeinbildung auftauchen, wollen die Personalverantwortlichen herausfinden, ob die Bewerber über eine sichere Basis an Faktenwissen verfügen. Es wird im Grunde überprüft, was Sie in der Schule gelernt haben, die Fragen kommen beispielsweise aus Themengebieten wie Wirtschaft, Geschichte oder Geografie. Dabei müssen die Kandidaten nicht in jedem Wissensbereich die Höchstpunktzahl erreichen. Wer sich bei einer Bank oder einer Versicherung bewirbt, sollte aber selbstverständlich Wirtschaftskenntnisse mitbringen, und wer eine Ausbildung zur Reiseverkehrskauffrau machen möchte, sollte gut in Geografie sein.

Was erwartet Sie?

Wir haben für Sie über 200 gängige Fragen zur Allgemeinbildung aus Einstellungstests zusammengestellt. Frischen Sie Ihr Wissen in den Bereichen Wirtschaft, Geografie, Geschichte und Politik auf: Die richtigen Lösungen auf unsere Fragen finden Sie ab Seite 335. Für den gesamten Test mit 230 Fragen sollten Sie ungefähr 75 Minuten brauchen.

Wie können Sie Punkte sammeln?

Fragen zur Allgemeinbildung sind üblicherweise in Multiple-Choice-Form aufbereitet, das heißt, dass Sie die richtige Antwort aus vorgegebenen Möglichkeiten auswählen sollen, so wie bei den Quizshows im Fernsehen. Wenn Sie die richtige Antwort nicht auf Anhieb wissen, machen Sie es wie die Fernsehkandidaten: Überlegen Sie sich, welche Vorschläge Sie auf jeden Fall ausschließen können, und dann entscheiden Sie sich unter den verbleibenden Antworten für die wahrscheinlichste. Gehen Sie unsere Fragenkataloge mehrmals durch, am besten im Abstand von einigen Tagen, dann ist der Lerneffekt für Sie am größten.

Wirtschaft

1. Wer hat das Modell der freien Marktwirtschaft beschrieben?
    a) Adam Smith
    b) Adam Opel
    c) Ludwig Erhard
    d) Helmut Schmidt

25 MINUTEN

2. Welches Merkmal gehört zur freien Marktwirtschaft?
    a) Pressefreiheit
    b) Kunstfreiheit
    c) Vertragsfreiheit
    d) Straffreiheit

3. Welches Merkmal gehört nicht zur freien Marktwirtschaft?
    a) Konsumentenfreiheit
    b) Gewerbefreiheit
    c) Kapitalismus
    d) Sozialismus

4. Wie umschreibt man den Begriff Geldentwertung?
    a) Inflation
    b) Depression
    c) Institution
    d) Impression

5. Was begann am 24. Oktober 1929 mit dem
   »Schwarzen Donnerstag«?
   a) Weltwirtschaftsaufschwung
   b) Ende des freien Welthandels
   c) Zweiter Weltkrieg
   d) Weltwirtschaftskrise

6. Wie bezeichnet man einen anhaltenden Rück-
   gang des Preisniveaus für Waren und Dienstleistungen?
   a) Inflation
   b) Deflation
   c) Illusion
   d) Depression

7. Fallen Stagnation des Wirtschaftswachstums
   und Inflation zusammen, bezeichnet man dies
   als ...
   a) Stagnation
   b) Stagnaflation
   c) Stagflation
   d) Staginflation

8. Zahlungsunfähige Unternehmen gehen in ...
   a) Insolvenz
   b) Investition
   c) Investment
   d) Inkontinenz

9. Der Fachbegriff für die Summe der in einem
   Land produzierten Güter und Dienstleistungen
   heißt ...
   a) Nettovermögen
   b) Bruttoinlandsprodukt
   c) Wertschöpfung
   d) Wirtschaftswachstum

10. Viele Unternehmen gewähren einen Rabatt,
    wenn die Kunden innerhalb einer bestimmten
    Frist bezahlen. Wie heißt dieser Rabatt?

    a) Pronto

    b) Skonto

    c) Tara

    d) E-Cash

11. Das Gewicht der Verpackung einer Ware heißt ...

    a) Netto

    b) Leer

    c) Tara

    d) Karton

12. Nach Abzug der Kosten oder Steuern heißt ...

    a) Tara

    b) Brutto

    c) Real

    d) Netto

13. Vor Abzug der Kosten oder Steuern heißt ...

    a) Gesamt

    b) Netto

    c) Brutto

    d) Blanko

14. Steigende Kurse an der Börse werden bezeichnet als ...

    a) Baisse

    b) Down

    c) Ground

    d) Hausse

15. Was ist eine Dividende?

    a) eine jährliche Steuer

    b) eine jährliche Teilung von Aktien

    c) eine jährliche Gewinnzahlung auf eine Aktie

    d) eine jährliche Gewinnzahlung auf Pfandbriefe

16. Welche Aussage zur Abgabenquote ist richtig?
    a) Sie beschreibt den Anteil der Umsatzsteuer am allgemeinen Steueraufkommen.
    b) Sie beschreibt den Anteil der Sozialabgaben im Verhältnis zum Bruttoinlandsprodukt.
    c) Sie beschreibt den Anteil der Steuern und Sozialabgaben im Verhältnis zur Gesamtbevölkerung.
    d) Sie beschreibt den Anteil von Steuern und Sozialabgaben im Verhältnis zum Bruttoinlandsprodukt.

17. Welche Aussage gilt für die Absatzpolitik?
    a) Ziel der Absatzpolitik ist es, den Unternehmenserfolg zu sichern und auszubauen.
    b) Ziel der Absatzpolitik ist es, den Verbraucher über Inhaltsstoffe zu informieren.
    c) Ziel der Absatzpolitik ist es, den Unternehmenserfolg durch Personalabbau zu sichern.
    d) Ziel der Absatzpolitik ist es, das Unternehmenswachstum durch stufenweises Marketing, also Absatzmarketing, zu steigern.

18. Was ist unter Allgemeinen Geschäftsbedingungen zu verstehen?
    a) vorformulierte Bedingungen für eine Vielzahl von Verträgen
    b) allgemeine Verbraucherschutzgesetze
    c) gesetzliche Regelungen für die Geschäfte zwischen Privatleuten
    d) gerichtliche Regelungen für die Geschäfte zwischen staatlichen Behörden und Unternehmen

Noch knapp 20 Minuten.

19. Eine Aussperrung ist...
    a) die Insolvenz einer Firma
    b) eine Maßnahme im Arbeitskampf
    c) die fristlose Kündigung von Mitarbeitern
    d) die Beschränkung von Importgeschäften durch Zollvorschriften

20. Das Arbeitsschutzgesetz regelt …
    a) die Verhütung von Unfällen
    b) den Schutz vor illegalen Arbeitern
    c) die Verhütung von Jugendarbeit
    d) den Schutz vor Schwarzarbeit

21. Wie heißt die Bank der Zentralbanken?
    a) Internationale Bank
    b) Bank für Internationalen Zahlungsausgleich
    c) Europäische Zentralbank
    d) Weltbank

22. Wie viel Liter enthält ein Barrel Rohöl?
    a) 175 Liter
    b) 100 Liter
    c) 159 Liter
    d) 191,7 Liter

23. Was zählt zur betrieblichen Altersvorsorge?
    a) Pensionskassen
    b) Immobilien
    c) gesetzliche Rentenversicherung
    d) fondsgebundene Lebensversicherungen

24. Was ist kennzeichnend für einen Binnenmarkt?
    a) gesteuerter Export und Import
    b) freie Meinungsäußerungen und Pressefreiheit
    c) freier Verkehr von Waren, Dienstleistungen und Kapital
    d) gesteuerter Verkehr von Waren und Dienstleistungen

25. Unter »DAX« verstehen Börsianer …
    a) steigende Börsenkurse
    b) eine Kennziffer, die den Durchschnittskurs ausgewählter deutscher Aktien wiedergibt
    c) einen Feiertag, an dem keine Börsenkurse festgelegt werden
    d) fallende Börsenkurse

26. Was ist der Dow Jones?
    a) ein US-amerikanischer Aktienindex
    b) ein US-amerikanischer Rohstoffindex
    c) ein französischer Aktienindex
    d) ein deutscher Inflationsindex

27. Was ist die Wall Street?
    a) eine Stadtmauer in London
    b) ein Stadtmuseum in Washington
    c) eine Straße in New York
    d) eine Straße in Los Angeles

28. Wenn die Aktienkurse über einen längeren Zeitraum steigen, bezeichnet man dies als ...
    a) Daxmarkt
    b) Bärenmarkt
    c) Elefantenmarkt
    d) Bullenmarkt

29. Die Emigration gut ausgebildeter Menschen bezeichnet man als ...
    a) Jobhopping
    b) Brain-Drain
    c) Brainstorming
    d) Brain-Gain

30. Was ist unter Bruttonationaleinkommen zu verstehen?
    a) der Wert aller Güter und Dienstleistungen, die in einem Jahr erwirtschaftet werden
    b) das Einkommen der Inländer in einer Volkswirtschaft
    c) die jährliche Summe von Löhnen, Gehältern und Vermögenseinkommen
    d) das Arbeitseinkommen aller Deutschen, die sowohl im Inland als auch im Ausland arbeiten

31. Die Behörde mit den meisten Mitarbeitern in Deutschland ist ...
    a) das Finanzamt
    b) das Ordnungsamt

c) das Verteidigungsministerium

d) die Bundesagentur für Arbeit

32. Welche Aussage ist richtig?

a) Mit Errichtung der Europäischen Zentralbank und der Einführung des Euro wurde die Bundesbank aufgelöst.

b) Aufgabe der Bundesbank ist die Kontrolle der Goldreserven.

c) Aufgaben der Bundesbank sind die Erhaltung der Preisstabilität und die Verwaltung der Währungsreserven.

d) Die Bundesbank ist für die Festlegung des Eurokurses zuständig.

33. Wie wird ein Unternehmensleitbild bezeichnet?

a) Corporate Governance

b) Corporate Branding

c) Corporate Design

d) Corporate Identity

34. Welcher Faktor berücksichtigt die gestiegenen Lebenserwartungen von Rentnern beim Leistungsbezug?

a) biologischer Faktor

b) Demografiefaktor

c) Demokratiefaktor

d) Finanzierungsfaktor

35. Wie bezeichnet man die Rücknahme staatlicher Eingriffe ins Wirtschaftsgeschehen?

a) Subvention

b) Monopolregulierung

c) Privatisierung

d) Deregulierung

36. Was bedeutet die Abkürzung DGB?

a) Deutscher Genossenschaftsbund

b) Deutscher Gewerkschaftsbund

c) Deutsche Gewerkschaft

d) Deutscher Gewerbebund

37. Die Dachorganisation aller Industrie- und Handelskammern in Deutschland heißt ...
    a) DIUH
    b) DIHT
    c) DIHK
    d) DOHK

38. Wie heißt die parallele Ausbildung in Betrieb und Berufsschule?
    a) duale Ausbildung
    b) Ausbildungspakt
    c) überbetriebliche Ausbildung
    d) doppelte Ausbildung

39. Wie bezeichnet man die Abwicklung von Geschäftsprozessen zwischen Unternehmen und Kunden über das Internet?
    a) E-Ressource
    b) E-Commerce
    c) E-Mail
    d) E-Cash

40. Wie heißt das System der Verteilung von Finanzmitteln zwischen Bund, Ländern und Gemeinden?
    a) Finanzreform
    b) Finanzierungslücke
    c) Finanzkampf
    d) Finanzausgleich

41. Was ist die Friedenspflicht?
    a) die Pflicht, Streitigkeiten unter Kollegen zu vermeiden
    b) die Pflicht, Konflikte zwischen Firmen zu beenden
    c) die Pflicht, während eines laufenden Tarifvertrages keine Arbeitskämpfe zu führen
    d) die Verpflichtung, dass sich Arbeitgeber und Arbeitnehmer in Tariffragen einigen müssen

42. Wie heißen Zusammenschlüsse von Unternehmen?

a) Expansionen
b) Pensionen
c) feindliche Übernahmen
d) Fusionen

43. Wie heißt das allgemeine Abkommen zum
Abbau von Zöllen und sonstigen Handelshemm-
nissen?

Sie haben noch
etwa 12 Minuten.

a) GATT
b) FATT
c) ATT
d) HATT

44. Welche Steuer ist für die Finanzierung von
Gemeinden sehr wichtig?
a) Erbschaftssteuer
b) Gewerbesteuer
c) Sektsteuer
d) Mineralölsteuer

45. Der Prozess der stetigen Zunahme der internatio-
nalen wirtschaftlichen Verflechtung heißt ...
a) Internationalisierung
b) Restrukturierung
c) Globalisierung
d) Ökonomisierung

46. Wer beschließt den Haushaltsplan des Bundes?
a) Bundesregierung
b) Bundesminister
c) Bundeskanzler
d) Bundesparlament

47. Wie nennt man das Wissen, das Menschen
durch Ausbildung, Erfahrung und Weiter-
bildung erwerben?
a) Wissenskapital
b) Humankapital
c) Unternehmenskapital
d) Bildungskapital

48. Wie bezeichnet man das dingliche Recht an einem Grundstück?
    a) Hypothek
    b) Pfandbrief
    c) Personenkredit
    d) Notarrecht

49. Die Abkürzung »IWF« bedeutet...
    a) Internationale Weltbank
    b) Internationaler Währungsfonds
    c) Internationaler Wirtschaftsfond
    d) Internationaler Wissensfonds

50. Die Anschaffung von Produktionsmitteln durch Unternehmen ist eine ...
    a) Investition
    b) Suggestion
    c) Subvention
    d) Intervention

51. Das Just-in-time-Konzept ...
    a) führt zu einer Vergrößerung von Lagerbeständen
    b) führt zu einer Verkleinerung von Lagerbeständen
    c) hat keinen Einfluss auf die Lagerbestände
    d) schafft Lagerbestände vollständig ab

52. Wie nennt man den theoretischen Gegensatz zum Keynesianismus?
    a) Nachfragetheorie
    b) Liberalismus
    c) Monetarismus
    d) Sozialismus

53. Ein Konjunkturzyklus besteht aus den Bestandteilen ...
    a) Expansion, Export, Reimport, Deregulierung
    b) Expansion, Boom, Rezession, Depression

    c) Stagnation, Boom, Rezession, Depression

    d) Expansion, Boom, Stagnation, Depression

54. Was ist unter Lohnstückkosten zu verstehen?

    a) der Anteil der Stromkosten, die für eine Produkteinheit notwendig sind

    b) der Anteil der Arbeitskosten, die für eine Produkteinheit notwendig sind

    c) der Anteil der Sozialversicherungskosten, die für eine Produkteinheit notwendig sind

    d) der Anteil der Raumkosten, die für eine Produkteinheit notwendig sind

55. Welche Ziele liegen dem »magischen Viereck« zugrunde?

    a) schwache Gewerkschaften, starke Arbeitgeberverbände, mäßige Arbeitslosigkeit, mäßiges Wirtschaftswachstum

    b) hoher Export, niedriger Import, mäßige Inflation, starkes Wirtschaftswachstum

    c) starke Gewerkschaften, schwache Arbeitgeberverbände, Vollbeschäftigung, Tarifautonomie

    d) Vollbeschäftigung, Preisstabilität, Wirtschaftswachstum, außenwirtschaftliches Gleichgewicht

56. Man spricht von einem mittelständischen Unternehmen, ...

    a) wenn es nicht mehr als 100 Mitarbeiter beschäftigt

    b) wenn es nicht mehr als 150 Mitarbeiter beschäftigt

    c) wenn es nicht mehr als 10 Mitarbeiter beschäftigt

    d) wenn es nicht mehr als 500 Mitarbeiter beschäftigt

57. Gibt es auf dem Markt nur wenige Anbieter oder wenige Nachfrager, bezeichnet man dies als ...
    a) Triopol
    b) Wettbewerb
    c) Oligopol
    d) Polypol

58. Wie nennt man Absprachen von Unternehmen, die Wettbewerb verhindern sollen?
    a) unlautere Verträge
    b) Kartell
    c) Karting
    d) Wettbewerbsmonopole

59. Das Zusammenwirken von privaten Kapitalgebern und staatlichen Hoheitsträgern nennt man ...
    a) Public Partnership
    b) Public Private Corporation
    c) Private Civil Corporation
    d) Public Private Partnership

60. Was bedeutet die Abkürzung GmbH?
    a) Gesellschaft mit begrenzter Haftung
    b) Gesellschaft mit beschränkter Haftung
    c) Gemeinschaft mit beschränkter Haftung
    d) Gesellschaft mit beschränktem Handlungsspielraum

Sie haben noch etwa 6 Minuten.

61. Auf welchen fünf Säulen ruht das Sozialversicherungsystem in Deutschland?
    a) Lebens-, Arbeitslosen-, Renten-, Kranken-, Pflegeversicherung
    b) Unfall-, Arbeitslosen-, Renten-, Kranken-, Haftpflichtversicherung
    c) Unfall-, Arbeitslosen-, Renten-, Kranken-, Pflegeversicherung
    d) Unfall-, Arbeitslosen-, Renten-, Kranken-, Sozialversicherung

62. Welche indirekte Steuer bringt dem Staat die höchsten Einnahmen?
    a) Mineralölsteuer
    b) Umsatzsteuer
    c) Tabaksteuer
    d) Biersteuer

63. Welches Tarifmodell gilt bei der Einkommensteuer?
    a) progressives Modell
    b) proportionales Modell
    c) regressives Modell
    d) Stufenmodell

64. Das Stakeholder-Relationship-Management ...
    a) stellt die Aktionäre in den Mittelpunkt
    b) ist vorrangig auf Mitarbeiterinteressen ausgerichtet
    c) erfasst Unternehmen in ihren gesamten sozialökonomischen Beziehungen
    d) beruht auf dem Shareholder-Value-Ansatz

65. Wie bezeichnet man das Verhältnis von erhobenen Steuern zum Bruttoinlandsprodukt?
    a) Steuerquote
    b) Steuerschlupfloch
    c) Staatsquote
    d) Nettoquote

66. Strukturwandel ist ...
    a) schädlich für Marktwirtschaften
    b) in Marktwirtschaften nicht zu beobachten
    c) ein Kennzeichen von Agrargesellschaften
    d) Kennzeichen einer Marktwirtschaft

67. Tarifverhandlungen sind Bestandteil der ...
    a) Gehaltsgespräche
    b) Tarifverträge
    c) Tarifautonomie
    d) Gehaltsvereinbarungen

68. Wie wird ein Trickbetrug im Internet genannt?
    a) Stealing
    b) Tricking
    c) Contacting
    d) Phishing

69. Was bedeutet Venture Capital?
    a) Staatskapital
    b) Kapitalzins
    c) Risikokapital
    d) liquides Kapital

70. Wie heißen Steuern, die den Verbrauch beein-flussen?
    a) Ökosteuern
    b) Regelungssteuern
    c) Verbrauchssteuern
    d) Verbrauchsregelungen

71. Die Mineralölsteuer ist eine ...
    a) Verbrauchssteuer
    b) Umsatzsteuer
    c) direkte Steuer
    d) Rentensubventionssteuer

72. Das volkswirtschaftliche Zwei-Sektoren-Modell besteht aus ...
    a) Angebot und Nachfrage
    b) Haushalten und Unternehmen
    c) privaten und öffentlichen Krediten
    d) Gewerbe- und Niederlassungsfreiheit

73. Wann erfolgte die Einführung der Deutschen Mark?
    a) 21. Juni 1948
    b) 31. Dezember 1945
    c) 21. Juli 1949
    d) 1. Januar 1919

74. Wie kann sich eine Steigerung des Dollarkurses auf den Euroraum auswirken?
    a) Verminderung der Exporte in die USA
    b) Zunahme von Urlaubsreisen in die USA
    c) Erhöhung des Ölpreises
    d) Verbilligung von landwirtschaftlichen Produkten aus den USA

75. Der Dollarkurs fällt, was kann dies für den Euroraum bedeuten?
    a) Verteuerung eines Urlaubs in den USA
    b) Steigerung der Exporte in die USA
    c) höhere Preise für neue US-amerikanische Autos
    d) Verminderung der Exporte in die USA

76. Der Werkvertrag ...
    a) ist ein Dauerschuldverhältnis
    b) dient der Herbeiführung eines vorher festgelegten Erfolges
    c) regelt die Gebrauchsüberlassung einer Sache auf Zeit
    d) kann nicht gekündigt werden

77. Wie wird der Sachverständigenrat zur Begutachtung der gesamtwirtschaftlichen Entwicklung umgangssprachlich genannt?
    a) die fünf Wirtschaftsinstitute
    b) die fünf Wirtschaftsexperten
    c) die fünf Wirtschaftsweisen
    d) die fünf Wirtschaftshellseher

78. Was bedeutet die Abkürzung WTO?
    a) World Traffic Organization
    b) World Trade Organization
    c) Western Trade Organization
    d) World Trader Organization

79. Womit werden die wirtschaftlichen Transaktionen eines Landes mit dem Ausland erfasst?
    a) Zahlungsbilanz
    b) Leistungsbilanz
    c) Kapitalbilanz
    d) Handelsbilanz

80. Die Umsatzsteuer ist eine ...
    a) direkte Steuer
    b) indirekte Steuer
    c) Einkommenssteuer
    d) Erbschaftssteuer

Wie geht es weiter?

Die Lösungen zum Bereich Wirtschaft finden Sie auf Seite 336 f.

Auch zum Thema Wirtschaft sollten Sie vor Einstellungstests und Vorstellungsgesprächen auf dem Laufenden sein. Recherchieren Sie diese und weitere aktuelle Fragen zeitnah im Internet:

→ Wie ist der momentane Kurs des Euro zum Dollar?
→ Wie viel Wirtschaftswachstum gab es im vergangenen Jahr?
→ Wie hoch war die Arbeitslosenquote im vergangenen Jahr?
→ Wie hoch war die Inflation (Preisindex) im vergangenen Jahr?
→ Wo steht der DAX?
→ Welche Höhe hat der Dow Jones?
→ Wer ist aktuell Vorsitzender des DGB?
→ Wie heißt der momentane Präsident des DIHK?
→ Wie heißt der aktuelle Präsident des BDI?
→ Wer ist zurzeit Präsident des BDA?
→ Falls Sie sich bei einer Aktiengesellschaft bewerben, recherchieren Sie bitte auch:
→ Wie ist der Aktienkurs des Unternehmens aktuell?
→ Wo stand der Aktienkurs vor einem Jahr?
→ Welche Entwicklung haben die Aktienkurse ähnlicher Unternehmen gehabt?

Geografie

81. Wie heißt die Landeshauptstadt von Baden-
Württemberg?
a) Heilbronn
b) Karlsruhe
c) Heidelberg
d) Stuttgart

16 MINUTEN

82. Wie heißt die bevölkerungsreichste Stadt
Sachsen-Anhalts?
a) Dessau
b) Magdeburg
c) Halle
d) Wittenberg

83. Wie heißt die bevölkerungsreichste Stadt
Brandenburgs?
a) Frankfurt an der Oder
b) Cottbus
c) Brandenburg a.d.H.
d) Potsdam

84. In welchem Gebirge liegt der Fichtelberg?
a) Fichtelgebirge
b) Thüringer Wald
c) Erzgebirge
d) Rhön

85. Wie heißt die Landeshauptstadt Brandenburgs?
a) Brandenburg a.d.H.
b) Potsdam
c) Berlin
d) Dresden

86. Wie heißt die bevölkerungsreichste Stadt des
Saarlandes?
a) Trier
b) Metz
c) Kaiserslautern
d) Saarbrücken

87. Wie heißt die Landeshauptstadt von Thüringen?
    a) Jena
    b) Gera
    c) Erfurt
    d) Suhl

88. In welchem Gebirge liegt der Brocken?
    a) Harz
    b) Weserbergland
    c) Teutoburger Wald
    d) Eifel

89. Wie heißt die Landeshauptstadt von Schleswig-Holstein?
    a) Lübeck
    b) Kiel
    c) Flensburg
    d) Schleswig

90. Wie heißt die Landeshauptstadt von Sachsen-Anhalt?
    a) Halle
    b) Dessau
    c) Magdeburg
    d) Dresden

91. Wie heißt die Landeshauptstadt von Sachsen?
    a) Dresden
    b) Leipzig
    c) Cottbus
    d) Chemnitz

92. In welchem Gebirge liegt die Wasserkuppe?
    a) Spessart
    b) Rhön
    c) Schwarzwald
    d) Schwäbische Alb

93. Wie heißt der höchste Berg Österreichs?
    a) Zugspitze
    b) Großglockner
    c) Mont Blanc
    d) Wildspitze

94. Wie heißt die bevölkerungsreichste Stadt Baden-Württembergs?
    a) Freiburg
    b) Konstanz
    c) Heidelberg
    d) Stuttgart

95. Wie heißt die Landeshauptstadt von Nordrhein-Westfalen?
    a) Köln
    b) Essen
    c) Düsseldorf
    d) Dortmund

96. Wie heißt die bevölkerungsreichste Stadt Deutschlands?
    a) Hamburg
    b) Köln
    c) Berlin
    d) München

97. Wie heißt die bevölkerungsreichste Stadt Nordrhein-Westfalens?
    a) Essen
    b) Dortmund
    c) Düsseldorf
    d) Köln

98. Wohin mündet die Donau?
    a) Rotes Meer
    b) Totes Meer
    c) Schwarzes Meer
    d) Steinhuder Meer

99. In welchem Gebirge liegt die Zugspitze?
    a) Schwarzwald
    b) Erzgebirge
    c) Fichtelgebirge
    d) Alpen

100. In welchem Gebirge liegt der Große Feldberg?
    a) Eifel
    b) Hunsrück
    c) Taunus
    d) Schwarzwald

101. Wo liegt die Quelle der Donau?
    a) Schwarzwald
    b) Teutoburger Wald
    c) Thüringer Wald
    d) Westerwald

102. Wie hoch ist der höchste Berg Deutschlands?
    a) 3 322 Meter
    b) 8 488 Meter
    c) 2 962 Meter
    d) 1 898 Meter

103. Wohin mündet der Rhein?
    a) Ostsee
    b) Schwarzes Meer
    c) Mittelmeer
    d) Nordsee

104. Wohin mündet die Elbe?
    a) Nordsee
    b) Ostsee
    c) Steinhuder Meer
    d) Bodensee

Noch 8 Minuten. 105. Wohin mündet die Oder?
    a) Kieler Bucht
    b) Pommersche Bucht
    c) Mecklenburger Bucht

d) Lübecker Bucht

106. Wo liegt die Mündung der Weser?
   a) Wilhelmshaven
   b) Cuxhaven
   c) Dollart
   d) Bremerhaven

107. Wo liegt die Quelle des Rheins?
   a) Alpen
   b) Schwarzwald
   c) Fichtelgebirge
   d) Bayerischer Wald

108. Wo liegt die Quelle der Elbe?
   a) Harz
   b) Hunsrück
   c) Pfälzer Wald
   d) Riesengebirge

109. Zu welchem Bundesland gehört die Insel
   Usedom?
   a) Mecklenburg-Vorpommern
   b) Sachen-Anhalt
   c) Niedersachsen
   d) Schleswig-Holstein

110. In welcher Metropolregion (Stadt und Umland)
   leben die meisten Menschen der Welt?
   a) New York
   b) São Paulo
   c) Mexiko-Stadt
   d) Tokio

111. Wie heißt die größte deutsche Insel?
   a) Sylt
   b) Usedom
   c) Borkum
   d) Rügen

112. Welche Stadt ist bevölkerungsmäßig die größte Stadt Europas?
    a) London
    b) Berlin
    c) Paris
    d) Moskau

113. Welche Stadt liegt nicht in Sachsen?
    a) Zwickau
    b) Chemnitz
    c) Schwerin
    d) Leipzig

114. Welche Stadt liegt am südlichsten?
    a) Konstanz
    b) Bayreuth
    c) München
    d) Nürnberg

115. Welches Bundesland grenzt an Rheinland-Pfalz?
    a) Niedersachen
    b) Sachsen-Anhalt
    c) Saarland
    d) Thüringen

116. Welches Land grenzt an Deutschland?
    a) Ungarn
    b) Slowenien
    c) Schweden
    d) Tschechien

117. Wie heißt die Hauptstadt der Türkei?
    a) Ankara
    b) Antalya
    c) Izmir
    d) Istanbul

Sie haben noch etwa 4 Minuten.

118. Wie heißt die Hauptstadt von Bulgarien?
    a) Bukarest

b) Budapest
c) Sarajevo
d) Sofia

119. Wie heißt die Hauptstadt Sloweniens?
a) Sarajevo
b) Ljubljana
c) Sofia
d) Bratislava

120. Wie heißt die Hauptstadt Indiens?
a) Bombay
b) Bangalore
c) Bhopal
d) Neu-Delhi

121. Wie heißt die Hauptstadt von Luxemburg?
a) Nancy
b) Straßburg
c) Luxemburg
d) Augsburg

122. Wie heißt die Hauptstadt von Liechtenstein?
a) Monaco
b) Vaduz
c) Liechtenstein
d) Metz

123. Wie heißt die Hauptstadt von Südafrika?
a) Johannesburg
b) Pretoria
c) Kapstadt
d) Durban

124. Wie heißt die Hauptstadt der USA?
a) Washington
b) Atlanta
c) New York
d) Los Angeles

125. Welches Land liegt am Schwarzen Meer?
   a) Serbien
   b) Bulgarien
   c) Kroatien
   d) Weißrussland

126. Wie heißt der längste Fluss Europas?
   a) Wolga
   b) Donau
   c) Elbe
   d) Rhein

127. In welchem Gebirge liegt der Mount Everest?
   a) Rocky Mountains
   b) Himalaja
   c) Anden
   d) Alpen

128. Der Sueskanal verbindet das Mittelmeer mit dem ...
   a) Schwarzen Meer
   b) Roten Meer
   c) Weißen Meer
   d) Kaspischen Meer

129. Welcher Berg ist der höchste Europas?
   a) Matterhorn
   b) Achtermann
   c) Mount Everest
   d) Mont Blanc

Anmerkung: Der Berg Elbrus im Kaukasus/Russland ist noch höher, es ist aber strittig, ob der Elbrus noch Europa oder schon Asien zuzurechnen ist.

130. Wo liegt das Kap der guten Hoffnung?
   a) Südamerika
   b) Südaustralien
   c) Südafrika
   d) Süditalien

Wie geht es weiter?

Wie in der Einleitung zu diesem Frageblock bereits erwähnt, spielt Geografie im Einstellungstest beispielsweise dann eine größere Rolle, wenn Sie in Ihrem künftigen Arbeitsfeld mit ausländischen Kunden zu tun haben, selbst im Ausland arbeiten werden oder Vertriebs- oder Marketingprojekte für ausgewählte Regionen im In- und Ausland planen sollen. Wenn Sie damit rechnen, von Ihrer künftigen Firma entsprechend eingesetzt zu werden, können Sie Ihr Wissen im Bereich Geografie vor einem Vorstellungsgespräch noch taktisch erweitern, dann bereitet Ihnen die Beantwortung dieser Fragen keine Schwierigkeiten:

Die Lösungen zum Bereich Geografie finden Sie auf Seite 336 f.

→ **Wissen Sie, an welchen deutschen Standorten die Firma noch vertreten ist?**

→ **Kennen Sie europaweite beziehungsweise weltweite Standorte des Unternehmens?**

→ **In welchen Ländern lässt die Firma ihre Waren produzieren?**

→ **In welchen Ländern lassen wichtige Mitbewerber ihre Waren produzieren?**

→ **Welche Städte und Regionen zählen zu den Hauptabsatzgebieten der Firma?**

→ **Wie ist die »geografische« Firmengeschichte? Wo wurde die Firma gegründet? Gab es eine Neugründung mit Wechsel des Standorts?**

→ **Welche für die Firma wichtigen Regionen im In- und Ausland werden sich künftig verändern (beispielsweise expandierende Metropolen, stagnierende Mittelzentren, Landstriche mit abnehmender Bedeutung)?**

Geschichte

13 MINUTEN

131. Das sogenannte Zweistromland, durch das die Flüsse Euphrat und Tigris flossen, nennt man ...
   a) Ägypten
   b) Mesopotamien
   c) Syrien
   d) Sumerien

132. In welcher Stadt fanden, der Überlieferung nach, die ersten Olympischen Spiele statt?
   a) Athen
   b) Sparta
   c) Olympia
   d) Marathon

133. Wie wird der antike griechische Stadtstaat bezeichnet?
   a) Ethnos
   b) Spartas
   c) Polis
   d) Demokratos

134. Der berühmte karthagische Feldherr, der mit seinen Kriegselefanten die Alpen überquerte, um das Römische Reich anzugreifen, hieß ...
   a) Hannibal
   b) Massinissa
   c) Alexander
   d) Cicero

135. Wie hieß der erste römische Kaiser?
   a) Caesar
   b) Nero
   c) Caligula
   d) Augustus

136. In welchem Jahr fand, gemäß der Überlieferung, die Gründung Roms statt?

a) 753 vor Christus
b) 333 nach Christus
c) 3 nach Christus
d) 531 vor Christus

137. Welcher römische Kaiser erließ 313 das religiöse Toleranzedikt von Mailand, das zur massiven Ausbreitung des Christentums führte?
a) Nero
b) Claudius
c) Konstantin I.
d) Caligula

138. Wie hieß der bekannteste Hunnenkönig?
a) Kublai Khan
b) Attila
c) Iwan
d) Dschingis Khan

139. Welcher Herrscher wurde im Jahr 800 durch Papst Leo III. zum Kaiser über das Heilige Römische Reich gekrönt?
a) Karl der Große
b) Peter der Große
c) Alexander der Große
d) Friedrich der Große

140. Wie heißt die Epoche zwischen Antike und Neuzeit?
a) Renaissance
b) Mittelalter
c) Barock
d) Klassik

141. Die Grundherrschaft im Mittelalter nannte man ...
a) Ritterherrschaft
b) Privilegienherrschaft
c) Feudalherrschaft
d) Absolutismus

142. Wann begann beziehungsweise endete der Drei-ßigjährige Krieg?
   a) 917 bis 947
   b) 1914 bis 1944
   c) 1839 bis 1869
   d) 1618 bis 1648

143. Der Westfälische Frieden beendete ...
   a) den Siebenjährigen Krieg
   b) den Hundertjährigen Krieg
   c) den Dreißigjährigen Krieg
   d) den Sechstagekrieg

144. Die Niederlage Preußens gegen Napoleon hatte in Preußen umfangreiche Reformen zur Folge. Wer war für die Bildungsreformen verantwortlich?
   a) Wilhelm von Humboldt
   b) Friedrich Wilhelm I.
   c) Alexander von Humboldt
   d) Kurfürst Friedrich III.

145. Wann trat die Paulskirchenverfassung in Kraft?
   a) 1849
   b) 1871
   c) 1914
   d) niemals

146. Durch welche(n) Krieg(e) zerbrach das Heilige Römische Reich endgültig?
   a) Dreißigjähriger Krieg
   b) Deutsch-Dänischer Krieg
   c) Hundertjähriger Krieg
   d) Napoleonische Kriege

147. Wer wurde im französischen Schloss Versailles zum deutschen Kaiser proklamiert?
   a) Friedrich der Große
   b) Kaiser Wilhelm I.
   c) Kaiser Wilhelm II.
   d) Karl der Große

148. Das sogenannte Deutsche Kaiserreich dauerte von ...
    a) 1871 bis 1919
    b) 1871 bis 1917
    c) 1871 bis 1918
    d) 1871 bis 1914

149. Wie hieß der erste Reichskanzler des Deutschen Reiches?
    a) Friedrich Ebert
    b) Kaiser Wilhelm I.
    c) Kaiser Wilhelm II.
    d) Otto von Bismarck

150. Das sogenannte Deutsche Reich dauerte von ...
    a) 1918 bis 1945
    b) 1871 bis 1945
    c) 1871 bis 1918
    d) 1917 bis 1945

151. Welche Versicherungen führte Otto von Bismarck mit seiner 1881 initiierten Sozialgesetzgebung ein?
    a) Kranken- und Unfallversicherung
    b) Arbeitslosenversicherung
    c) Pflegeversicherung
    d) Unfall- und Arbeitslosenversicherung

152. Wann begann beziehungsweise endete der Erste Weltkrieg?   *Sie haben noch etwa 6 Minuten.*
    a) 1914 bis 1919
    b) 1918 bis 1933
    c) 1914 bis 1918
    d) 1917 bis 1918

153. In welchem Jahr traten die USA in den Ersten Weltkrieg ein?
    a) 1914
    b) gar nicht
    c) 1917
    d) 1915

154. Was war die Weimarer Republik?
    a) eine Monarchie
    b) eine Diktatur
    c) eine Demokratie
    d) eine Anarchie

155. In welchem Jahr begann die sogenannte Welt-wirtschaftskrise?
    a) 1929
    b) 1918
    c) 1919
    d) 1933

156. Welcher Politiker rief am 9. November 1918 von einem Fenster des Berliner Reichstages die Republik aus?
    a) Friedrich Ebert
    b) Philipp Scheidemann
    c) Max von Baden
    d) Otto von Bismarck

157. Wie hieß der erste Reichspräsident der Weima-rer Republik?
    a) Konrad Adenauer
    b) Paul von Hindenburg
    c) Friedrich Ebert
    d) Heinrich Brüning

158. In welchem Jahr fand die sogenannte Machter-greifung durch die Nationalsozialisten statt?
    a) 1934
    b) 1933
    c) 1931
    d) 1932

159. Wann begann beziehungsweise endete der Zweite Weltkrieg?
    a) 1939 bis 1945
    b) 1939 bis 1941

c) 1940 bis 1945

d) 1918 bis 1933

160. Auf welches Land wurden am Ende des Zweiten
Weltkrieges zwei Atombomben abgeworfen? *Noch knapp*
3 Minuten!
a) Russland
b) Deutschland
c) Japan
d) China

161. Das Attentat vom 20. Juli 1944 gegen Adolf
Hitler wurde ausgeführt von ...
a) Joachim von Ribbentrop
b) Hermann Göring
c) Sophie Scholl
d) Claus Schenk Graf von Stauffenberg

162. Den Ost-West-Konflikt zwischen 1945 bis 1990
unter Führung der USA auf der einen und der
Sowjetunion auf der anderen Seite nennt
man ...
a) Heiße Phase
b) Kalter Krieg
c) Kontrollierter Konflikt
d) Wettbewerb der Nationen

163. Welchem französischen König wird der Satz
»Der Staat, das bin ich!« zugeschrieben?
a) Ludwig XI.
b) Ludwig XVI.
c) Ludwig XIV.
d) Ludwig XVII.

164. In welchem Jahr fand die Französische Revolution statt?
a) 1648
b) 1789
c) 1776
d) 1871

165. Wann begann die industrielle Revolution in
     Großbritannien?
     a) Mitte des 17. Jahrhunderts
     b) Ende des 19. Jahrhunderts
     c) Anfang des 18. Jahrhunderts
     d) Ende des 18. Jahrhunderts

166. Wie hieß der russische Zar, der grundlegende
     Reformen nach westlichem Vorbild durch-
     führte?
     a) Iwan der Schreckliche
     b) Alexander der Gutmütige
     c) Nikolaus der Starke
     d) Peter der Große

167. Wie hieß der absolute Alleinherrscher der
     Sowjetunion von 1927 bis 1953?
     a) Trotzki
     b) Stalin
     c) Lenin
     d) Kalinin

168. Wie heißt die Nachfolgeorganisation der
     Sowjetunion?
     a) GUS
     b) SOZ
     c) RUS
     d) KOM

169. Wann erfolgte die Unabhängigkeitserklärung
     der USA?
     a) 4. Juli 1865
     b) 4. Juli 1565
     c) 4. Juli 1776
     d) 4. Juli 1666

170. Wie hieß der erste Präsident der USA?
     a) George Washington
     b) Abraham Lincoln

c) Walter York
d) John Little

Wie geht es weiter?

Wenn Sie Ihr Wissen im Themenfeld Geschichte vor Einstellungstests und Vorstellungsgesprächen zielgerichtet erweitern möchten, sollten Sie dabei die Aufgaben und Zielsetzungen Ihres künftigen Arbeitgebers im Blick behalten. Wie dies geht, werden wir Ihnen nun beispielhaft für Kandidaten erläutern, die sich um eine Stelle im Auswärtigen Amt beworben haben. Entwickeln Sie bei Bedarf anhand unserer Beispielfragen ähnliche Fragen, die Ihr künftiger Arbeitgeber Ihnen stellen könnte.

Die Lösungen zum Bereich Geschichte finden Sie auf Seite 337.

→ Welche geschichtlichen Besonderheiten sind im Verhältnis zwischen Deutschland und Russland auch heute noch zu berücksichtigen?
→ Wie ist das aktuelle Verhältnis zwischen Frankreich und Deutschland?
→ Welche historischen Spannungsfelder wirken in Großbritannien bis heute fort?
→ Welche historischen Ereignisse prägen das Verhältnis der USA zu Deutschland bis in die Gegenwart?
→ Wodurch ist das besondere Verhältnis zwischen Israel und Deutschland gekennzeichnet?
→ Wie könnte der Friedensprozess zwischen Israel und seinen Nachbarn wieder in Gang gebracht werden?
→ Welche geschichtlichen Ereignisse sollte man im Gedächtnis haben, wenn man sich zum deutsch-polnischen Verhältnis äußert?
→ Welche Chancen und Risiken besitzt die Europäische Union vor dem Hintergrund der geschichtlichen Entwicklungen zwischen den Mitgliedsländern?

Politik

21 MINUTEN

171. Wer wählt den Bundeskanzler beziehungsweise
die Bundeskanzlerin?
a) Bundesrat
b) Bundesgerichtshof
c) Bundestag
d) Bundesversammlung

172. Wie oft kann der Bundeskanzler wiedergewählt
werden?
a) einmal
b) zweimal
c) unbegrenzt
d) dreimal

173. Wer ernennt den Bundeskanzler?
a) der Bundesratspräsident
b) der Bundestagspräsident
c) der Bundespräsident
d) der Präsident des Bundesrechnungshofes

174. Die Hälfte der Stimmen des Bundestages plus
eine weitere Stimme ist ...
a) die Zweidrittelmehrheit
b) die einfache Mehrheit
c) die Kanzlermehrheit
d) die konstruktive Mehrheit

175. Was bedeutet Richtlinienkompetenz?
a) Der Bundeskanzler gibt die Grundlinien der
Politik vor.
b) Der Bundeskanzler ordnet an, was die Minister zu tun haben.
c) Der Bundeskanzler erlässt schriftliche
Richtlinien für die Minister.
d) Der Bundeskanzler ist an die Richtlinien des
Grundgesetzes gebunden.

176. Wie hieß der erste Bundeskanzler der Bundesrepublik Deutschland?
   a) Willy Brandt
   b) Ludwig Erhard
   c) Konrad Adenauer
   d) Otto von Bismarck

177. Welcher Bundeskanzler war Nachfolger Ludwig Erhards?
   a) Kurt Georg Kiesinger
   b) Helmut Kohl
   c) Willy Brandt
   d) Helmut Schmidt

178. Für welche Politik erhielt Bundeskanzler Willy Brandt den Friedensnobelpreis?
   a) Westpolitik
   b) Ostpolitik
   c) Wiedervereinigung
   d) Gründung der Europäischen Union

179. Wen löste Angela Merkel als Bundeskanzlerin ab?
   a) Helmut Kohl
   b) Gerhard Schröder
   c) Edmund Stoiber
   d) Roman Herzog

180. Wer wählt den Bundespräsidenten?
   a) Bundesrat
   b) Bundespräsidentenkammer
   c) Bundestag
   d) Bundesversammlung

181. Wie oft ist eine Wiederwahl des Bundespräsidenten erlaubt?
   a) gar nicht
   b) zweimal
   c) einmal
   d) dreimal

182. Wie lange dauert die Amtszeit des Bundespräsidenten?
    a) 5 Jahre
    b) 4 Jahre
    c) 3 Jahre
    d) 6 Jahre

183. Wer muss Gesetze des Bundestages unterzeichnen, damit sie in Kraft treten können?
    a) Bundestagspräsident
    b) Bundesratspräsident
    c) Bundeskanzler
    d) Bundespräsident

184. Wer vertritt Deutschland völkerrechtlich?
    a) Bundespräsident
    b) Bundeskanzler
    c) Außenminister
    d) Verteidigungsminister

185. An welcher Stelle der protokollarischen Rangfolge Deutschlands steht der Bundeskanzler beziehungsweise die Bundeskanzlerin?
    a) an erster Stelle
    b) an dritter Stelle
    c) an zweiter Stelle
    d) an vierter Stelle

186. Wie hieß der erste Bundespräsident der Bundesrepublik Deutschland?
    a) Theodor Heuss
    b) Roman Herzog
    c) Konrad Adenauer
    d) Heinrich Lübke

187. Welcher Bundespräsident folgte auf Roman Herzog?
    a) Horst Köhler
    b) Richard von Weizsäcker

c) Gerhard Schröder
d) Johannes Rau

188. Was bedeutet »Deutschland ist eine parlamen-
tarische Demokratie«?
a) Das Volk wählt den Bundestag.
b) Der Bundeskanzler wird vom Volk gewählt.
c) Das Parlament wählt den Bundespräsidenten.
d) Die Ministerpräsidenten wählen den Bundeskanzler.

189. Was bedeutet »Föderalismus«?
a) die Unterteilung in Stadtstaaten
b) die Unabhängigkeit von Parlament und
Gericht
c) die Unabhängigkeit von Regierung und
Gericht
d) die Unterteilung in kleinere Gliedstaaten

190. Wo ist der Sitz des Bundesverfassungsgerichtes?
a) Berlin
b) Bonn
c) Köln
d) Karlsruhe

191. Wie hieß die Staatspartei der DDR?
a) Sozialistische Elite Deutschlands
b) Soziale Einheitspartei Deutschlands
c) Sozialistische Einheitspartei Deutschlands
d) Sozialdemokratische Einheitspartei
Deutschlands

192. Unabhängige Richter im Sinne des Grundgesetzes heißt ...
a) Richter sind weisungsgebunden
b) Richter unterliegen ihrem Gewissen
c) Richter sind an Gesetze gebunden
d) Richter sind nicht an Gesetze gebunden

193. Was bedeutet »konstruktives Misstrauensvotum«?
   a) Der Bundespräsident kann den Bundeskanzler nur dann entlassen, wenn er gleichzeitig einen Nachfolger ernennt.
   b) Das Parlament kann den Bundeskanzler mit Mehrheit nur dann abwählen, wenn die Mehrheit sich gleichzeitig auf einen Nachfolger einigt.
   c) Das Parlament kann den Bundeskanzler mit Mehrheit nur dann abwählen, wenn seine Fraktion gleichzeitig einen Nachfolger vorschlägt.
   d) Der Bundespräsident kann nur dann abgewählt werden, wenn die Bundesversammlung gleichzeitig einen Nachfolger vorschlägt.

194. Wie viele Wahlkreise gibt es in Deutschland?
   a) 301
   b) 299
   c) 290
   d) 302

195. Wie groß ist die gesetzliche Anzahl der Mitglieder des Bundestages?
   a) 600
   b) 602
   c) 604
   d) 598

196. Wie wird der Bundestag gewählt?
   a) in indirekter Wahl durch das Volk
   b) in direkter Wahl durch die Landtage
   c) in direkter Wahl durch das Volk
   d) in direkter Wahl durch die Parteien

197. Wann wurde das Grundgesetz verkündet?
   a) 4. Mai 1945
   b) 24. Mai 1949

c) 3. Oktober 1990

d) 23. Mai 1949

198. Wann ist das Grundgesetz in Kraft getreten?

a) 9. November 1989

b) 3. Oktober 1990

c) 24. Mai 1949

d) 4. Oktober 1990

199. Welche Mehrheit ist erforderlich, um das Grundgesetz zu ändern?

a) Zweidrittelmehrheit des Bundestages

b) qualifizierte Mehrheit des Bundestages

c) einfache Mehrheit des Bundestages und einfache Mehrheit des Bundesrates

d) Zweidrittelmehrheit des Bundestages und des Bundesrates

200. An welchem Tag erfolgte die Wiedervereinigung der beiden deutschen Staaten?

Sie haben noch etwa 10 Minuten Zeit.

a) 9. November 1989

b) 3. Oktober 1990

c) 5. Mai 1945

d) 23. Mai 1949

201. Unter welchem Bundeskanzler erfolgte die deutsche Wiedervereinigung?

a) Helmut Kohl

b) Willy Brandt

c) Helmut Schmidt

d) Konrad Adenauer

202. Was fand am 17. Juni 1953 in der DDR statt?

a) Bau der Berliner Mauer

b) Bau der innerdeutschen Grenze

c) Beginn der Blockade von Berlin, die durch die Berliner Luftbrücke überwunden wurde

d) Demonstrationen, Prosteste und Streiks, die als Volksaufstand bezeichnet werden

203. Wann begann der Bau der Berliner Mauer?
   a) 17. Juni 1953
   b) 13. August 1961
   c) 23. Mai 1949
   d) 8. November 1964

204. Wann fiel die Berliner Mauer?
   a) 3. Oktober 1990
   b) 8. November 1964
   c) 1. Januar 1990
   d) 9. November 1989

205. Was meint Pluralismus?
   a) die Mehrheit im Bundestag bei Abstimmungen
   b) die höchste Prozentzahl bei Meinungsumfragen
   c) die Bindung der höchsten Gerichte an die Gesetze
   d) die gleichberechtigte Existenz verschiedener politischer Ansichten

206. Was ist die Legislative?
   a) die Regierung
   b) die Rechtsprechung
   c) das Kabinett
   d) das Parlament

207. Was ist die Exekutive?
   a) die Gerichte
   b) die Regierung
   c) der Bundesaußenminister
   d) die Landtage

208. Was ist die Judikative?
   a) der Justizminister
   b) die juristische Fakultät einer Universität
   c) die Gerichte
   d) die Gesamtheit der Juraprofessoren

209. Was wird unter der vierten Gewalt verstanden?
   a) die Medien
   b) die Armee
   c) die Polizei
   d) das Bundesverfassungsgericht

210. In welchem Artikel des Grundgesetzes wird die Pressefreiheit geschützt?
   a) Artikel 1
   b) Artikel 5
   c) Artikel 9
   d) Artikel 104

211. Wie heißt der Staatenbund, dem Großbritannien und die Nachfolgestaaten des British Empire angehören?
   a) Commonwealth of Nations
   b) United Nations
   c) Dominian Nations
   d) British Nations

212. Das britische Parlament besteht aus zwei Kammern, ...
   a) dem House of Lords und dem House of Workers
   b) dem House of Lords und dem House of Commons
   c) dem House of Law und dem House of Commons
   d) dem House of Peers und dem House of Commons

213. Wie heißt der Vorsitzende des House of Commons?
   a) Speaker
   b) Prime Minister
   c) Lordsiegelbewahrer
   d) Lordkanzler

214. Wie bezeichnet man es in Frankreich, wenn Präsident und Premierminister unterschiedlichen Parteien angehören?
    a) Cohabitation
    b) Commonsense
    c) Collage
    d) Cocteau

Noch etwa 5 Minuten.

215. Wie wird das Prinzip der Trennung von Kirche und Staat in Frankreich bezeichnet?
    a) Liberalismus
    b) Ethnozismus
    c) Glaubensfreiheit
    d) Laizismus

216. Im Zentrum der Reformpolitik von Michail Gorbatschow standen die Begriffe »Perestroika« und »Glasnost«. Was bedeuten sie?
    a) Umgestaltung und Transparenz
    b) Veränderung und Steuerung
    c) Wiederherstellung und Geschlossenheit
    d) Besinnung und Stärke

217. Wie lange bestand die Sowjetunion (UdSSR)?
    a) 1922 bis 1991
    b) 1917 bis 1989
    c) 1933 bis 1989
    d) 1945 bis 1991

218. Wie hieß der Wahlspruch der Sowjetunion?
    a) Der hat die Macht, an den die Menge glaubt!
    b) Der Mensch ist das Maß aller Dinge!
    c) Vertrauen ist gut, Kontrolle ist besser!
    d) Proletarier aller Länder, vereinigt euch!

219. Wofür stehen die 50 Sterne auf der Flagge der USA?
    a) für die 48 Bundesstaaten und zwei Stadtstaaten der USA
    b) für die 50 Bundesstaaten

c) für die 49 Bundestaaten und die Hauptstadt
Washington D.C.

d) für die 49 Bundesstaaten und den District
Alaska

220. Wie heißt das Parlament der USA?
a) Senat
b) Repräsentantenhaus
c) Parliament
d) Kongress

221. Welche zwei Elemente der US-Verfassung von
1787 haben auch in das Grundgesetz der Bundesrepublik Deutschland Eingang gefunden?
a) Gewaltenteilung und Pressefreiheit
b) Religionsfreiheit
c) Wirtschaftsfreiheit und Demokratie
d) Grundrechte und Föderalismus

222. Wie heißen die beiden großen Parteien in den
USA?
a) Republikaner und Liberale
b) Republikaner und Demokraten
c) Republikaner und Sozialisten
d) Liberale und Demokraten

223. Wann wurden die beiden Türme des World
Trade Centers in New York durch einen Terror-
anschlag zerstört?
a) 9. November 1989
b) 11. September 2005
c) 3. April 1949
d) 11. September 2001

224. Wie heißt der offizielle Amtssitz des Präsiden-
ten der USA?
a) Weißes Haus
b) Pentagon
c) Supreme Court
d) Oval Office

225. Was ist die North Atlantic Treaty Organization?
    a) ein bildungspolitisches Bündnis
    b) ein parteipolitisches Bündnis
    c) ein politisch-militärisches Bündnis
    d) ein wirtschaftlich-politisches Bündnis

226. In welcher Stadt hat der Nordatlantikrat der NATO seinen Sitz?
    a) New York
    b) Rejkjavik
    c) Brüssel
    d) London

227. Wie hieß die militärische Gegenorganisation der NATO im Kalten Krieg?
    a) Moskauer Pakt
    b) Warschauer Pakt
    c) Kiewer Pakt
    d) Prager Pakt

228. Wie hieß die Vorgängerorganisation der OSZE?
    a) KSZE
    b) OPEC
    c) OECD
    d) Völkerbund

229. Welche Staaten gehören der OSZE an?
    a) die Staaten Europas, die Nachfolgestaaten der Sowjetunion
    b) die Staaten Europas, die USA, die Nachfolgestaaten der Sowjetunion
    c) die Staaten Europas, die USA, Kanada, die Nachfolgestaaten der Sowjetunion
    d) die Staaten Europas, die USA, Kanada

230. Was regelt das Kyoto-Protokoll aus dem Jahr 1997?
    a) Klimaschutz durch Einschränkung des Wirtschaftswachstums
    b) Klimaschutz durch Vorrang nachhaltigen Wirtschaftens

c) Klimaschutz durch Pflicht zur Einführung von Katalysatoren für Diesel-LKW

d) Klimaschutz durch Schadstoffsenkung in der Luft

Wie geht es weiter?

Für das Thema Politik sollten Sie die folgenden Fragen aktuell im Internet recherchieren, falls Sie damit rechnen, in Kürze zu einem Einstellungstest oder einem Vorstellungsgespräch eingeladen zu werden:

Die Lösungen zum Bereich Politik finden Sie auf Seite 338.

→ Wie ist der Name des amtierenden Bundespräsidenten?

→ Wer ist momentan Bundeskanzler?

→ Wie heißt der derzeitige Außenminister?

→ Wer ist momentan Verteidigungsminister?

→ Wer ist aktuell Innenminister?

→ Wie heißt der Ministerpräsident beziehungsweise der Regierende Bürgermeister des Bundeslandes, in dem Sie wohnen?

→ Wer ist momentan Präsident der USA?

→ Wie heißt der aktuelle Präsident Russlands?

→ Wer ist zurzeit Premierminister in Großbritannien?

→ Wie heißt der amtierende Präsident Frankreichs?

→ Wer ist momentan Generalsekretär der Vereinten Nationen?

Auf der beiliegenden CD-ROM finden Sie weitere Fragen zum Thema Allgemeinbildung. Machen Sie den interaktiven Test – viel Spaß beim Trainieren!

14. Last-Minute-Tipps für den Testtag

Wie gelingt ein guter Start in den Testtag?

Personalverantwortliche wundern sich manchmal, wie unvorbereitet einige Bewerber zum Testtag erscheinen. Deswegen sollten Sie sich vor dem Testtag noch einmal ins Gedächtnis rufen, welche Informationen Sie über die Firma haben. Schauen Sie im Zweifelsfall lieber noch einmal auf die Unternehmenshomepage und recherchieren Sie aktuelle Meldungen zu der Firma im Internet.

Planen Sie genügend Zeit ein!

Für den Hinweg sollten Sie sich unbedingt genügend Zeit nehmen. Vielleicht sehen Sie auch schon ein paar Tage vorher nach, wann welche Bahnen oder Busse fahren und wie lange Sie brauchen werden. Seien Sie lieber etwas zu früh da! Wenn Sie sich abhetzen müssen, um gerade noch rechtzeitig zu erscheinen, geraten Sie nur noch mehr unter Stress.

Ein letzter Tipp: Bitte schalten Sie Ihr Handy vor dem Betreten der Firma aus. Es wäre nicht nur peinlich, sondern würde auch noch Ihre Nervosität steigern, wenn mitten im Test Ihr Handy klingelt.

Welches Outfit passt?

Glücklicherweise sind die Anforderungen an die Kleidung von Bewerbern nicht mehr ganz so verstaubt, wie es früher der Fall war. Sie haben heutzutage mehr Möglichkeiten, Ihre Persönlichkeit auch optisch zu unterstreichen. Allerdings ist diese Freiheit nicht unbegrenzt.

Bewerber, die einen Ausbildungsplatz im Banken- oder im Versicherungsgewerbe suchen, sollten seriös auftreten. Zum Vorstellungsgespräch erwartet man generell Bewerber mit ordentlicher und adretter, also eher etwas konservativer Kleidung. Dabei gilt es, die Branche im Blick zu behalten, in der man später arbeiten will.

Wählen Sie ein seriöses Outfit

Was tun gegen Testangst?

Es ist völlig normal, wenn Sie dem Testtag mit gemischten Gefühlen entgegensehen, schließlich wollen Sie im Test eine gute Leistung abliefern.

Die wichtigste Vorarbeit gegen Testangst haben Sie bereits geleistet: Sie haben sich mithilfe dieses Ratgebers umfassend mit typischen Testaufgaben auseinandergesetzt und Ihre Kenntnisse in vielen Bereichen aufgefrischt. Dabei haben Sie gesehen, dass es ganz unterschiedliche Aufgabentypen gibt. Sie werden in einigen Bereichen vielleicht mehr Punkte als in anderen sammeln. Das ist in Ordnung, schließlich hat jeder Mensch unterschiedliche Fähigkeiten und Stärken. Sie müssen nicht alles perfekt lösen können! Die Firmen erwarten dies auch gar nicht. Sie können zufrieden sein, wenn Sie ein Ergebnis im oberen Drittel erzielen.

Sollte ein Test trotz aller Anstrengungen einmal nicht so ausfallen wie gewünscht, hilft es, sich in Erinnerung zu rufen, dass der Einstellungstest bei der Auswahl von Bewerbern nur ein Baustein unter vielen ist. Viele Firmen legen genauso viel Wert auf praktische Erfahrung oder einen überzeugenden Auftritt im Vorstellungsgespräch. Es gilt: Bereiten Sie sich so gut vor, wie es Ihnen möglich ist, dann müssen Sie sich später nicht über leichtfertig vergebene Chancen ärgern.

Aus unserer langjährigen Erfahrung wissen wir, dass die Angst vor dem Test oft schlimmer ist als der Test selbst. Nutzen Sie also Ihre Chancen, packen Sie die Testvorbereitung an, damit Sie Sicherheit für den Testtag gewinnen!

Schlusswort:
Man muss Einstellungstests nicht mögen, um sie zu bestehen

Wer liebt schon Einstellungs- oder Eignungstests? Wir erleben es zwar regelmäßig, dass Ausbildungsplatzsuchende sich sehr freuen, wenn sie mit Anschreiben und Lebenslauf so überzeugen konnten, dass sie eine Einladung von ihrer Wunschfirma bekommen. Diese Freude weicht aber schnell einer gewissen Ernüchterung, wenn aus dem Firmenschreiben hervorgeht, dass man zu einem Testtag eingeladen wird.

Ein Ergebnis im oberen Drittel ist gut

Es ist ganz gleich, wie man es auch dreht oder wendet: Wenn es um die heiß begehrten Ausbildungsplätze in Banken, Büros und Versicherungen geht, kommen Sie an einem Test in der Regel leider nicht vorbei. Deshalb sollten Sie wenigstens so gut wie möglich vorbereitet sein. Rufen Sie sich bitte in Erinnerung, dass Sie nicht unbedingt als Beste oder Bester abschneiden müssen. Ein Ergebnis im oberen Drittel ist völlig in Ordnung.

Schließlich geht es ja noch weiter mit Vorstellungsgesprächen. Und wie Sie bereits wissen – und mit uns trainiert haben –, können Sie dann Ihre überzeugende Eigenmotivation durch gute Argumente belegen und Ihre persönlichen Stärken durch konkrete Beispiele für die Firmenseite sichtbar machen.

Unser Ratgeber hat Sie in einem Rundumschlag auf die typischen und gängigen Aufgaben in Einstellungs- und Eignungstests vorbereitet. Mit diesem Wissen werden Sie in der tatsächlichen Testsituation selbstbewusster an die Aufgaben herangehen und die knappe Zeit so optimal wie möglich nutzen können.

Nun sollten Sie erst einmal zufrieden darüber sein, dass Sie Ihre berufliche Zukunft nicht dem Prinzip Zufall überlassen haben, sondern bereit waren, für Ihre

Wunschausbildung mehr als der Durchschnitt zu leisten. Wir können Ihnen versichern: Diese Strategie wird
sich positiv für Sie auszahlen!

Viel Erfolg für Ihren Testtag wünschen Ihnen

Christian Püttjer & Uwe Schnierda

Lösungen

Intelligenztest: Logik

Gleich oder gegensätzlich?

1. 2 und 4 gegensätzlich
2. 1 und 4 gleich
3. 2 und 3 gleich
4. 1 und 2 gegensätzlich
5. 1 und 4 gegensätzlich
6. 2 und 4 gleich
7. 3 und 4 gegensätzlich
8. 2 und 3 gleich
9. 2 und 4 gleich
10. 1 und 4 gegensätzlich
11. 1 und 3 gleich
12. 2 und 3 gegensätzlich
13. 1 und 2 gleich
14. 3 und 4 gleich
15. 2 und 4 gleich
16. 1 und 2 gegensätzlich
17. 1 und 4 gleich
18. 2 und 4 gegensätzlich

Tatsache oder Meinung?

1. Tatsache (Anmerkung: Wir glauben zwar nicht, dass Frauen schlechter als Männer einparken können – allerdings hört man diese Meinung sehr oft, vor allem von Männern. Damit ist diese Aussage eine Tatsache.)
2. Tatsache (Anmerkung: Einige Männer glauben an die Liebe, damit ist die Aussage eine Tatsache.)
3. Meinung (Anmerkung: Es hängt davon ab, was man abends isst, wie viel man isst und wie viel man sich bewegt. Deshalb nur: Meinung.)
4. Tatsache (Anmerkung: Es ist zwar nicht bewiesen, dass Jogging der gesündeste Ausdauersport ist. Aber viele glauben es tatsächlich. Daher: Tatsache.)
5. Meinung (Anmerkung: Dies mag manchmal stimmen, es gibt aber Lebensumstände wie Krankheit, Verzweiflung oder Trauer. Dann wird das Leben durch Geld allein auch nicht angenehmer. Also: Meinung.)

6. Meinung (Anmerkung: Da man nicht feststellen kann, ob es auf den Millionen und Abermillionen noch vorhandenen Planeten tatsächlich kein Leben gibt, handelt es sich um eine Meinung.)
7. Tatsache (Anmerkung: Es gibt Menschen, die dies glauben. Also: Tatsache.)
8. Meinung (Anmerkung: Es ist nicht eindeutig geklärt, was gesünder ist. Außerdem hängt dies auch von der konsumierten Menge ab. Also: Meinung.)
9. Meinung (Anmerkung: Wir können dazu weder Elefanten noch Löwen befragen. Also: Meinung.)
10. Tatsache (Anmerkung: Dies ist empirisch durch die Wahrscheinlichkeitsrechnung bewiesen. Also: Tatsache.)
11. Meinung (Anmerkung: Intelligenz ist durchaus hilfreich. Allerdings spielen auch andere Faktoren wie Familie, Partnerschaft oder berufliche Kontakte eine Rolle. Es gibt also keinen Automatismus. Daher: Meinung.)
12. Meinung (Anmerkung: siehe Anmerkung zu Aussage 1.)
13. Tatsache (Anmerkung: Dies ist mathematisch festgelegt. Also: Tatsache.)
14. Meinung (Anmerkung: Hierüber gehen die Meinung zwischen den Menschen sicherlich auseinander. Einige halten Ordnung für unverzichtbar, andere eher nicht. Daher: Meinung.)

Welcher Wochentag?

1. Donnerstag	2. Dienstag
3. Sonntag	4. Freitag
5. Montag	6. Sonnabend
7. Mittwoch	8. Donnerstag
9. Dienstag	10. Donnerstag

Gemeinsamkeiten

1. a	4. c	7. a	10. b	13. a	16. a
2. d	5. c	8. b	11. b	14. c	17. c
3. b	6. a	9. c	12. d	15. a	

Schlussfolgerungen

1.	Konstantin	2.	nicht lösbar
3.	Anke	4.	Harald
5.	Volkan	6.	Sarah
7.	Adriane	8.	nicht lösbar
9.	Maurizio	10.	nicht lösbar

Begriffspaare

1. d	5. b	9. c	13. b
2. c	6. d	10. a	14. d
3. c	7. a	11. c	15. b
4. a	8. b	12. d	16. c

Ablaufdiagramme

KFZ-Schadensabwicklung

1. b   2. c   3. a   4. d

Monitor prüfen

1. c   2. a   3. b

Der Buchstabenteufel

1.	d) HORNISSE	2.	c) LONDON
3.	a) GÖTTINGEN	4.	b) THOMAS
5.	b) ANDREA	6.	c) MILCH
7.	b) KARTOFFEL	8.	a) HANDBALL
9.	c) OLYMPIADE	10.	b) WUPPERTAL
11.	a) CHAMPAGNER	12.	c) KONTRABASS

Richtig fortsetzen

1. b   4. c   7. c   10. a

2. a	5. d	8. a	11. d
3. b	6. c	9. d	12. c

Würfel zuordnen

1. b	5. a	9. c	13. c	17. d	21. c
2. c	6. d	10. b	14. c	18. b	22. b
3. c	7. a	11. d	15. c	19. d	23. d
4. d	8. d	12. b	16. a	20. a	24. c

Gedreht oder gespiegelt?

1. d	5. b	9. b, f	13. b, e	17. b, e
2. b	6. a, e	10. a, d	14. b, c	18. e, f
3. a	7. f, g	11. d, e	15. c, f	19. b, g
4. f	8. b, d	12. a, f	16. c, g	20. c, d

Symbolanalogien

1. d	3. a	5. d	7. c
2. d	4. b	6. b	8. e

Der rotierende Würfel

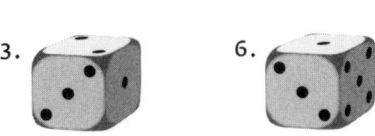

Symbolrechnen

1. 2	2. 5	3. 2	4. 6	5. 1
6. 5	7. 1	8. 4	9. 0	10. 5

Formenpuzzle prüfen

1. B	3. E	5. B und C
2. D	4. E	6. A

Antriebskonstruktionen

1. c	2. d	3. a	4. b

Diagramme interpretieren

1. nicht zutreffend
2. nicht zutreffend, über die Höhe von Abschlusszahlen sagen prozentuale Zu- und Abnahmen nichts aus
3. zutreffend
4. nicht zutreffend, die Steigerung beträgt wie ausgewiesen 1,4 Prozent
5. zutreffend
6. zutreffend
7. nicht zutreffend, die prozentualen Steigerungen sagen nichts über Wertzuwächse in der Einheit Millionen aus
8. zutreffend
9. nicht zutreffend, die Steigerung beträgt wie ausgewiesen 0,3 Prozent

Welcher Dominostein ist der richtige?

1. f	3. b	5. d	7. c
2. a	4. e	6. b	8. c

Zahlenreihen

1.	(Reihe: + 1 + 2 + 3 + 4 + 5 + 6 + 7)	X = 38	Y = 47
2.	(Reihe: – 1 + 2 – 1 + 2 – 1 + 2 – 1)	X = 7	Y = 6
3.	(Reihe: + 3 – 2 – 1 + 3 – 2 – 1 + 3 – 2)	X = 19	Y = 22
4.	(Reihe: + 7 – 9 + 7 – 9 + 7 – 9 + 7 – 9)	X = 64	Y = 55
5.	(Reihe: + 4 – 2 + 1 + 4 – 2 + 1 + 4 – 2)	X = 11	Y = 15
6.	(Reihe: × 2 + 1 × 2 + 1 × 2 + 1)	X = 446	Y = 447
7.	(Reihe: : 2 ÷ 2 ÷ 2 ÷ 2 ÷ 2 ÷ 2)	X = 6	Y = 3
8.	(Reihe: – 4 + 6 – 5 + 7 – 6 + 8 – 7 + 9)	X = 32	Y = 42
9.	(Reihe: × 2 – 2 × 2 – 2 × 2 – 2 × 2 – 2)	X = 452	Y = 450
10.	(Reihe: × 3 – 3 × 3 – 3 × 3 – 3 × 3 – 3)	X = 24	Y = 72

Zahlenkreise

Kreis 1:	96 (× 2 × 2 × 2 × 2 × 2)
Kreis 2:	21 (+ 6 ÷ 2 + 6 ÷ 2 + 6)
Kreis 3:	93 (– 5 – 4 – 3 – 2 – 1)
Kreis 4:	67 (– 8 + 7 – 6 + 5 – 4)
Kreis 5:	21 (– 2 ÷ 2 – 2 ÷ 2 – 2)
Kreis 6:	72 (– 4 – 3 – 2 – 1 – 0)
Kreis 7:	1 (× 2 × 2 × 2 × 2 × 2)
Kreis 8:	720 (× 5 – 1 × 5 – 1 × 5)
Kreis 9:	1 (÷ 3 ÷ 3 ÷ 3 ÷ 3 ÷ 3)
Kreis 10:	– 4 (– 7 – 6 – 5 – 4 – 3)
Kreis 11:	2640 (× 5 × 4 × 3 × 2 × 1)
Kreis 12:	15 (– 12 – 10 – 8 – 6 – 4)
Kreis 13:	450 (× 5 – 10 × 5 – 10 × 5)
Kreis 14:	– 2/3 (– 1 ÷ 3 – 1 ÷ 3 – 1)
Kreis 15:	66 (+ 3 + 6 + 9 + 12 + 15)
Kreis 16:	6912 (× 4 × 6 × 4 × 6 × 4)
Kreis 17:	411 (– 1 × 4 – 1 × 4 – 1)
Kreis 18:	251 (+ 8 + 16 + 32 + 64 +128)
Kreis 19:	0,0305 (÷ 100 + 3 ÷ 100 + 3 ÷ 100)
Kreis 20:	32 (– 25 – 21 – 18 – 16 – 15)

Zahlenmatrix

1. 14   (Weg: + 6 + 5)
2. 29   (Weg: – 24 – 19)
3. 10   (Weg: × 2 × 2)

4. 22   (Weg: – 22 + 3)
5. 1/9 (Weg: : 3 : 3)
6. 1,3 (Weg: : 11 : 10)

Buchstabenreihen

1. + 1 + 2 + 3 ...   weiter: + 4, also K
2. – 1 + 2 – 1 + 2 ... weiter: – 1, also I
3. + 2 – 4 + 2 – 4 ... weiter: + 2, also Q
4. – 4 – 3 – 2 ...   weiter: – 1, also M
5. + 2 – 2 + 3 – 3 ... weiter: + 4, also O
6. + 5 – 1 + 5 – 1 ... weiter: + 5, also N
7. – 6 + 5 – 4 + 3 ... weiter: – 2, also V

Falsche Zahlenreihen

1. 42   3. 32   5. 116
2. 18   4. die zweitgenannte 23

Wissenstest: Rechtschreibung

Überflüssige Buchstaben

1. Fahrrrad
2. Fiesch
3. Fäghre
4. Vzerkehr
5. Bahnhoff
6. Kahrdiogramm
7. Günsstling
8. Jahpaner
9. Einleihtung
10. defenzsiv

11. Karamellye
12. energiebewuysst
13. Ehnquete
14. Flzair
15. Kommenxtar
16. Ligteraturkritik
17. dableibben
18. Medailljon
19. Dankesformejl
20. pflichtwiedrig

21. Flig/hder
22. eip/nmotten
23. fuhre/in
24. flexi/bel
25. beiß/en

26. Gyri/s
27. Neoklassizis/mus
28. Baikal/see
29. Qu/adriga
30. Rei/mplantation

Fremdwörter richtig schreiben

1. c   4. b   7. d   10. a
2. a   5. b   8. c   11. c
3. d   6. a   9. c   12. a

Schnell durchgestrichen

1. verspinnen
2. Verschlussstreifen
3. Katastrophe
4. Ostinato
5. Staatsaffäre
6. Orthopädie
7. Tristesse
8. Koeffizient
9. Reykjavik
10. Opportunität
11. narzisstisch
12. überstrapazieren
13. Myrtenzweig
14. Trophäe
15. Restsüße

16. Rhythmus
17. Megahertz
18. Transpiration
19. Ingenieur
20. Königsstuhl
21. Rollladenschrank
22. Existenzphilosophie
23. Tranquilizer
24. vollkritzeln
25. Koalition
26. Mythologie
27. sekundär
28. Multiplikand
29. Lohnsteuer
30. Kolloquium

Sprichwörter richtig schreiben

Wer im Glashaus sitzt, soll nicht mit Steinen werfen.
Erfahrung ist der Name, den die Menschen ihren Irrtümern geben.
Wer die Laterne trägt, stolpert leichter, als wer ihr folgt.
Ein Lügner muss ein gutes Gedächtnis haben.
Man sollte viel öfter nachdenken, und zwar vorher.

Fehlerteufel im Griff

1. Tischler	2. ledig
3. Insolvenz	4. Firma
5. vorwiegend	6. Innenausbau
7. Segellehrer	8. Holztechniker
9. Auslieferung	10. Montage
11. Einbauküchen	12. Kunden
13. Nachbesserung	14. Reklamationen
15. Einarbeitung	16. Kollegen
17. Umbau	18. gastronomischer
19. Einbau	20. Zeitarbeit
21. Umsatzsteuer	22. Auftraggebern
23. Bauleitung	24. Immobilien
25. Sanierung	26. Fincas
27. Appartments	28. Messen
29. Events	30. Preisverhandlungen
31. Tourenplanung	32. Termine
33. Sonderanfertigungen	34. Behörden
35. Einbauküchenplanung	36. Zeitdruck
37. Ermittlung	38. Trainingsbedarf
39. Durchführung	40. Dokumentation
41. Schulungsaktivitäten	42. Vermarktung
43. eigenständige	44. Konzepte
45. Erarbeitung	46. Fachwissen
47. fundiertes	48. Vertrieb
49. Berufserfahrung	50. mindestens
51. ausgeprägtes	52. Verhandlungsgeschick
53. souveräner	54. Umgang
55. Kunden	56. Management
57. zielorientierte	58. Arbeitsweise
59. Rhetorik	60. Präsentation
61. Herausforderung	62. senden
63. Unterlagen	64. Vertriebstrainer
65. Beschwerdetraining	66. Servicetraining
67. Produktschulung	68. Telefonverkauf
69. Dienstleistung	70. freiberuflich
71. Zeitmanagement	72. Selbstmotivation
73. Verhandlung	74. Mitarbeiterleitfäden
75. Personalreferent	76. Neukundengewinnung

77. Kostensenkung
79. Koordination
81. Direktmarketing
83. Absprache
85. nebenberuflich
87. Berufsweg
89. Gehaltsvorstellung

78. Maßnahme
80. Salesaufgaben
82. Reisekosten
84. Arbeitgeber
86. Kursschwerpunkte
88. Abstimmung
90. Grüßen

Der Sinn von Abkürzungen

1. z. B.   = zum Beispiel
2. u. a.   = und andere
3. Jh.   = Jahrhundert
4. franz.   = französisch
5. eigtl.   = eigentlich
6. allg.   = allgemein
7. u.   = und
8. Geogr.   = Geografie
9. EDV   = elektronische Datenverarbeitung
10. Abk.   = Abkürzung
11. dt.   = deutsch
12. KFZ   = Kraftfahrzeug
13. Okt.   = Oktober
14. med.   = medizinisch
15. jmd.   = jemand
16. kath.   = katholisch
17. USA   = United States of America
18. ev.   = evangelisch
19. A. T.   = Altes Testament
20. lat.   = lateinisch
21. etw.   = etwas
22. o. ä.   = oder ähnlich
23. Plur.   = Plural
24. Ggs.   = Gegensatz
25. Sing.   = Singular
26. Anm.   = Anmerkung
27. u. Ä.   = und Ähnliches
28. Abt.   = Abteilung
29. AG   = Aktiengesellschaft

30. zzt.   = zurzeit
31. MdB   = Mitglied des Bundestages
32. m. a. W.   = mit anderen Worten
33. u. U.   = unter Umständen
34. usw.   = und so weiter

Wissenstest: Englisch

Grammatiktest

1. you look
2. he came
3. I do
4. we bought
5. they sing
6. you ran
7. she has paid
8. it had gone
9. they have talked
10. we had cooked
11. he is reading
12. Anne was taking
13. it is having
14. we were carrying
15. Ron will give
16. she would hope
17. they will meet
18. they would like
19. he has been being
20. Sally had been living
21. he has been sleeping
22. he had been eating
23. he helped
24. you started
25. I wrote
26. she knew
27. we rang
28. they let
29. you will be making
30. I will have spent

Lückentext

Last year my friend and I went[1] (go) to London on holiday. We stayed[2] (stay) in a youth hostel near Piccadilly Circus. The hostel was not / wasn't[3] (not be) very nice, but at least the other guests were[4] (be) friendly.

One evening my friend and I decided[5] (decide) to go for a drink. We found[6] (find) a nice bar near the hostel and bought[7] (buy) two drinks.

While we were drinking[8] (drink) them, two tough-looking men walked[9] (walk) into the bar. They sat[10] (sit) down at a table. They did not see / didn't see[11] (not see) us because we <u>were sitting</u>[12] (sit) in a dark corner. We <u>listened</u>[13] (listen) to their conversation for a few minutes and soon <u>realised</u>[14] (realise) that they <u>were talking</u>[15] (talk) about a bank robbery ...

Wissenstest: Mathematik und Rechnen

Kundendaten auswerten

1. Lange KG
2. EDV GmbH
3. Schmidt GmbH
4. Schmidt GmbH und Design KG
5. Lange KG
6. Design KG
7. 7 040 Euro (Lange KG und EDV GmbH)
8. 40 000 Euro (44 879 Euro (Lange KG) – 4 879 Euro (Schmidt GmbH))

Günstig telefonieren

Aufgabe 1:	Anbieter Nummer: 1	Kosten: 0,36
Aufgabe 2:	Anbieter Nummer: 2	Kosten: 0,16
Aufgabe 3:	Anbieter Nummer: 1	Kosten: 0,40
Aufgabe 4:	Anbieter Nummer: 2	Kosten: 0,50
Aufgabe 5:	Anbieter Nummer: 1	Kosten: 0,13
Aufgabe 6:	Anbieter Nummer: 2	Kosten: 0,04
Aufgabe 7:	Anbieter Nummer: 2	Kosten: 0,49
Aufgabe 8:	Anbieter Nummer: 3	Kosten: 0,14
Aufgabe 9:	Anbieter Nummer: 3	Kosten: 1,20
Aufgabe 10:	Anbieter Nummer: 2	Kosten: 0,42
Aufgabe 11:	Anbieter Nummer: 3	Kosten: 3,20
Aufgabe 12:	Anbieter Nummer: 2	Kosten: 0,22
Aufgabe 13:	Anbieter Nummer: 3	Kosten: 0,70
Aufgabe 14:	Anbieter Nummer: 1	Kosten: 0,24
Aufgabe 15:	Anbieter Nummer: 2	Kosten: 0,15

Gesamtkosten: 8,35 Euro

Gewichte

1. a	4. c	7. a	10. b
2. b	5. d	8. c	11. a
3. a	6. b	9. d	12. c

Längenmaße

1. b	4. c	7. d	10. a
2. c	5. c	8. c	11. b
3. a	6. b	9. d	12. c

Flächenmaße

1. d	4. c	7. b	10. d
2. b	5. d	8. a	11. b
3. a	6. c	9. a	12. a

Zeitmaße

1. b	4. c	7. a	10. b
2. b	5. d	8. d	11. c
3. a	6. b	9. d	12. a

Hohlmaße

1. a	4. d	7. a	10. b
2. b	5. d	8. c	11. b
3. d	6. b	9. d	12. c

Geld

1. a	4. c	7. a	10. b
2. a	5. d	8. d	11. d
3. a	6. b	9. c	12. b

Schätzaufgaben

1. e	2. b	3. a	4. e	5. c	6. d	7. c	8. c
9. e	10. c	11. b	12. e	13. a	14. b	15. a	16. d
17. e	18. c	19. b	20. a	21. e	22. d	23. c,	24. a
25. d	26. c	27. e	28. d	29. a	30. e		

Prozent- und Zinsrechnen

1. 30 Euro
2. 225 Euro
3. 3240 Euro
4. 70 Prozent
5. 1040 Euro
6. 100,32 Euro
7. 550 Euro
8. 1508 Euro
9. 500 Brötchen
10. 646 Erwachsene
11. 1980 Jungen
12. 90 Euro
13. 12 Prozent
14. 4370100 Euro
15. 7600 Einwohner
16. 31620 Euro
17. 22,616 Euro, also möchte er 22,62 Euro ausgezahlt bekommen!
18. 66
19. 200 Euro
20. 833 Euro
21. 3,5 Prozent
22. 2724 Euro
23. 8775 Euro
24. 35 Prozent
25. 4,5 Prozent

Bruchrechnen

1. d	2. c	3. d	4. a	5. b	6. b	7. d	8. c
9. a	10. c	11. b	12. d	13. a	14. b	15. a	16. d
17. c	18. c	19. b	20. a	21. b	22. d	23. c	24. a
25. d	26. c	27. b	28. d	29. a	30. b		

Proportionale Textaufgaben

1. 14,5 Liter Benzin
2. 1 Tag
3. 28,5 Kilometer
4. 3 Stunden
11. 147 Euro
12. 1113,33 Liter
13. 2,04 Tage
14. 975 Passagiere

5.   175 Minuten
6.   2,8 Tage
7.   180 Tage
8.   9,94 Tage
9.   525 Besucher
10. 7 Tage

15. 115,50 Euro
16. 7,5 Stunden
17. 33 000 Paar Schuhe
18. 14 Tage
19. 9,75 Minuten
20. 9 Stunden

Kettenrechnen

a. 71   b. 57   c. 56   d. 46   e. 24   f. 40   g. 48   h. 42
i. 20   j. 20   k. 20   l. 24   m. 7   n. 13   o. 14   p. 11

Seiten und Flächen zählen

1. 12   2. 9   3. 7   4. 10   5. 9   6. 12   7. 22   8. 17

Kleiner addieren und größer subtrahieren

A1: 19	B1: 13	C1: 2
A2: 2	B2: 2	C2: 10
A3: 13	B3: 18	C3: 13
A4: 6	B4: 10	C4: 27
A5: 6	B5: 4	C5: 3
A6: 4	B6: 5	C6: 15
A7: 19	B7: 7	C7: 14
A8: 8	B8: 14	C8: 3
A9: 4	B9: 12	C9: 6
A10: 7	B10:31	C10: 5
A11: 26	B11: 5	C11: 14
A12:10	B12: 4	C12: 3
A13: 16	B13: 2	C13: 5
A14: 2	B14: 20	C14: 3

Krankenstände auswerten

Aussage 1:	stimmt nicht
Aussage 2:	stimmt nicht
Aussage 3:	stimmt nicht
Aussage 4:	stimmt
Aussage 5:	stimmt
Aussage 6:	stimmt nicht
Aussage 7:	stimmt nicht
Aussage 8:	stimmt
Aussage 9:	stimmt
Aussage 10:	stimmt nicht

Konzentrationstest: Aufmerksamkeit

Buchstabenfolgen erkennen

1. atdjytfluj**fgh**jdjtfdsfdlzrwhtglm
2. utdhkhofgjsdyuglmjkuhgrelif**jkl**a
3. hfkhilehjwqliwbcskgaqdfhfaskgtu
4. s**mno**ljahfsivhlies**efg**kakjvolamqt
5. fscavmlkshg**qrst**jhsgeuowaovazfhi
6. ngfnjfdhjkga**hij****fgh**bgfgfjkfewvlk
7. highjuifewjgivlfeih**tuv**rloirthia
8. rtuhirnfuhrgaeihnfdxcyotzmuiwuv
9. fdjfkaeuambldowpfhg**wxy**ufhbhorsp
10. n**bcd**hirgyurtighjbgti**def**gpognhgj
11. fgbdaseytpmbvsailrusaogfytuaewv
12. kgmangbr**jklmn**shtaanjavskdfuthik
13. vneljrtuvsuhth**fgh**phosgwfmfglagf
14. hglkr**uvwx**giruguklpiohdsgdavkufh
15. hstegnyhkijpgjmgihsrdsd**ijk**eqgfh

Adressen vergleichen – Original und Abschrift

Name	PLZ und Ort	Straße und Hausnummer	Telefon	Fehler
Computer-Service Peter Huber	56068 Koblenz	Gaswerkstr. 21b	04322 950201	1
Klaus Schmitz	76530 Baden-Baden	Streubenstr. 57	08241 2336	1
Katarina Merina	26180 Rastede	Weißkircher Str. 15	03643 479476	2
Karl Friedrich Schultze	99423 Weimar	Schmetterlingsweg 7	0261 33990	1
Benjamin S. Flüchter	86807 Buchloe	Ring 12	040 50053555	0
Prof. Dr. M. Tarvast	68229 Mannheim	Albrecht-Thaer-Str. 18	0171 7351166	2
Alten- und Pflegeheim St. Sebastian	48147 Münster	Wismarsche Str. 50	0521 4882790	0
Alwitra GmbH & Co Klaus Göbel	27777 Ganderkesee	Kaufbeurer Str. 12	0251 92806-0	1
Gerhard Mayer	22385 Haburg	Friedrich-Ebert-Ring 38	0521 475414	4
Rechtsanwälte H. P. Ehlen & G. Fuchs	72770 Reutlingen/ Betzingen	Erdkampsweg 1a	07121 742098	1
Jan-Peter Wallichs	37073 Göttingen	Hirschgasse 51	0179 4973278	0
A. Otto & Sohn GmbH	50858 Köln	Schlossberg 14	040 31790516	0
Rolf Aschenbach	20459 Bremerhaven	Großner Str. 60	089 84060258	2
Anna Clara Schwarz	67454 Haßloch	Am Galgenberg 55	06324 989180	1
Fa. W. Zuckermann	70327 Stuttgart	Justus-von-Liebig-Str. 3	07583 946994	0
Peter Abt	80538 München	Studentenweg 26	0173 27471817	3
Frauke Abatzis	85354 Freising	Dithmar-Koel-Str. 23b	08170 7494	2
Dr. Charlotte Manitski	30163 Hannover	Langgasse 73	0541 93398	2
Raoul Pyttlik	52062 Aachen	Steinhauser Str. 1	089 298286	0
Dr. Merle Jung	24106 Kiel	Knorrstraße 1	043 132435	0

Der d-b-p-q Test

q q b q q b p b q p b b q d q p d d b p q d p q b p d b p d p d q b p q d b p q p b d q b
p d q b d q b p d b d q p b q p d b p b q d d b q p b q d q p b d q d d p b q d b p b q p
b b q d q p d d b p q d p q b p d b p d p d q b p q d b p q p b d q b p d d p q b b d p q
q b d p q b b d p q d b p d d p q b b d p q q q b p p d q q q b p p d q q q b p p d q b p
d b d p q b b d p q q b q q b p b q p d p d q b d q b p d d p q b b d p q q q b p d p q b
p d p d q b b p q d b p d b p p b p b d b d q p b b p q p b d q b d p q b d q p b q d b d
p q b p q q q b p d b q d p p p b d b q b q d p q d b p q d p b q d b d q p b d d b q d p p
d q p q b d b q d p b p q q b p d q d p p b q b p d q b q p q d p b q b p d d q p b q d b
p q d q q d p d b q b d p p q d b q d b q d q q p b q b q d p p q d q b b d p q b d b d q
b q p d d p p q d d b p p q b p p q b p d p b d q p b q d b q p d q b d q b q d p b d d q
q b d q b p d b d q p b q p d b p b q d d d p p q d b q d b q b d b q d p b p d q p b d q d
d q b p q d b p q p b d q b p d b d q p b q d b q p d q b d q p b d d p p q d b q d
b p p q b p p p q b p d d p b d q p b q d b q p d q b d q b q d p b d d q q b d b q d p b p d
d b q d p b p q q b p d q d p p b q b p d q b q p q d p b q b p d d q p b q d b q b d b q
d d b p p q b p p q b p d p b b p q d b p q p b d q b p d b d q p b q d b q p d q p b d q
q b d b q d p b p b p p q b p p q b p d p b d q p b q d b q p d q b d q b q d p b d d q b
p q p b d q b p d d p q b b d p q q b d p q b b d p q d b p d d p q b b d p q q q b p p d
q d q p b d q q b p p p q b p p q b p d p b d q p b q d b q p d q b d q b q d p b d d q b b
p d d p p q d d b p p q b p p q b d q b p q d b p q p b d q b p d p q d q q d p d b q b d

Patientendaten

01 = 425-58-06	10 = 426-58-13	19 = 426-57-15
02 = 412-11-03	11 = 403-51-10	20 = 423-14-16
03 = 422-12-08	12 = 417-55-05	21 = 412-56-07
04 = 414-59-01	13 = 416-52-14	22 = 422-52-10
05 = 428-53-04	14 = 401-53-12	23 = 425-16-01
06 = 427-52-09	15 = 417-59-03	24 = 423-11-14
07 = 403-13-07	16 = 427-58-16	25 = 402-55-09
08 = 427-10-02	17 = 422-12-06	
09 = 403-56-11	18 = 423-51-01	

Karten sortieren

Reihe A	3, 2, 4, 3, 4, 1, 3	Reihe E	2, 2, 2, 1, 1, 1, 2
Reihe B	1, 1, 3, 4, 1, 1, 4	Reihe F	4, 4, 1, 3, 2, 4, 3

Reihe C 1, 3, 2, 4, 1, 2, 4   Reihe G 3, 2, 2, 4, 1, 2, 4
Reihe D 2, 2, 3, 2, 3, 3, 4

Konzentrationstest: Merkfähigkeit

Flächen merken

1. 3   2. 1, 5
3. 5   4. 3, 12
5. 5   6. 5
7. 1, 8   8. 3, 8
9. 11   10. 4, 7
11. 2, 9   12. 4, 9

Begriffe behalten

1. c   4. e   7. c   10. c   13. c   16. e
2. e   5. b   8. a   11. a   14. a

3. d   6. c   9. b   12. d   15. b

Die Arztpraxis

1) Dr. Timothy Braun, 2) Dienstag- und Donnerstagabend, 3) Dr. Charles Braun, 4) Nordic Walking, 5) Ökotrophologie, 6) 2015, 7) Eigenbluttherapie und Bioresonanzverfahren, 8) Kathrin, 9) Frau Dr. Meyerhoff, 10) 2006, 11) Montag, Dienstag, Donnerstag, 12) Karin Schmid, 13) nein, 14) Akupunktur, 15) 16 Jahre

Foto Dr. Timothy Braun: Nr. 3
Foto Ernährungsberater: Nr. 4
Foto Karin Schmid: Nr. 8
Foto Ehefrau von Dr. Timothy Braun: Nr. 10

Persönlichkeitstest: Vorstellungsgespräch

Fragen zum Ausbildungswunsch

Ungünstige Antwort auf Frage 1
»Ich wusste nicht so recht, was ich machen sollte, bei der Agentur für Arbeit hat man mir gesagt, dass ich mich bei Ihnen bewerben sollte.«

Gelungene Antwort auf Frage 1
»Ich habe mich über die Aufgaben in verschiedenen Ausbildungsberufen informiert. Dann machte ich mir Gedanken, was am besten zu mir passt. Während meines Praktikums habe ich dann schon einige der Aufgaben aus der Ausbildung kennen gelernt. Deshalb möchte ich die Ausbildung zum … machen.«

Ungünstige Antwort auf Frage 2
»Ich habe noch keine richtige Idee, was ich eigentlich in der Ausbildung machen soll, aber das wird schon.«

Gelungene Antwort auf Frage 2
»Mich interessiert insbesondere der Kontakt zu Kunden. In meinem Praktikum habe ich gesehen, wie die Mitarbeiter Beratungsgespräche durchgeführt haben. Auch ich möchte Ihre Produkte genau kennen lernen, damit ich die Fragen der Kunden beantworten und sie gut beraten kann.«

Ungünstige Antwort auf Frage 3
»Die Frage überrascht mich etwas, tja … es reizt mich, dass ich endlich arbeiten kann und die Schulzeit vorbei ist.«

Gelungene Antwort auf Frage 3
»Als Bankkauffrau möchte ich Kunden zur Seite stehen. In meinem Praktikum bei der Sparkasse durfte ich bei Kundengesprächen mit Privatkunden zuhören, in denen es um Bausparverträge und Risikolebensversicherungen ging. Aber auch die Betreuung von Firmenkunden fand ich sehr spannend, beispielsweise wenn es um die Kreditvergabe ging.«

Ungünstige Antwort auf Frage 4
»Sicherlich sind das eine ganze Menge Aufgaben. In der Werbung muss man, glaube ich, schon ein bisschen übertreiben, und vielleicht kann ich ja auch bei Werbefilmen mitmachen.«

Gelungene Antwort auf Frage 4

»In meinem Praktikum bei der Media-Profiles habe ich gesehen, dass Werbekaufleute monatliche Abrechnungen für Kampagnen machen, die Zahlungen von Kunden überprüfen und auch die Kosten für bestimmte Werbekampagnen ermitteln.«

Ungünstige Antwort auf Frage 5

»Ich werde Sie bestimmt überzeugen können. Eigentlich gelingt mir alles, was ich anpacke, wenn ich nur richtig will.«

Gelungene Antwort auf Frage 5

»Ich würde mich freuen, den Ausbildungsplatz zu bekommen. In meinem Praktikum habe ich schon einige Erfahrungen mit der Arbeit im Büro gemacht. Ich habe Kundenanfragen per E-Mail weitergeleitet, Daten am PC eingegeben und Telefonate weitervermittelt. In der Ausbildung möchte ich noch mehr dazu lernen.«

Fragen zur Ausbildungsfirma

Ungünstige Antwort auf Frage 6

»Sie sind eine große Firma und beschäftigen viele Auszubildende, deswegen habe ich mir gedacht, dass ich mich ja auch bei Ihnen bewerben könnte.«

Gelungene Antwort auf Frage 6

»Nachdem ich wusste, welche Ausbildung ich machen will, habe ich nach der richtigen Firma für mich gesucht. Im Internet habe ich mich auf Ihrer Homepage informiert. Ich finde es sehr interessant, was Sie herstellen/ welche Dienstleistung Sie anbieten. Ich könnte mir gut vorstellen, daran mitzuarbeiten.«

Ungünstige Antwort auf Frage 7

»Ich glaube nicht, dass es so wichtig ist, wo man die Ausbildung macht, sondern dass man nachher gut arbeiten kann. Außerdem wohne ich in der Nähe.«

Gelungene Antwort auf Frage 7

»Ich habe mich informiert, bei welchen Firmen ich meine Wunschausbildung machen kann. Ihre Firma gefiel mir deswegen sehr gut, weil Sie interessante Produkte herstellen. Ich habe auch im Internet Berichte über

Sie gefunden, die meinen Wunsch, bei Ihnen die Ausbildung zu machen, verstärkt haben.«

Ungünstige Antwort auf Frage 8
»Äääh, nicht wirklich, aber die kann ich ja in der Ausbildung kennen lernen.«

Gelungene Antwort auf Frage 8
»Ich weiß, dass Sie LKW-Planen herstellen und bedrucken. Im Internet habe ich erfahren, dass Sie eng mit großen Speditionen zusammenarbeiten. Neben den LKW-Planen fertigen Sie auch Abdeckplanen für Boote und andere Sonderanfertigungen.«

Ungünstige Antwort auf Frage 9
»Nein.«

Gelungene Antwort auf Frage 9
»Sie sind ja im Maschinenbau tätig, da gibt es auch noch andere Firmen, die Werkzeugmaschinen herstellen. Mir fallen noch die Werkzeug GmbH, die Metall GmbH und die Robotics AG ein.«

Ungünstige Antwort auf Frage 10
»Ich habe mir Ihre Adresse besorgt und dann konnte ich Ihnen meine Bewerbung schicken.«

Gelungene Antwort auf Frage 10
»Am besten gefallen hat mir die Informationssuche im Internet. Ich war erst auf Ihrer Firmenhomepage und habe mich durchgeklickt. Interessant fand ich die Berichte über die einzelnen Unternehmensbereiche. Auch die Rubrik Beschäftigungsmöglichkeiten habe ich mir gründlich angesehen.«

Fragen zum Praktikum

Ungünstige Antwort auf Frage 11
»Endlich mal raus aus der Schule. Die Tage waren zwar ziemlich lang, aber es hat mir schon gefallen.«

Gelungene Antwort auf Frage 11
»Mir hat sehr gefallen, dass ich schon einige Aufgaben übernehmen konnte. So durfte ich mit dem Servicemitarbeiter mitfahren. Dabei habe

ich gelernt, wie man Fehlermeldungen beim Kunden schriftlich auf-
nimmt.«

Ungünstige Antwort auf Frage 12
»Na ja, da waren der Chef und die Kollegen ... ach ja, und noch eine Auszubildende.«

Gelungene Antwort auf Frage 12
»Ich habe ein Praktikum im Einzelhandel gemacht, dabei habe ich den
Filialleiter kennen gelernt. Am meisten zu tun hatte ich mit einer Verkäuferin, die mich betreut hat. Auch mit den anderen Verkäufern und
den Kassiererinnen hatte ich zu tun. Daneben habe ich einige Anliefe-
rungsfahrer kennen gelernt, die die neue Ware gebracht haben.«

Ungünstige Antwort auf Frage 13
»Eigentlich nicht viel, man hatte wenig Zeit für mich und hat mir gar
nichts richtig erklärt. Deswegen war ich oft im Pausenraum.«

Gelungene Antwort auf Frage 13
»In meinem Praktikum hatte keinen direkten Betreuer, ich habe gefragt,
wo ich mithelfen kann, es gab eigentlich immer etwas zu tun. So habe
ich viele verschiedene Sachen kennen gelernt, wie den Zusammenbau
von PCs, die Softwareinstallation, die Fehlersuche und die Warenan-
nahme.«

Ungünstige Antwort auf Frage 14
»Die Lehrerin hatte eine Liste mit, und da habe ich irgendetwas genommen.«

Gelungene Antwort auf Frage 14
»Die Schule hatte Vorschläge für Praktikumsplätze vorgestellt. Daraufhin
habe ich mich erkundigt, was die Firmen eigentlich machen, und mir
einen geeigneten Praktikumsplatz ausgesucht.«

Ungünstige Antwort auf Frage 15
»Am schönsten war es, als der Chef mal nicht da war. Da hat ein Mitarbeiter Kuchen geholt, und wir haben richtig schön Kaffee getrunken und
geredet.«

Gelungene Antwort auf Frage 15
»Am besten gefiel mir, dass ich nach einigen Tage im Praktikum selbst-
ständig arbeiten durfte. Eine angehende Kauffrau im Groß- und Außen-

handel im zweiten Ausbildungsjahr war krank geworden. Deshalb durfte ich vertretungsweise Daten am PC eingeben und sogar einige E-Mails mit Angeboten zu den Kunden schicken. Meine Arbeit wurde gelobt.«

Fragen zur Schule

Ungünstige Antwort auf Frage 16
»Englisch und Erdkunde, da ist es immer ein wenig interessanter als in den anderen Fächern.«

Gelungene Antwort auf Frage 16
»Meine Lieblingsfächer sind Englisch und Erdkunde, aber auch mit Deutsch und Mathe komme ich gut zurecht. Englisch interessiert mich besonders, weil ich im Praktikum gesehen habe, wie wichtig Kunden aus dem Ausland sind.«

Ungünstige Antwort auf Frage 17
»Naturwissenschaften sind nichts für mich, in Biologie und Physik hatte ich doch öfter Schwierigkeiten.«

Gelungene Antwort auf Frage 17
»Ich mochte einige Fächer lieber als andere, aber eigentlich bin ich in allen mitgekommen. In Biologie und Physik hätte ich mir mehr Experimente gewünscht, das war manchmal doch sehr trocken.«

Ungünstige Antwort auf Frage 18
»Herr Schmidt ist ganz prima, der ist nicht so streng, wenn man mal die Hausaufgaben vergisst.«

Gelungene Antwort auf Frage 18
»Frau Müller habe ich richtig gern gemocht, die hat sehr interessant unterrichtet. Da war es ruhig in der Klasse, und wenn jemand den Stoff nicht gleich beim ersten Mal verstanden hat, hat sie es noch einmal anders erklärt.«

Ungünstige Antwort auf Frage 19
»Ich habe gelernt, so gut es ging, meistens habe ich mir die Sachen kurz vorher noch angeguckt.«

Gelungene Antwort auf Frage 19
»Wenn man die Hausaufgaben regelmäßig macht, ist die halbe Arbeit

schon getan. Wichtig war mir, nicht erst einen Tag vor der Arbeit mit dem Wiederholen anzufangen. Fast alle Lehrer kündigen Klassenarbeiten ja an, ich habe dann rechtzeitig ein paar Tage vorher mit dem Lernen angefangen.«

Ungünstige Antwort auf Frage 20
»Ich chille mit meinen Homies.«

Gelungene Antwort auf Frage 20
»Ich unterhalte mich mit Freunden, wir reden über Sport oder Musik und in letzter Zeit natürlich auch über die Ausbildungsplatzsuche.«

Fragen zu Hobbys

Ungünstige Antwort auf Frage 21
»Ich erhol mich vom Schulstress. Computerspiele gehören für mich irgendwie auch zur Freizeit und natürlich ein bisschen chatten.«

Gelungene Antwort auf Frage 21
»Ich treffe mich gerne mit Freunden und gehe mit ihnen ins Kino. Ein Hobby von mir ist auch Fußball/Volleyball/Judo. Sport gehört für mich zur Freizeit dazu.«

Ungünstige Antwort auf Frage 22
»Ich lass mir auf jeden Fall nichts gefallen, das wissen die ganz genau, deswegen würden die mit Sicherheit auch nichts Schlechtes sagen.«

Gelungene Antwort auf Frage 22
»Sie würden sagen, dass man sich auf mich verlassen kann. Wenn es darum geht, etwas zu organisieren, werde ich öfter angesprochen, ob ich nicht mithelfen will, und das mache ich dann auch gerne.«

Ungünstige Antwort auf Frage 23
»Meine Eltern haben mich früher immer zum Judo geschleppt, deshalb bin ich dabei geblieben.«

Gelungene Antwort auf Frage 23
»Ich treffe gerne Leute in meiner Freizeit. Deshalb bin ich auch im Judoclub Mitglied. Wir trainieren zweimal in der Woche und fahren am Wochenende auch öfter zu Wettkämpfen.«

Ungünstige Antwort auf Frage 24

»So einen Roman in der Schule, ich weiß jetzt aber nicht mehr genau, wie der heißt. Ich gucke eigentlich lieber DVDs.«

Gelungene Antwort auf Frage 24

»Das letzte Buch, das ich gelesen habe hieß ›...‹. Die Geschichte war spannend geschrieben und ist auch verfilmt worden. Ich fand es interessant, beide Versionen kennen zu lernen.«

Ungünstige Antwort auf Frage 25

»In der Schule lernt man doch sowieso wenig Wichtiges. In der Freizeit habe ich mehr Praktisches gelernt.«

Gelungene Antwort auf Frage 25

»In der Freizeit habe ich schon viel gelernt. Ich habe mich mit Computerprogrammen zur Bildbearbeitung und Textverarbeitung auseinandergesetzt. Vor einigen Monaten habe ich auch einen zusätzlichen Englischkurs an der Volkshochschule besucht, das gefiel mir, weil dort viel auf Englisch miteinander geredet wurde.«

Fragen zu Stärken und Schwächen

Ungünstige Antwort auf Frage 26

»Ich bin natürlich leistungsbereit und wirklich gut in dem, was ich mache. Schwächen wüsste ich jetzt nicht.«

Gelungene Antwort auf Frage 26

»Ich bin zuverlässig und packe auch gerne mit an. Neben der Schule habe ich im Supermarkt Regale aufgefüllt. Der Filialleiter hat mich dafür gelobt, dass immer alles für die Kunden da war und dass ich immer pünktlich war. Manchmal bin ich zu abwartend, was ich als Schwäche sehen würde. Ein Lehrer hat mir mal gesagt, dass ich mich mehr melden sollte. Im Praktikum habe ich aber viel von mir aus gefragt und dadurch auch gute Tipps bekommen.«

Ungünstige Antwort auf Frage 27

»Besonders gut klingt natürlich sehr anspruchsvoll, also ich kann nichts so völlig perfekt, aber bisher bin ich zurechtgekommen.«

Gelungene Antwort auf Frage 27

»Ich kann gut herausfinden, warum etwas nicht richtig funktioniert.

Meiner Mutter habe ich schon öfter geholfen, wenn sie mit dem Computer nicht zurechtkam. Kleinere Fehler am Computer kann ich auch reparieren.«

Ungünstige Antwort auf Frage 28
»Ich habe gar keine Schwächen.«

Gelungene Antwort auf Frage 28
»Im Großen und Ganzen bin ich mit mir zufrieden, in Englisch würde ich mich gerne fließend unterhalten können. Das ist bestimmt noch etwas, wo ich dazulernen muss.«

Ungünstige Antwort auf Frage 29
»Sie mögen meine Spontanität.«

Gelungene Antwort auf Frage 29
»Andere mögen an mir, dass ich mich um Sachen kümmere. Wenn ich verspreche, jemandem vor einer Klassenarbeit zu helfen, dann mache ich das auch.«

Ungünstige Antwort auf Frage 30
»Shoppen finde ich prima.«

Gelungene Antwort auf Frage 30
»Ich lerne gerne neue Leute kennen, auch auf Partys gehe ich gerne auf andere zu. Neulich habe ich einen Schüler kennen gelernt, der aus Kroatien kommt, ich fand das ganz spannend, was er erzählte.«

Fragen zur Persönlichkeit

Ungünstige Antwort auf Frage 31
»Natürlich, und ich bin auch motiviert.«

Gelungene Antwort auf Frage 31
»Ja, ich komme gut mit anderen Menschen aus. Im Praktikum habe ich gesehen, wie wichtig es ist, dass bei der Arbeit alle an einem Strang ziehen. Und es ist auch wichtig, dass sich die einzelnen Mitarbeiter in einer Firma verstehen.«

Ungünstige Antwort auf Frage 32
»Der Kunde ist wichtig, das habe ich schon öfter gehört.«

Gelungene Antwort auf Frage 32

»Kundenorientierung heißt für mich, dass man heraushört, was der Kunde eigentlich will. In meinem Praktikum im Reisebüro habe ich gemerkt, dass viele Kunden gar nicht so ganz genau sagen, was sie wollen. Man muss dann sehr gezielt nachfragen, um ihnen das richtige Angebot machen zu können.«

Ungünstige Antwort auf Frage 33

»Ich lasse mir nichts gefallen.«

Gelungene Antwort auf Frage 33

»Ich finde es ganz gut, wenn man mir sagt, was ich anders machen kann, Kritik bringt einen dann ja weiter.«

Ungünstige Antwort auf Frage 34

»Dann bin ich ziemlich frustriert, aber man kann ja auch was anderes machen.«

Gelungene Antwort auf Frage 34

»Ich überlege mir dann, wer mir helfen könnte. Ich habe gute Erfahrungen damit gemacht, andere direkt anzusprechen, dann findet man schon eine Lösung.«

Ungünstige Antwort auf Frage 35

»Lieber allein, dann brauche ich mich nicht mit anderen herumschlagen und kann machen, was ich will.«

Gelungene Antwort auf Frage 35

»Eigentlich arbeite ich lieber in der Gruppe, wenn man mit mehreren zusammen ist, hat man mehr Ideen. Auch in der Schule haben wir ja öfter Projektarbeiten gehabt, das gefiel mir gut. Manche Aufgaben muss man natürlich alleine erledigen, wie zum Beispiel Klausuren.«

Stressfragen

Ungünstige Antwort auf Frage 36

»Da hätte ich mich wohl mehr anstrengen müssen, aber bei meinen Lehrern hätte das keinen Sinn gehabt.«

Gelungene Antwort auf Frage 36

»Ich hätte mir auch bessere Noten gewünscht. Bei uns in der Schule waren die Lehrer bei der Vergabe der Noten aber ziemlich streng. Das, was wir im Unterricht gemacht haben, beherrsche ich aber gut. Im Praktikum habe ich auch gesehen, dass es wirklich darauf ankommt, Flächen genau berechnen zu können. Das ist mir auch gelungen.«

Ungünstige Antwort auf Frage 37
»Das muss ich erst einmal herausfinden, in der Ausbildung sehe ich ja, ob mir der Beruf liegt.«

Gelungene Antwort auf Frage 37
»Das glaube ich schon, schließlich habe ich mich ja vorher informiert und in meinem Praktikum habe ich schon einige wichtige Aufgaben kennen gelernt. Dabei habe ich gemerkt, dass es mir liegt, Abrechnungen zu erstellen, Zahlungseingänge zu überprüfen und im Büro zu arbeiten.«

Ungünstige Antwort auf Frage 38
»Das kann ich nicht entscheiden, es gibt ja sehr viele gute Bewerber, oder?«

Gelungene Antwort auf Frage 38
»Ich glaube schon, schließlich habe ich mich gründlich über den Ausbildungsberuf informiert. Auch auf der Ausbildungsmesse habe ich ein längeres Gespräch mit einer Auszubildenden im dritten Jahr geführt. Während meines Praktikums bei Autoversicherungs AG habe ich auch gemerkt, dass ich die Beratung von Kunden sehr interessant finde.«

Ungünstige Antwort auf Frage 39
»Ja, ziemlich viele, deswegen werde ich wohl auch keine Zusage in meinem Wunschberuf bekommen. Eigentlich wollte ich nämlich KFZ-Mechatroniker werden.«

Gelungene Antwort auf Frage 39
»Absagen gehören wohl dazu, auch ich habe schon einige bekommen. Da ich mich aber gezielt beworben habe, habe ich schon einige Vorstellungsgespräche geführt. Über die Einladung von Ihnen habe ich mich besonders gefreut.«

Ungünstige Antwort auf Frage 40
»Man weiß im Voraus ja nie so genau, was passiert, das liegt ja auch nicht nur an mir, ob es mit der Ausbildung klappt. Schließlich gehen einige Firmen ja nicht besonders nett mit ihren Auszubildenden um.«

Gelungene Antwort auf Frage 40
»Da ich rechtzeitig mit der Ausbildungsplatzsuche begonnen habe und zusätzlich zu meinen zwei Schulpraktika noch zwei freiwillige Praktika gemacht habe, glaube ich, dass ich mit der Ausbildung gut zurechtkommen werde.«

Wissenstest: Berufswissen

Was macht eigentlich ein ...?

Ihr Beruf: Informatikkauffrau
Aufgabe 1: Analyse von Geschäftsprozessen
Aufgabe 2: Ermittlung von informationstechnischem Bedarf im Betrieb
Aufgabe 3: Schulung von Anwendern
Aufgabe 4: Einführung informations- und telekommunikationstechnischer Systeme
Aufgabe 5: Betreuung von informations- und telekommunikationstechnischen Systemen

Was gehört wozu?

Kaufmännischer Bereich: 1, 5, 6, 11, 15
Technischer Bereich: 2, 4, 8, 10, 14
Pflegerischer Bereich: 3, 7, 9, 12, 13

Wissenstest: Allgemeinbildung

Wirtschaft

1.	a	21.	b	41.	c	61.	c
2.	c	22.	c	42.	d	62.	b
3.	d	23.	a	43.	a	63.	a
4.	a	24.	c	44.	b	64.	c
5.	d	25.	b	45.	c	65.	a
6.	b	26.	a	46.	d	66.	d

7.	c	27.	c	47.	b	67.	c
8.	a	28.	d	48.	a	68.	d
9.	b	29.	b	49.	b	69.	c
10.	b	30.	b	50.	a	70.	c
11.	c	31.	d	51.	b	71.	a
12.	d	32.	c	52.	c	72.	b
13.	c	33.	d	53.	b	73.	a
14.	d	34.	b	54.	b	74.	c
15.	c	35.	d	55.	d	75.	d
16.	d	36.	b	56.	d	76.	b
17.	a	37.	c	57.	c	77.	c
18.	a	38.	a	58.	b	78.	b
19.	b	39.	b	59.	d	79.	a
20.	a	40.	d	60.	b	80.	b

Geografie

81.	d	94.	d	107.	a	120.	d
82.	c	95.	c	108.	d	121.	c
83.	d	96.	c	109.	a	122.	b
84.	c	97.	d	110.	d	123.	b
85.	b	98.	c	111.	d	124.	a
86.	d	99.	d	112.	d	125.	b
87.	c	100.	c	113.	c	126.	a
88.	a	101.	a	114.	a	127.	b
89.	b	102.	c	115.	c	128.	b
90.	c	103.	d	116.	d	129.	d
91.	a	104.	a	117.	a	130.	c
92.	b	105.	b	118.	d		
93.	b	106.	d	119.	b		

Geschichte

131.	b	141.	c	151.	a	161.	d
132.	c	142.	d	152.	c	162.	b
133.	c	143.	c	153.	c	163.	c
134.	a	144.	a	154.	c	164.	b
135.	d	145.	d	155.	a	165.	d

136. a	146. d	156. b	166. d
137. c	147. b	157. c	167. b
138. b	148. c	158. b	168. a
139. a	149. d	159. a	169. c
140. b	150. b	160. c	170. a

Politik

171. c	186. a	201. a	216. a
172. c	187. d	202. d	217. a
173. c	188. a	203. b	218. d
174. c	189. d	204. d	219. b
175. a	190. d	205. d	220. d
176. c	191. c	206. d	221. d
177. a	192. c	207. b	222. b
178. b	193. b	208. c	223. d
179. b	194. b	209. a	224. a
180. d	195. d	210. b	225. c
181. c	196. c	211. a	226. c
182. a	197. d	212. b	227. b
183. d	198. c	213. a	228. a
184. a	199. d	214. a	229. c
185. b	200. b	215. d	230. d

Register